高等学校大数据专业系列教材

Python爬虫案例实战

微课视频版

吕云翔 韩延刚 张 扬 主 编
谢吉力 杨 壮 王渌汀 王志鹏 杨瑞翌 副主编

清华大学出版社

北京

内容简介

本书主要介绍 Python 爬虫编写的基础知识，以及对爬虫数据的存储、深入处理和分析。全书分为四部分：第一部分为爬虫基础篇，第二部分为实战基础篇（9 个案例），第三部分为框架应用篇（5 个案例），第四部分为爬虫应用场景及数据处理篇（6 个案例）。

本书由浅入深地介绍爬虫常用的方法和工具，以及对爬虫数据处理的应用和实现。但需要注意的是，爬虫的技术栈不仅包含这几部分，而且在实际工作中的细分方法也不尽相同。本书只是对目前爬虫技术中最为常用的一些知识点用案例的形式进行了分类和讲解，而更多的应用也值得读者在掌握一定的基础技能后进一步探索。

本书适合 Python 语言初学者、网络爬虫技术爱好者、数据分析从业人士以及高等学校计算机科学、软件工程等相关专业的师生阅读。

本书封面贴有清华大学出版社防伪标签，无标签者不得销售。
版权所有，侵权必究。举报：010-62782989，beiqinquan@tup.tsinghua.edu.cn。

图书在版编目（CIP）数据

Python 爬虫案例实战：微课视频版/吕云翔，韩延刚，张扬主编. 一北京：清华大学出版社，2023.7（2024.8重印）
高等学校大数据专业系列教材
ISBN 978-7-302-63377-8

Ⅰ. ①P… Ⅱ. ①吕… ②韩… ③张… Ⅲ. ①软件工具－程序设计－高等学校－教材 Ⅳ. ①TP311.561

中国国家版本馆 CIP 数据核字（2023）第 068449 号

责任编辑：陈景辉　李　燕
封面设计：刘　键
责任校对：李建庄
责任印制：宋　林

出版发行：清华大学出版社
　　　　　网　　址：https://www.tup.com.cn, https://www.wqxuetang.com
　　　　　地　　址：北京清华大学学研大厦 A 座　　邮　编：100084
　　　　　社 总 机：010-83470000　　邮　购：010-62786544
　　　　　投稿与读者服务：010-62776969, c-service@tup.tsinghua.edu.cn
　　　　　质量反馈：010-62772015, zhiliang@tup.tsinghua.edu.cn
　　　　　课件下载：https://www.tup.com.cn, 010-83470236
印 装 者：三河市人民印务有限公司
经　　销：全国新华书店
开　　本：185mm×260mm　　印　张：15.75　　字　数：412 千字
版　　次：2023 年 7 月第 1 版　　印　次：2024 年 8 月第 2 次印刷
印　　数：1501～2300
定　　价：59.90 元

产品编号：096081-01

高等学校大数据专业系列教材
编 委 会

主 任：
  王怀民 中国科学院院士，国防科技大学教授

副主任：
  周志华 南京大学计算机科学与技术系系主任
  卢先和 清华大学出版社常务副总编辑、副社长、编审

委员（按姓氏拼音顺序）：
  柴剑平 中国传媒大学数据科学与智能媒体学院院长、教授
  崔江涛 西安电子科技大学计算机科学与技术学院执行院长、教授
  冯耕中 西安交通大学管理学院院长、教授
  胡春明 北京航空航天大学软件学院院长、教授
  胡笑旋 合肥工业大学管理学院院长、教授
  黄海量 上海财经大学信息管理与工程学院常务副院长、教授
  蒋运承 华南师范大学计算机学院院长兼人工智能学院院长、教授
  金大卫 中南财经政法大学信息与安全工程学院院长、教授
  刘 挺 哈尔滨工业大学计算学部主任、教授
  饶 泓 南昌大学信息工程学院副院长、教授
  孙 莉 东华大学计算机科学与技术学院书记兼常务副院长、副教授
  孙笑涛 天津大学数学学院院长、教授
  唐加福 东北财经大学管理科学与工程学院院长、教授
  王国仁 北京理工大学计算机学院院长、教授
  王建民 清华大学软件学院院长、教授
  王 进 重庆邮电大学计算机科学与技术学院副院长、教授
  王力哲 中国地质大学（武汉）计算机学院院长、教授
  王兆军 南开大学统计与数据科学学院执行院长、教授
  吴 迪 中山大学计算机学院（软件学院）副院长、教授
  闫相斌 北京科技大学经济管理学院院长、教授
  杨 晗 西南交通大学数学学院常务副院长、教授
  尹 刚 湖南智擎科技有限公司博士
  俞度立 北京化工大学信息科学与技术学院院长、教授
  于元隆 福州大学计算机与大数据学院院长、特聘教授
  於志文 西北工业大学计算机学院院长、教授
  张宝学 首都经济贸易大学统计学院院长、教授
  张 孝 中国人民大学信息学院副院长、教授
  周 烜 华东师范大学数据科学与工程学院副院长、教授

前 言

网络爬虫又称为网络蜘蛛,是指按照某种规则在网络上爬取所需内容的脚本程序。它们被广泛用于互联网搜索引擎及各种网站的开发中,同时也是大数据和数据分析领域中的重要角色。众所周知,每个网页通常都包含其他网页的入口,网络爬虫则通过一个网址依次进入其他网址获取所需内容。爬虫可以按一定逻辑大批量采集目标页面内容,并对数据做进一步的处理,人们借此能够更好更快地获得并使用他们感兴趣的信息,从而方便地完成很多有价值的工作。

Python 是一种解释型、面向对象的、动态数据类型的高级程序设计语言,Python 语法简洁,功能强大,在众多高级语言中拥有十分出色的编写效率,同时还拥有活跃的开源社区和海量程序库,十分适合用来进行网络内容的爬取和处理。本书将以 Python 语言为基础,由浅入深地探讨网络爬虫技术,同时,通过具体的程序编写和实践来帮助读者了解和学习 Python 爬虫。

本书共包含 20 个案例,从内容上分为四部分,分别代表不同的爬虫阶段及场景,包括了 Python 爬虫编写的基础知识,以及对爬虫数据的存储、深入处理和分析。

第一部分 爬虫基础篇。该部分简单介绍了爬虫的基本知识,便于读者掌握相关知识,对爬虫有基本的认识。

第二部分 实战基础篇(9 个案例)。该部分既有简单、容易实现的入门案例,也有改进的进阶案例。丰富的内容包括爬虫常用的多种工具及方法,覆盖了爬虫的请求、解析、清洗、入库等全部常用流程,是入门实践的最佳选择。

第三部分 框架应用篇(5 个案例)。该部分内容从爬虫框架的角度出发,介绍了几个常用框架的案例,重点介绍了 Scrapy 框架,以及基于 Python 3 后的新特性的框架,如 Gain 和 PySpider 等,同时也对高并发应用场景下的异步爬虫做了案例解析,是不容错过的精彩内容。

第四部分 爬虫应用场景及数据处理篇(6 个案例)。该部分内容从实际应用的角度出发,通过不同的案例展示了爬虫爬取的数据的应用场景以及针对爬虫数据的数据分析,可以让读者体会到爬虫在不同场景上的应用,从另一个角度展示了爬虫的魅力,可以给读者带来一些新的思考。

这四部分由浅入深地介绍了爬虫常用的方法和工具,以及对爬虫数据处理的应用和实现。但需要注意的是,爬虫的技术栈不仅仅包含这几部分,而且在实际工作中的细分方法也不尽相同。本书只是对目前爬虫技术中最为常见的一些知识点,用案例的形式进行了分类和讲解,而更多的应用也值得读者在掌握一定的基础技能后进一步探索。

本书特色

(1)内容全面,结构清晰。本书通过案例详细介绍网络爬虫技术的基础知识,讨论了数据爬取、数据处理和数据分析的整个流程。

(2)循序渐进,生动简洁。从最简单的 Python 爬虫程序案例开始讲解,兼顾内容的广度与深度,并使用生动简洁的阐述方式,力争详略得当。

（3）示例丰富，实战性强。网络爬虫是实践性、操作性非常强的技术，本书从生活实际出发，选取实用性、趣味性兼具的主题进行网络爬虫实践。

（4）内容新颖，不落窠臼。本书中的代码均采用最新的 Python 3 版本，并使用了主流的 Python 框架和库来编写，注重内容的时效性。网络爬虫需要动手实践才能真正理解，本书最大限度地保证了代码与程序示例的易用性和易读性。

配套资源

为便于教与学，本书配有微课视频（380 分钟）和源代码。

（1）获取微课视频的方式：先刮开并用手机微信 App 扫描本书封底的文泉云盘防盗码，授权后再扫描书中相应的视频二维码，观看教学视频。

（2）获取源代码和全书网址的方式：先刮开并用手机微信 App 扫描本书封底的文泉云盘防盗码，授权后再扫描下方的二维码即可获取。

源代码

全书网址

（3）其他配套资源可以扫描本书封底的"书圈"二维码，关注后回复本书书号，即可下载。

读者对象

本书主要面向广大从事数据分析、机器学习、数据挖掘或深度学习的专业人员，从事高等教育的专任教师，高等学校的在读学生及相关领域的广大科研人员。

本书由吕云翔、韩延刚、张扬任主编，谢吉力、杨壮、王渌汀、王志鹏、杨瑞翌任副主编。此外，曾洪立参与了部分内容的编写、素材整理和配套资源的制作工作。

本书作者在编写过程中参考了诸多相关资料，在此对相关资料的作者表示衷心的感谢。

限于个人水平和时间仓促，书中难免存在疏漏之处，欢迎广大读者批评指正。

作　者

2023 年 3 月

目 录

第一部分 爬虫基础篇

第1章 Python 网络爬虫基础 ········ 3
- 1.1 HTTP、HTML 与 JavaScript ········ 3
  - 1.1.1 HTTP ········ 3
  - 1.1.2 HTML ········ 3
  - 1.1.3 JavaScript ········ 4
- 1.2 Requests 的使用 ········ 6
  - 1.2.1 Requests 简介 ········ 6
  - 1.2.2 使用 Requests 编写爬虫程序 ········ 7
- 1.3 常见的网页解析工具 ········ 9
  - 1.3.1 BeautifulSoup ········ 9
  - 1.3.2 XPath 与 lxml ········ 11
- 1.4 Scrapy 框架与 Selenium ········ 13
  - 1.4.1 爬虫框架：Scrapy ········ 13
  - 1.4.2 模拟浏览器：Selenium ········ 16
- 1.5 本章小结 ········ 19

第二部分 实战基础篇

第2章 爬取某游戏 Top100 选手信息 ········ 23
- 2.1 JavaScript 对象与 JSON ········ 23
- 2.2 爬取方案分析 ········ 24
  - 2.2.1 方案一 ········ 24
  - 2.2.2 方案二 ········ 26
- 2.3 本章小结 ········ 28

第3章 爬取豆瓣电影简介 ········ 29
- 3.1 确定信息源 ········ 29
- 3.2 获取网页信息 ········ 30
- 3.3 解析信息内容 ········ 31
- 3.4 批量爬取网页信息 ········ 33
- 3.5 本章小结 ········ 35

第4章 爬取源代码练习评测结果 ········ 36
- 4.1 网站分析 ········ 36

4.2　编写爬虫 ·· 38
　　4.3　运行并查看结果 ··· 41
　　4.4　本章小结 ··· 41

第5章　爬取网络中的小说和购物评论 ························· 42

　　5.1　下载网络小说 ·· 42
　　　　5.1.1　分析网页 ·· 42
　　　　5.1.2　编写爬虫 ·· 43
　　　　5.1.3　运行并查看 TXT 文件 ························· 46
　　5.2　下载购物评论 ·· 48
　　　　5.2.1　查看网络数据 ···································· 48
　　　　5.2.2　编写爬虫 ·· 50
　　　　5.2.3　数据下载结果与爬虫分析 ····················· 55
　　5.3　本章小结 ··· 57

第6章　爬取新浪财经股票资讯 ································· 58

　　6.1　编写爬虫 ··· 58
　　6.2　运行并查看结果 ··· 62
　　6.3　展示网页 ··· 63
　　6.4　本章小结 ··· 66

第7章　爬取豆瓣电影海报 ······································· 67

　　7.1　豆瓣网站分析与爬虫设计 ······························ 67
　　　　7.1.1　从需求出发 ······································· 67
　　　　7.1.2　处理登录问题 ···································· 68
　　7.2　编写爬虫 ··· 70
　　　　7.2.1　爬虫脚本 ·· 70
　　　　7.2.2　程序分析 ·· 73
　　7.3　运行并查看结果 ··· 75
　　7.4　本章小结 ··· 76

第8章　爬取免费 IP 代理项目 ··································· 77

　　8.1　代理服务器的分类 ······································· 77
　　8.2　网站分析 ··· 78
　　8.3　编写爬虫 ··· 80
　　8.4　运行并查看结果 ··· 87
　　8.5　本章小结 ··· 88

第9章　爬取微信群聊成员信息 ································· 89

　　9.1　用 Selenium 爬取 Web 端微信信息 ················· 89
　　9.2　基于 Python 的微信 API 工具 ······················· 92

9.3 爬虫的部署和管理 ……………………………………………………… 94
    9.3.1 配置远程主机 …………………………………………………… 94
    9.3.2 编写本地爬虫 …………………………………………………… 95
    9.3.3 部署爬虫 ………………………………………………………… 99
    9.3.4 查看运行结果 …………………………………………………… 100
    9.3.5 使用爬虫管理框架 ……………………………………………… 101
9.4 本章小结 ………………………………………………………………… 103

第 10 章 爬取网易跟帖 ……………………………………………………… 104

10.1 网页自动化工具的简介 ………………………………………………… 104
10.2 分析网页 ………………………………………………………………… 109
10.3 编写爬虫 ………………………………………………………………… 110
10.4 运行并通过 MongoDB 查看数据 ……………………………………… 118
10.5 本章小结 ………………………………………………………………… 120

第三部分 框架应用篇

第 11 章 爬取机场航班信息 ………………………………………………… 123

11.1 分析网页 ………………………………………………………………… 123
11.2 编写爬虫 ………………………………………………………………… 124
11.3 爬虫的使用说明 ………………………………………………………… 128
11.4 本章小结 ………………………………………………………………… 128

第 12 章 爬取拼多多商品的评论数据 ……………………………………… 129

12.1 分析网页 ………………………………………………………………… 129
12.2 环境搭建 ………………………………………………………………… 130
12.3 编写爬虫 ………………………………………………………………… 131
12.4 运行并查看数据库 MongoDB ………………………………………… 143
12.5 本章小结 ………………………………………………………………… 147

第 13 章 使用爬虫框架 Gain 和 PySpider …………………………………… 148

13.1 Gain 框架 ……………………………………………………………… 148
13.2 使用 Gain 做简单爬取 ………………………………………………… 148
13.3 PySpider 框架 ………………………………………………………… 152
13.4 使用 PySpider 进行爬取 ……………………………………………… 154
13.5 本章小结 ………………………………………………………………… 160

第 14 章 爬取新浪新闻并通过客户端展示 ………………………………… 161

14.1 项目分析 ………………………………………………………………… 161
14.2 创建数据库 ……………………………………………………………… 161
14.3 设置页面下载器 ………………………………………………………… 163

14.4 生产者-消费者模型 ………………………………………………… 165
14.5 客户端界面设计 …………………………………………………… 170
14.6 本章小结 …………………………………………………………… 173

第15章 爬取某机场航班出发时间数据 ………………………………… 174

15.1 程序设计 …………………………………………………………… 174
    15.1.1 分析网页 ………………………………………………… 174
    15.1.2 将数据保存到数据库 …………………………………… 175
15.2 编写爬虫 …………………………………………………………… 176
    15.2.1 前置准备 ………………………………………………… 176
    15.2.2 代码编写 ………………………………………………… 177
    15.2.3 运行并查看数据库中的结果 …………………………… 180
15.3 本章小结 …………………………………………………………… 180

第四部分 爬虫应用场景及数据处理篇

第16章 用爬虫和Flask搭建新闻接口服务 …………………………… 183

16.1 编写爬虫 …………………………………………………………… 183
    16.1.1 爬取数据源网页 ………………………………………… 184
    16.1.2 搭建Flask服务 ………………………………………… 186
    16.1.3 程序代码详情 …………………………………………… 188
16.2 本章小结 …………………………………………………………… 191

第17章 网易云音乐评论内容的爬取与分析 …………………………… 192

17.1 jieba库 …………………………………………………………… 192
17.2 WordCloud库 ……………………………………………………… 192
17.3 网页分析 …………………………………………………………… 193
17.4 编写爬虫 …………………………………………………………… 194
17.5 运行结果 …………………………………………………………… 195
17.6 本章小结 …………………………………………………………… 196

第18章 爬取二手房数据并绘制热力图 ………………………………… 197

18.1 数据爬取 …………………………………………………………… 197
    18.1.1 分析网页 ………………………………………………… 197
    18.1.2 地址转换成经纬度 ……………………………………… 199
    18.1.3 编写爬虫 ………………………………………………… 199
    18.1.4 数据下载结果 …………………………………………… 202
18.2 绘制热力图 ………………………………………………………… 203
18.3 本章小结 …………………………………………………………… 207

第19章 用爬虫数据搭建附近二手房价格搜索引擎 …………………… 208

19.1 编写爬虫 …………………………………………………………… 208

19.1.1　准备数据 ··· 209
　　　19.1.2　安装以及使用 ES ·· 210
　　　19.1.3　实现房价地理位置坐标搜索的搜索引擎 ······························ 218
　19.2　本章小结 ··· 220

第 20 章　爬取豆瓣电影影评并简单分析数据 ·· 221
　20.1　需求分析与爬虫设计 ·· 221
　　　20.1.1　网页分析 ·· 221
　　　20.1.2　函数设计 ·· 221
　20.2　编写爬虫 ··· 222
　　　20.2.1　编写程序 ·· 222
　　　20.2.2　可能的改进 ·· 226
　20.3　本章小结 ··· 228

第 21 章　爬取用户影评数据并通过推荐算法推荐电影 ···································· 229
　21.1　明确目标与数据准备 ·· 229
　　　21.1.1　明确目标 ·· 229
　　　21.1.2　数据采集与处理 ·· 229
　　　21.1.3　工具选择 ·· 230
　21.2　初步分析 ··· 230
　　　21.2.1　用户角度分析 ··· 231
　　　21.2.2　电影角度分析 ··· 233
　21.3　用推荐算法实现电影推荐 ··· 236
　21.4　本章小结 ··· 237

参考文献 ·· 238

第一部分 爬虫基础篇

　　第一部分爬虫基础篇介绍 Python 爬虫的基础知识，便于读者熟练掌握相关知识。其中，包括 Python 语言的一些基本特性、Python 解决爬虫问题的一些基本流程（如请求、下载、解析、数据存储）、对应的 Python 工具包（如 Requests 用于请求下载，XPath、Python 解析 JSON、正则表达式、BeautifulSoup 等用于解析，Python 操作文件、数据库等工具用于数据存储等）。通过本部分的学习，使读者能基本了解一些 Python 爬虫常用的基本工具。

第 1 章

Python网络爬虫基础

1.1 HTTP、HTML 与 JavaScript

1.1.1 HTTP

HTTP 是一个客户端终端(用户)和服务器端(网站)请求和应答的标准。通过使用网页浏览器、网络爬虫或者其他的工具,客户端可以发起一个 HTTP 请求到服务器上的指定端口(默认端口号为 80)。一般称这个客户端为用户代理程序(User Agent)。应答的服务器上存储着一些资源,如 HTML 文件和图像。一般称这个应答服务器为源服务器(Origin Server)。在用户代理和源服务器中间可能存在多个"中间层",如代理服务器、网关或者隧道(Tunnel)。尽管 TCP/IP 协议是互联网上最流行的应用,HTTP 协议中,并没有规定必须使用它或它支持的层。

HTTP 假定其下层协议提供可靠的传输。通常,由 HTTP 客户端发起一个请求,创建一个到服务器指定端口的 TCP 连接。HTTP 服务器则在那个端口监听客户端的请求。一旦收到请求,服务器会向客户端返回一个状态(如"HTTP/1.1 200 OK")及返回的内容(如请求的文件、错误消息或者其他信息)。

HTTP 的请求方法有很多种,主要包括如下几种。

GET,向指定的资源发出"显示"请求。GET 方法应只用于读取数据时,而不应当被用于产生"副作用"的操作中,如在 Web Application 中。其中一个原因是 GET 方法可能会被网络爬虫等随意访问。

POST,向指定资源提交数据,请求服务器进行处理(如提交表单或者上传文件)。数据被包含在请求文本中,该请求可能会创建新的资源或修改现有资源,或二者皆有。

PUT,向指定资源位置上传最新内容。

DELETE,请求服务器删除 Request-URI 所标识的资源。

TRACE,回显服务器收到的请求,主要用于测试或诊断。

OPTIONS,该方法可使服务器传回该资源所支持的所有 HTTP 请求方法。用'*'来代替资源名称,向 Web 服务器发送 OPTIONS 请求,可以测试服务器功能是否正常运作。

1.1.2 HTML

HTML(Hyper Text Markup Language,超文本标记语言)是一种用于创建网页的标准标记语言。注意,与 HTTP 不同的是,HTML 是直接与网页相关的,常与 CSS、JavaScript 一起被众多网站用于设计令人赏心悦目的网页、网页应用程序以及移动应用程序的用户界面。常用的网页浏览器都可以读取 HTML 文件，并将其渲染成可视化网页。

HTML 文档由嵌套的 HTML 元素构成。它们用 HTML 标签表示，包含于尖括号中，如< p >。在一般情况下，一个元素由一对标签表示："开始标签"< p >与"结束标签"</p >。元素如果含有文本内容，就被放置在这些标签之间。在开始与结束标签之间也可以封装另外的标签，包括标签与文本的混合。这些嵌套元素是父元素的子元素。开始标签也可包含标签属性。这些属性有诸如标识文档区段、将样式信息绑定到文档演示和为一些如< img >等的标签嵌入图像、引用图像来源等作用。一些元素，如换行符< br >，不允许嵌入任何内容，无论是文字还是其他标签。这些元素只需一个单一的空标签（类似于一个开始标签），无须结束标签。浏览器或其他媒介可以从上下文识别出元素的闭合端以及由 HTML 标准所定义的结构规则。因此，一个 HTML 元素的一般形式为：<标签 属性 1＝"值 1" 属性 2＝"值 2">内容</标签>。一个 HTML 元素的名称即为标签使用的名称。注意，结束标签的名称前面有一个斜杠"/"，空元素不需要也不允许结束标签。如果元素属性未标明，则使用其默认值。

1.1.3 JavaScript

现代网页除了 HTTP 和 HTML，还会涉及 JavaScript 技术。人们看到的浏览器中的页面，其实是在 HTML 的基础上，经过 JavaScript 进一步加工和处理后生成的效果。例如，淘宝网的商品评论就是通过 JavaScript 获取 JSON 数据，然后"嵌入"到原始 HTML 中并呈现给用户。这种在页面中使用 JavaScript 的网页对于 20 世纪 90 年代的 Web 界面而言几乎是天方夜谭，但在今天，以 AJAX（Asynchronous JavaScript And XML，异步 JavaScript 与 XML）技术为代表的结合 JavaScript、CSS、HTML 等语言的网页开发技术已经成为了绝对的主流。JavaScript 使得网页可以灵活地加载其中的一部分数据。后来，随着这种设计的流行，AJAX 这个词语也成为一个"术语"。

JavaScript 一般被定义为一种"面向对象、动态类型的解释型语言"，最初由 Netscape（网景）公司推出，目的是作为新一代浏览器的脚本语言支持，换句话说，不同于 PHP 或者 ASP.NET，JavaScript 不是为"网站服务器"提供的语言，而是为"用户浏览器"提供的语言。为了在网页中使用 JavaScript，开发者一般会把 JavaScript 脚本程序写在 HTML 的< script >标签中。在 HTML 语法里，< script > 标签用于定义客户端脚本，如果需要引用外部脚本文件，可以在 src 属性中设置其地址，如图 1-1 所示。

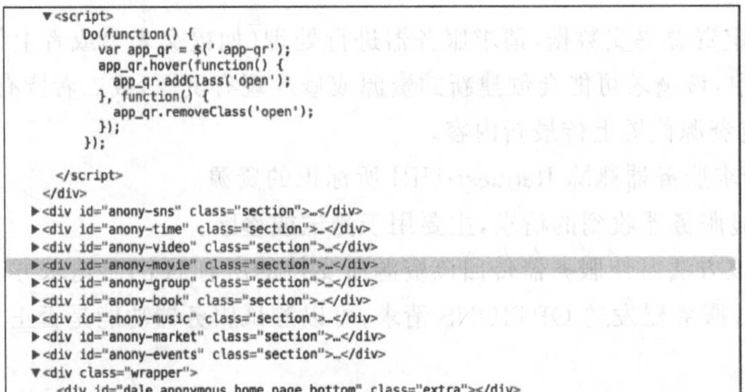

```
▼<script>
    Do(function() {
      var app_qr = $('.app-qr');
      app_qr.hover(function() {
        app_qr.addClass('open');
      }, function() {
        app_qr.removeClass('open');
      });
    });

  </script>
</div>
▶<div id="anony-sns" class="section">…</div>
▶<div id="anony-time" class="section">…</div>
▶<div id="anony-video" class="section">…</div>
▶<div id="anony-movie" class="section">…</div>
▶<div id="anony-group" class="section">…</div>
▶<div id="anony-book" class="section">…</div>
▶<div id="anony-music" class="section">…</div>
▶<div id="anony-market" class="section">…</div>
▶<div id="anony-events" class="section">…</div>
▼<div class="wrapper">
   <div id="dale_anonymous_home_page_bottom" class="extra"></div>
  ▶<div id="ft">…</div>
 </div>
 <script type="text/javascript" src="https://img3.doubanio.com/f/shire/72ced6d…/js/jquery.min.js" async="true"></script> == $0
```

图 1-1 豆瓣首页网页源码中的< script >元素

JavaScript 在语法结构上类似于 C++ 等面向对象的语言,循环语句、条件语句等也都与 Python 中的写法有较大的差异,但其弱类型特点更符合 Python 开发者的使用习惯。一段简单的 JavaScript 脚本程序如下:

```javascript
function add(a,b) {
    var sum = a + b;
    console.log('%d + %d equals to %d',a,b,sum);
}
function mut(a,b) {
    var prod = a * b;
    console.log('%d * %d equals to %d',a,b,prod);
}
```

接着,通过下面的例子来展示 JavaScript 的基本概念和语法,代码如下:

```javascript
var a = 1;                              //变量声明与赋值
                                        //变量都用 var 关键字定义
var myFunction = function (arg1) {      //注意这个赋值语句,在 JavaScript 中,函数和变
                                        //量本质上是一样的
    arg1 += 1;
    return arg1;
}
var myAnotherFunction = function (f,a) { //函数也可以作为另一个函数的参数被传入
    return f(a);
}
console.log(myAnotherFunction(myFunction,2))
//条件语句
if (a > 0) {
    a -= 1;
} else if (a == 0) {
    a -= 2;
} else {
    a += 2;
}
//数组
arr = [1,2,3];
console.log(arr[1]);
//对象
myAnimal = {
    name: "Bob",
    species: "Tiger",
    gender: "Male",
    isAlive: true,
    isMammal: true,
}
console.log(myAnimal.gender);           //访问对象的属性
```

其实,人们所说的 AJAX 技术,与其说是一种"技术",不如说是一种"方案"。AJAX 技术改变了过去用户浏览网站时一个请求对应一个页面的模式,允许浏览器通过异步请求来获取数据,从而使得一个页面能够呈现并容纳更多的内容,同时也就意味着更多的功能。只要用户使用的是主流的浏览器,同时允许浏览器执行 JavaScript,用户就能够享受网站在网页中的 AJAX 内容。

以知乎的首页信息流为例，如图1-2所示，与用户的主要交互方式就是用户通过下拉页面（可通过鼠标滚轮、拖动滚动条等）查看更多动态，而在一部分动态（对于知乎而言包括被关注用户的点赞和回答等）展示完毕后，就会显示一段加载动画并呈现后续的动态内容。在这个过程中，页面动画其实只是"障眼法"，在这个过程中，正是JavaScript脚本请求了服务器发送相关数据，并最终加载到页面之中。在这个过程中，页面显然没有进行全部刷新，而是只"新"刷新了一部分，通过这种异步加载的方式完成了对新内容的获取和呈现，这个过程就是典型的AJAX应用。

图1-2　知乎首页动态的刷新

1.2　Requests 的使用

1.2.1　Requests 简介

Requests库，作为Python最知名的开源模块之一，目前支持Python 2.6～2.7以及Python 3的所有有版本，Requests由Kenneth Reitz开发，如图1-3所示，其设计和源码也符合Python风格（这里称为Pythonic）。

图1-3　Requests 的口号：给人类使用的非转基因 HTTP 库

作为HTTP库，Requests的使命就是完成HTTP请求。对于各种HTTP请求，Requests都能简单漂亮地完成，当然，其中GET方法是最为常用的：

```
r = requests.get(URL)
r = requests.put(URL)
r = requests.delete(URL)
r = requests.head(URL)
r = requests.options(URL)
```

如果想要为URL的查询字符串传递参数（如当你看到了一个URL中出现了"?xxx=yyy&aaa=bbb"时，只需要在请求中提供这些参数，就像这样：

```
comment_json_url = 'https://sclub.jd.com/comment/productPageComments.action'
p_data = {
```

```
    'callback': 'fetchJSON_comment98vv242411',
    'score': 0,
    'sortType': 1,
    'page': 0,
    'pageSize': 10,
    'isShadowSku': 0,
}

    response = requests.get(comment_json_url, params = p_data)
```

其中,p_data 是一个 dict 结构。打印出现在的 URL,可以看到 URL 的编码结果,输出如下:

```
https://sclub.jd.com/comment/productPageComments.action? page = 0&isShadowSku = 0&sortType = 1&callback = fetchJSON_comment98vv242411&pageSize = 10&score = 0
```

使用.text 来读取响应内容时,Requests 会使用 HTTP 头部中的信息来判断编码方式。当然,编码是可以更改的,如下:

```
print(response.encoding)              #会输出"GBK"
response.encoding = 'UTF-8'
```

text 有时候很容易和 content 混淆,简单地说,text 表达的是编码后(一般就是 Unicode 编码)的内容,而 content 是字节形式的内容。

Requests 中还有一个内置的 JSON 解码器,只需调用 r.json()即可。

在爬虫程序的编写过程中,经常需要更改 HTTP 请求头。正如之前很多例子那样,想为请求添加 HTTP 头部,只要简单地传递一个 dict 给 headers 参数就可以。r.status_code 是另外一个常用的操作,这是一个状态码对象,可以利用如下方式检测 HTTP 请求对象。

```
print(r.status_code == requests.codes.ok)
```

实际上 Requests 还提供了更简洁(简洁到不能更简洁,与上面的方法等效)的方法。

```
print(r.ok)
```

在这里 r.ok 是一个布尔值。

如果是一个错误请求(4XX 客户端错误或 5XX 服务器错误响应),可以通过 Response.raise_for_status()来抛出异常。

1.2.2 使用 Requests 编写爬虫程序

在各大编程语言中,初学者要学会编写的第一个简单程序一般就是"Hello, World!",即通过程序在屏幕上输出一行"Hello, World!"这样的文字,在 Python 中,只需一行代码就可以做到。受到这种命名习惯的影响,把第一个爬虫称为 HelloSpider,代码如下:

```
import lxml.html, requests
url = 'https://www.Python.org/dev/peps/pep-0020/'
xpath = '//*[@id="the-zen-of-Python"]/pre/text()'
res = requests.get(url)
ht = lxml.html.fromstring(res.text)
text = ht.xpath(xpath)
print('Hello,\n' + ''.join(text))
```

执行这个脚本,在终端中运行如下命令(也可以在直接 IDE 中单击"运行"):

```
Python HelloSpider.py
```

很快就能看到输出如下:

```
Hello,
Beautiful is better than ugly.
…
Namespaces are one honking great idea -- let's do more of those!
```

至此,程序完成了一个网络爬虫程序最普遍的流程:①访问站点;②定位所需的信息;③得到并处理信息。接下来不妨看看每行代码都做了什么:

```
import lxml.html,requests
```

这里使用 import 导入了两个模块,分别是 lxml 库中的 html 以及 Python 中著名的 requests 库。lxml 用于解析 XML 和 HTML 的工具,可以使用 xpath 和 css 来定位元素,这里还导入了 requests。

```
url = 'https://www.Python.org/dev/peps/pep-0020/'
xpath = '//*[@id="the-zen-of-Python"]/pre/text()'
```

上面定义了两个变量,Python 不需要声明变量的类型,url 和 xpath 会自动被识别为字符串类型。url 是一个网页的链接,可以直接在浏览器中打开,页面中包含了"Python 之禅"的文本信息;xpath 变量则是一个 xpath 路径表达式,而 lxml 库可以使用 xpath 来定位元素,当然,定位网页中元素的方法不止 xpath 一种,以后会介绍更多的定位方法。

```
res = requests.get(url)
```

这里使用了 requests 中的 get 方法,对 url 发送了一个 HTTP GET 请求,返回值被赋值给 res,于是便得到了一个名为 res 的 Response 对象,接下来就可以从这个 Response 对象中获取想要的信息。

```
ht = lxml.html.fromstring(res.text)
```

lxml.html 是 lxml 下的一个模块,顾名思义,主要负责处理 HTML。fromstring 方法传入的参数是 res.text,即 Response 对象的 text(文本)内容。在 fromstring 函数的 doc string 中(文档字符串,即这个函数的说明,可以通过 print('lxml.html.fromstring.__doc__查看'))说道,这个方法可以"Parse the html, returning a single element/document."即 fromstring 根据这段文本来构建一个 lxml 中的 HtmlElement 对象。

```
text = ht.xpath(xpath)
print('Hello,\n' + ''.join(text))
```

如上两行代码使用 xpath 来定位 HtmlElement 中的信息,并进行输出。text 就是得到的结果,".join()"是一个字符串方法,用于将序列中的元素以指定的字符连接生成一个新的字符串。因为 text 是一个 list 对象,所以使用''这个空字符来连接。如果不进行这个操作而直接输出:

```
print('Hello,\n' + text)
```

程序会报错,出现"TypeError: Can't convert 'list' object to str implicitly"这样的错误。当然,对于 list 序列而言,还可以通过一段循环来输出其中的内容。

通过刚才这个十分简单的爬虫示例,不难发现,爬虫的核心任务就是访问某个站点(一般为一个或一类 URL 地址),然后提取其中的特定信息,之后对数据进行处理(在这个例子中只是简单地输出)。当然,根据具体的应用场景,爬虫可能还需要很多其他的功能,如自动抓取多个页面、处理表单、对数据进行存储或者清洗等。

1.3 常见的网页解析工具

在前面了解网页结构的基础上,接下来将介绍几种工具,分别是 XPath、BeautifulSoup 模块以及 lxml 模块。

1.3.1 BeautifulSoup

BeautifulSoup 是一个很流行的 Python 库,名字来源于《爱丽丝梦游仙境》中的一首诗,作为网页解析(准确地说是 XML 和 HTML 解析)的利器,BeautifulSoup 提供了定位内容的人性化接口,简便正是它的设计理念。

由于 BeautifulSoup 并不是 Python 内置的,因此仍需要使用 pip 来安装。这里来安装最新的版本(BeautifulSoup 4 版本,也叫 bs4): pip install beautifulsoup4。

另外,也可以这样安装: pip install bs4。

Linux 用户也可以使用 apt-get 工具来进行安装: apt-get install Python-bs4。

注意,如果计算机上 Python 2 和 Python 3 两种版本同时存在,那么可以使用 pip2 或者 pip3 命令来指明是为哪个版本的 Python 来安装,执行这两种命令是有区别的,如图 1-4 所示。

```
                        pip2 install numpy
Requirement already satisfied: numpy in /Library/Python/2.7/site-packages
                        pip3 install numpy
Requirement already satisfied: numpy in /Library/Frameworks/Python.framework/Ver
sions/3.5/lib/python3.5/site-packages
```

图 1-4 pip2 与 pip3 命令的区别

BeautifulSoup 中的主要工具就是 BeautifulSoup(对象),这个对象的意义是指一个 HTML 文档的全部内容,先来看看 BeautifulSoup 对象能干什么:

```python
import bs4, requests
from bs4 import BeautifulSoup

ht = requests.get('https://www.douban.com')
bs1 = BeautifulSoup(ht.content)
print(bs1.prettify())
print('title')
print(bs1.title)
print('title.name')
print(bs1.title.name)
print('title.parent.name')
print(bs1.title.parent.name)
```

```
print('find all "a"')
print(bs1.find_all('a'))
print('text of all "h2"')
for one in bs1.find_all('h2'):
    print(one.text)
```

如上示例程序的输出是这样的：

```
<!DOCTYPE HTML>
< html class = "" lang = "zh - cmn - Hans">
 < head >
   ...
豆瓣时间
```

可以看出，使用 BeautifulSoup 来定位和获取内容是非常方便的，一切看上去都很和谐，但是有可能会遇到这样一个提示：

```
UserWarning: No parser was explicitly specified
```

这意味着没有指定 BeautifulSoup 的解析器，解析器的指定需要把原来的代码变为这样：

```
bs1 = BeautifulSoup(ht.content,'parser')
```

BeutifulSoup 本身支持 Python 标准库中的 HTML 解析器，另外还支持一些第三方的解析器，其中最有用的就是 lxml。根据操作系统不同，安装 lxml 的方法包括：

```
$ apt - get install Python - lxml
$ easy_install lxml
$ pip install lxml
```

Python 标准库 html.parser 是 Python 内置的解析器，性能过关。而 lxml 的性能和容错能力都是最好的，缺点是安装起来有可能碰到一些麻烦（其中一个原因是 lxml 需要 C 语言库的支持），lxml 既可以解析 HTML，也可以解析 XML。不同的解析器分别对应下面的指定方法：

```
bs1 = BeautifulSoup(ht.content,'html.parser')
bs1 = BeautifulSoup(ht.content,'lxml')
bs1 = BeautifulSoup(ht.content,'xml')
```

除此之外，还可以使用 html5lib，这个解析器支持 HTML5 标准，不过目前还不是很常用。主要使用的是 lxml 解析器。

使用 find()方法获取到的结果都是 Tag 对象，这也是 BeautifulSoup 库中的主要对象之一，Tag 对象在逻辑上与 XML 或 HTML 文档中的 tag 相同，可以使用 tag.name 和 tag.attrs 来访问 tag 的名字和属性，获取属性的操作方法类似于字典 tag['href']。

在定位内容时，最常用的就是 find()和 find_all()方法，find_all 方法的定义如下：

```
find_all(name, attrs, recursive, text, ** kwargs)
```

该方法搜索当前这个 tag（这时 BeautifulSoup 对象可以被视为一个 tag，是所有 tag 的根）的所有 tag 子节点，并判断是否符合搜索条件。name 参数可以查找所有名为 name 的 tag：

```
bs.find_all('tagname')
```

keyword 参数在搜索时支持把该参数当作指定名字 tag 的属性来搜索,就像这样:

```
bs.find(href = 'https://book.douban.com').text
```

其结果应该是"豆瓣读书"。当然,同时使用多个属性来搜索也是可以的,可以通过 find_all()方法的 attrs 参数定义一个字典参数来搜索多个属性:

```
bs.find_all(attrs = {"href": re.compile('time'),"class":"title"})
```

1.3.2 XPath 与 lxml

XPath(XML Path Language,XML 路径语言)是一种被设计用来在 XML 文档中搜寻信息的语言。在这里需要先介绍一下 XML 和 HTML 的关系,所谓的 HTML,也就是之前所说的"超文本标记语言",是 WWW 的描述语言,其设计目标是"创建网页和其他可在网页浏览器中访问的信息",而 XML(Extensible Markup Language,可扩展标记语言的前身是 SGML)(标准通用标记语言)。简单地说,HTML 是用来显示数据的语言(同时也是 html 文件的作用),XML 是用来描述数据、传输数据的语言(对应 xml 文件,这个意义上 XML 十分类似于 JSON)。也有人说,XML 是对 HTML 的补充。因此,XPath 可用来在 XML 文档中对元素和属性进行遍历,实现搜索和查询的目的,也正是因为 XML 与 HTML 的紧密联系,可以使用 XPath 来对 HTML 文件进行查询。

XPath 的语法规则并不复杂,需要先了解 XML 中的一些重要概念,包括元素、属性、文本、命名空间、处理指令、注释以及文档,这些都是 XML 中的"节点",XML 文档本身就是被作为节点树来对待的。每个节点都有一个 parent(父/母节点),例如:

```
<movie>
    <name>Transformers</name>
    <director>Michael Bay</director>
</movie>
```

上面的例子里,movie 是 name 和 director 的 parent 节点。name、director 是 movie 的子节点。name 和 director 互为兄弟节点(Sibling)。

```
<cinema>
    <movie>
        <name>Transformers</name>
        <director>Michael Bay</director>
    </movie>
    <movie>
        <name>Kung Fu Hustle</name>
        <director>Stephen Chow</director>
    </movie>
</cinema>
```

如果 XML 是上面这样子,对于 name 而言,cinema 和 movie 就是先祖节点(Ancestor),同时 name 和 movie 就是 cinema 的后辈(Descendant)节点。

XPath 表达式的基本规则如表 1-1 所示。

表 1-1　XPath 表达式的基本规则

表 达 式	对 应 查 询
Node1	选取 Node1 下的所有节点
/node1	斜杠代表到某元素的绝对路径,此处即选择根上的 Node1
//node1	选取所有 node1 元素,不考虑 XML 中的位置
node1/node2	选取 node1 子节点中的所有 node2
node1//node2	选取 node1 所有后辈节点中的所有 node2
.	选取当前节点
..	选取当前的父节点
//@href	选取 XML 中的所有 href 属性

在实际编程中,一般不必亲自编写 XPath,使用 Chrome 等浏览器自带的开发者工具就能获得某个网页元素的 XPath 路径,通过分析感兴趣的元素的 XPath,就能编写对应的抓取语句。

在 Python 中用于 XML 处理的工具不少,如 Python 2 版本中的 ElementTree API 等,不过目前一般使用 lxml 这个库来处理 XPath。lxml 的构建是基于两个 C 语言库的: libxml2 和 libxslt,因此,性能方面,lxml 表现得足以让人满意。另外,lxml 支持 XPath 1.0、XSLT 1.0、定制元素类,以及 Python 风格的数据绑定接口,因此受到很多人的欢迎。

当然,如果机器上没有安装 lxml,首先还是得用 pip install lxml 命令来进行安装,安装时可能会出现一些问题(这是由于 lxml 本身的特性造成的)。另外,lxml 还可以使用 easy install 等方式安装,这些都可以参照 lxml 官方的说明: http://lxml.de/installation.html。

最基本的 lxml 解析方式如下:

```
from lxml import etree
doc = etree.parse('exsample.xml')
```

其中的 parse()方法会读取整个 XML 文档并在内存中构建一个树结构,如果换一种导入方式:

```
from lxml import html
```

这样会导入 html tree 结构,一般使用 fromstring()方法来构建:

```
text = requests.get('http://example.com').text
html.fromstring(text)
```

这时将会拥有一个 lxml.html.HtmlElement 对象,然后就可以直接使用 xpath 寻找其中的元素:

```
h1.xpath('your xpath expression')
```

例如,假设有一个 HTML 文档如图 1-5 所示。

这实际上是维基百科"苹果"词条的页面结构,可以通过多种方式获得页面中的 Apple 这个大标题(h1 元素),例如:

```
from lxml import html
#访问链接,获取 HTML
text = requests.get('https://en.wikipedia.org/wiki/Apple').text
```

```
▼<body class="mediawiki ltr sitedir-ltr mw-hide-empty-elt ns-0 ns-subject page-Apple rootpage-
Apple skin-vector action-view">
    <div id="mw-page-base" class="noprint"></div>
    <div id="mw-head-base" class="noprint"></div>
    ▼<div id="content" class="mw-body" role="main">
        <a id="top"></a>
        ▶<div id="siteNotice" class="mw-body-content">…</div>
        ▼<div class="mw-indicators mw-body-content">
            ▶<div id="mw-indicator-good-star" class="mw-indicator">…</div>
            ▶<div id="mw-indicator-pp-default" class="mw-indicator">…</div>
        </div>
        ▼<h1 id="firstHeading" class="firstHeading" lang="en"> == $0
            ::before
            "Apple"
        </h1>
        ▼<div id="bodyContent" class="mw-body-content">
            <div id="siteSub" class="noprint">From Wikipedia, the free encyclopedia</div>
            <div id="contentSub"></div>
            ▶<div id="jump-to-nav" class="mw-jump">…</div>
            ▼<div id="mw-content-text" lang="en" dir="ltr" class="mw-content-ltr">
                ▼<div class="mw-parser-output">
                    ▶<div role="note" class="hatnote navigation-not-searchable">…</div>
                    ▶<table class="infobox biota" style="text-align: left; width: 200px; font-size: 100%">
                    …</table>
                    ▶<p>…</p>
```

图 1-5 示例 HTML 结构

```
ht = html.fromstring(text)                          #HTML 解析

h1Ele = ht.xpath('//*[@id="firstHeading"]')[0]      #选取 id 为 firstHeading 的元素
print(h1Ele.text)                                   #获取 text
print(h1Ele.attrib)                                 #获取所有属性,保存在一个 dict 钟
print(h1Ele.get('class'))                           #根据属性名获取属性
print(h1Ele.keys())                                 #获取所有属性名
print(h1Ele.values())                               #获取所有属性的值
```

1.4 Scrapy 框架与 Selenium

1.4.1 爬虫框架:Scrapy

按照官方的说法,Scrapy 是一个"为了爬取网站数据,提取结构性数据而编写的 Python 应用框架,可以应用在包括数据挖掘、信息处理或存储历史数据等各种程序中"。Scrapy 最初是为了网页抓取而设计的,也可以应用在获取 API 所返回的数据或者通用的网络爬虫开发之中。作为一个爬虫框架,可以根据自己的需求十分方便地使用 Scrapy 编写出自己的爬虫程序。毕竟要从使用 Requests(请求)访问 URL 开始编写,把网页解析、元素定位等功能一行行写进去,再编写爬虫的循环抓取策略和数据处理机制等其他功能,这些流程做下来,工作量其实也是不小的。使用特定的框架有助于更高效地定制爬虫程序。作为可能是最流行的 Python 爬虫框架,掌握 Scrapy 爬虫编写是在爬虫开发中迈出的重要一步。从构件上看, Scrapy 这个爬虫框架主要由以下组件组成。

① 引擎(Scrapy):用来处理整个系统的数据流处理,触发事务,是框架的核心。

② 调度器(Scheduler):用来接收引擎发过来的请求,将请求放入队列中,并在引擎再次请求的时候返回。它决定下一个要抓取的网址,同时担负着网址去重这一项重要工作。

③ 下载器(Downloader):用于下载网页内容,并将网页内容返回给爬虫。下载器的基础是 twisted,一个 Python 网络引擎框架。

④ 爬虫(Spiders):用于从特定的网页中提取自己需要的信息,即 Scrapy 中所谓的实体(Item)。也可以从中提取出链接,让 Scrapy 继续抓取下一个页面。

⑤ 管道(Pipeline):负责处理爬虫从网页中抽取的实体,主要的功能是持久化信息、验证

实体的有效性、清洗信息等。

⑥ 下载器中间件(Downloader Middlewares)：Scrapy 引擎和下载器之间的框架，主要处理 Scrapy 引擎与下载器之间的请求及响应。

⑦ 爬虫中间件(Spider Middlewares)：Scrapy 引擎和爬虫之间的框架，主要工作是处理爬虫的响应输入和请求输出。

⑧ 调度中间件(Scheduler Middewares)：Scrapy 引擎和调度之间的中间件，从 Scrapy 引擎发送到调度的请求和响应。

它们之间的关系示意如图 1-6 所示。

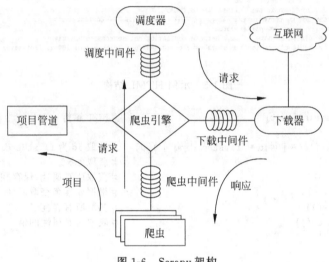

图 1-6　Scrapy 架构

可以通过 pip 十分轻松地安装 Scrapy，安装 Scrapy 首先要使用以下命令安装 lxml 库：pip install lxml。

如果已经安装 lxml，那就可以直接安装 Scrapy：pip install scrapy。

在终端中执行命令（后面的网址可以是其他域名，如 www.baidu.com）：scrapy shell www.douban.com。

可以看到 Scrapy shell 的反馈，如图 1-7 所示。

```
[s] Available Scrapy objects:
[s]   scrapy     scrapy module (contains scrapy.Request, scrapy.Selector, etc)
[s]   crawler    <scrapy.crawler.Crawler object at 0x1053c0b70>
[s]   item       {}
[s]   request    <GET http://www.douban.com>
[s]   response   <403 http://www.douban.com>
[s]   settings   <scrapy.settings.Settings object at 0x10633b358>
[s]   spider     <DefaultSpider 'default' at 0x106682ef0>
[s] Useful shortcuts:
[s]   fetch(url[, redirect=True]) Fetch URL and update local objects (by default, redirect
s are followed)
[s]   fetch(req)                  Fetch a scrapy.Request and update local objects
[s]   shelp()                     Shell help (print this help)
[s]   view(response)              View response in a browser
```

图 1-7　Scrapy shell 的反馈

为了在终端中创建一个 Scrapy 项目，首先进入自己想要存放项目的目录下，也可以直接新建一个目录（文件夹），这里在终端中使用命令创建一个新目录并进入：

```
mkdir newcrawler
cd newcrawler/
```

之后执行 Scrapy 框架的对应命令：

```
scrapy startproject newcrawler
```

会发现目录下多出了一个新的名为 newcrawler 的目录。其中 items.py 定义了爬虫的"实体"类，middlewares.py 是中间件文件，pipelines.py 是管道文件，spiders 文件夹下是具体的爬虫，scrapy.cfg 则是爬虫的配置文件。然后执行新建爬虫的命令：

```
scrapy genspider DoubanSpider douban.com
```

输出为：

```
Created spider 'DoubanSpider' using template 'basic'
```

不难发现，genspider 命令就是创建一个名为 DoubanSpider 的新爬虫脚本，这个爬虫对应的域名为 douban.com。在输出中发现了一个名为 basic 的模板，这其实是 Scrapy 的爬虫模板。进入 DoubanSpider.py 中查看（见图 1-8）。

可见它继承了 scrapy.Spider 类，其中还有一些类属性和方法。name 用来标识爬虫。它在项目中是唯一的，每一个爬虫有一个独特的 name。parse 是一个处理 response 的方法，在 Scrapy 中，response 由每个 request 下载生成。作为 parse 方法的参数，response 是一个 TextResponse 的实例，其中保存了页面的内容。start_urls 列表是一个代替 start_requests() 方法的捷径，所谓的 start_requests 方法，顾名思义，其任务就是从 url 生成 scrapy.Request 对象，作为爬虫的初始请求。之后会遇到的 Scrapy 爬虫基本都有着类似这样的结构。

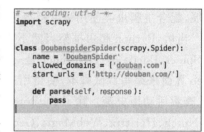

图 1-8 DoubanSpider.py

为了定制 Scrapy 爬虫，要根据自己的需求定义不同的 Item，例如，创建一个针对页面中所有正文文字的爬虫，将 Items.py 中的内容改写为：

```
class TextItem(scrapy.Item):
    # define the fields for your item here like:
    text = scrapy.Field()
```

之后编写 DoubanSpider.py：

```
# -*- coding: utf-8 -*-
import scrapy
from scrapy.selector import Selector
from ..items import TextItem

class DoubanspiderSpider(scrapy.Spider):
    name = 'DoubanSpider'
    allowed_domains = ['douban.com']
    start_urls = ['https://www.douban.com/']

    def parse(self, response):
        item = TextItem()
        h1text = response.xpath('//a/text()').extract()
        print("Text is" + ''.join(h1text))
        item['text'] = h1text
        return item
```

这个爬虫会先进入 start_urls 列表中的页面(在这个例子中就是豆瓣网的首页),收集信息完毕后就会停止。response.xpath('//a/text()').extract()这行语句将从 response(其中保存着网页信息)中使用 xpath 语句抽取出所有"a"标签的文字内容(text)。下一句会将它们逐一打印。

运行爬虫的命令是:

```
scrapy crawl spidername
```

其中,spidername 是爬虫的名称,即爬虫类中的 name 属性。

程序运行并进行爬取后,可以看到 Scrapy 爬取时的 Log 输出,通过 Log 内容可以看到爬取的进度以及结果。由于爬取目标网站的一些反爬措施,如限制 USER_AGENT,因此在允信之前可能还需要在 setting.py 中修改一些配置,如 USER_AGENT 等。

值得一提的是,除了简单的 scrapy.Spider,Scrapy 还提供了诸如 CrawlSpider、csvfeed 等爬虫模板,其中 CrawlSpider 是最为常用的。另外,Scrapy 的 Pipeline 和 Middleware 都支持扩展,配合主爬虫类使用将取得很流畅的抓取和调试体验。

当然,Python 爬虫框架当然不止 Scrapy 一种,在其他诸多爬虫框架中,还值得一提的是 PySpider、Portia 等。PySpider 是一个"国产"的框架,由国内开发者编写,拥有一个可视化的 Web 界面来编写调试脚本,使得用户可以进行诸多其他操作,如执行或停止程序、监控执行状态、查看活动历史等。除了 Python,Java 语言也常常用于爬虫的开发,比较常见的爬虫框架包括 Nutch、Heritrix、WebMagic、Gecco 等。爬虫框架流行的原因,就在于开发者需要"多、快、好、省"地完成一些任务,如爬虫的 URL 管理、线程池之类的模块,如果自己从零做起,势必需要一段时间的实验、调试和修改。爬虫框架将一些"底层"的事务预先做好,开发者只需要将注意力放在爬虫本身的业务逻辑和功能开发上。有兴趣的读者可以继续了解如 PySpider 这样的新框架。

1.4.2 模拟浏览器:Selenium

我们知道,网页会使用 JavaScript 加载数据,对应于这种模式,可以通过分析数据接口来进行直接抓取,这种方式需要对网页的内容、格式和 JavaScript 代码有所研究才能顺利完成。但有时还会碰到另外一些页面,这些页面同样使用 AJAX 技术,但是其页面结构比较复杂,很多网页中的关键数据由 AJAX 获得,而页面元素本身也使用 JavaScript 来添加或修改,甚至于人们感兴趣的内容在原始页面中并不出现,需要进行一定的用户交互(如不断下拉滚动条)才会显示。对于这种情况,为了方便,就会考虑使用模拟浏览器的方法来进行抓取,而不是通过"逆向工程"去分析 AJAX 接口,使用模拟浏览器的方法,特点是普适性强,开发耗时短,抓取耗时长(模拟浏览器的性能问题始终令人忧虑),使用分析 AJAX 的方法,特点则刚好与模拟浏览器相反,甚至在同一个网站、同一个类别中的不同网页上,AJAX 数据的具体访问信息都有差别,因此开发过程投入的时间和精力成本是比较大的。如果碰到页面结构相对复杂或者 AJAX 数据分析比较困难(如数据经过加密)的情况,就需要考虑使用浏览器模拟的方式了。

在 Python 模拟浏览器进行数据抓取方面,Selenium 永远是绕不过去的一个坎。Selenium(意为化学元素"硒")是浏览器自动化工具,在设计之初是为了进行浏览器的功能测试。Selenium 的作用,直观地说,就是使得操纵浏览器进行一些类似普通用户的操作成为可能,如访问某个地址、判断网页状态、单击网页中的某个元素(按钮)等。使用 Selenium 来操控浏览器进行的数据抓取其实已经不能算是一种"爬虫"程序,一般谈到爬虫,自然想到的是独立于浏览器之外的程序,但无论如何,这种方法有助于解决一些比较复杂的网页抓取任务,由于直接使用了浏览器,麻烦的 AJAX 数据和 JavaScript 动态页面一般都已经渲染完成,利用一些函数,完全可以做到随心所欲地抓取,加之开发流程也比较简单,因此有必要进行基本的介绍。

Selenium 本身只是个工具,而不是一个具体的浏览器,但是 Selenium 支持包括 Chrome 和 Firefox 在内的主流浏览器。为了在 Python 中使用 Selenium,需要安装 selenium 库(仍然通过 pip install selenium 的方式进行安装)。完成安装后,为了使用特定的浏览器,可能需要下载对应的驱动。将下载到的文件放在某个路径下。并在程序中指明该路径即可。如果想避免每次配置路径的麻烦,可以将该路径设置为环境变量,这里就不再赘述了。

通过一个访问百度新闻站点的例子来引入 selenium 库,代码如下:

```
from selenium import webdriver
import time

browser = webdriver.Chrome('yourchromedriverpath')
# 如"/home/zyang/chromedriver"
browser.get('http:www.baidu.com')
print(browser.title)                                    # 输出:"百度一下,你就知道"
browser.find_element_by_name("tj_trnews").click()       # 单击"新闻"
browser.find_element_by_class_name('hdline0').click()   # 单击头条
print(browser.current_url)                              # 输出:http://news.baidu.com/
time.sleep(10)
browser.quit()                                          # 退出
```

运行上面的代码,会看到 Chrome 程序被打开,浏览器访问了百度首页,然后跳转到了百度新闻页面,之后又选择了该页面的第一个头条新闻,从而打开了新的新闻页。一段时间后,浏览器关闭并退出。控制台会输出"百度一下,你就知道"(对应 browser.title)和 http://news.baidu.com/(对应 browser.current_url)。这无疑是一个好消息,如果能获取对浏览器的控制权,那么爬取某一部分的内容会变得如臂使指。

另外,selenium 库能够提供实时网页源码,这使得通过结合 Selenium 和 BeautifulSoup (以及其他上文所述的网页元素解析方法)成为可能,如果对 selenium 库自带的元素定位 API 不甚满意,那么这会是一个非常好的选择。总的来说,使用 selenium 库的主要步骤如下。

① 创建浏览器对象,即使用类似下面的语句:

```
from selenium import webdriver

browser = webdriver.Chrome()
...
```

② 访问页面,主要使用 browser.get 方法,传入目标网页地址。

③ 定位网页元素,可以使用 selenium 自带的元素查找 API,即

```
element = browser.find_element_by_id("id")
element = browser.find_element_by_name("name")
element = browser.find_element_by_xpath("xpath")
element = browser.find_element_by_link_text('link_text')
#...
```

还可以使用 browser.page_source 获取当前网页源码并使用 BeautifulSoup 等网页解析工具定位:

```python
from selenium import webdriver
from bs4 import BeautifulSoup

browser = webdriver.Chrome('yourchromedriverpath')
url = 'https://www.douban.com'
browser.get(url)
ht = BeautifulSoup(browser.page_source,'lxml')
for one in ht.find_all('a',class_ = 'title'):
    print(one.text)
#输出:
#52 倍人生——戴锦华大师电影课
……
#觉知即新生——终止童年创伤的心理修复课
```

④ 网页交互,对元素进行输入、选择等操作。如访问豆瓣并搜索某一关键字(效果见图 1-9)的代码如下。

```python
from selenium import webdriver
import time
from selenium.webdriver.common.by import By

browser = webdriver.Chrome('yourchromedriverpath')
browser.get('http://www.douban.com')
time.sleep(1)
search_box = browser.find_element(By.NAME,'q')
search_box.send_keys('网站开发')
button = browser.find_element(By.CLASS_NAME,'bn')
button.click()
```

图 1-9 使用 Selenium 操作 Chrome 进行豆瓣搜索的结果

在导航(窗口中的前进与后退)方面,主要使用 browser.back 和 browser.forward 两个函数。

⑤ 获取元素属性。可供使用的函数方法很多,例如:

```
# one 应该是一个 selenium.webdriver.remote.webelement.WebElement 类的对象
one.text
one.get_attribute('href')
one.tag_name
one.id
...
```

之前曾对 Selenium 的基本使用做过简单的说明,有了网站交互(而不是典型爬虫程序避开浏览器界面的策略)还能够完成很多测试工作,如找出异常表单、HTML 排版错误、页面交互问题。

1.5 本章小结

本章介绍了 Python 爬虫的一些基础知识,使读者对 Python 爬虫有一个初步的认识。本章主要介绍了 Python 语言的一些基本特性,以及 Python 解决爬虫问题的一些基本流程,如请求、下载、解析、数据存储;同时还介绍了一些爬虫常用的工具,如 Requests、XPath、Python 解析 JSON、正则表达式、BeautifulSoup、Selenium、Python 操作文件等。

第二部分 实战基础篇

第二部分实战基础篇主要介绍Python爬虫基本知识点的应用案例，便于读者进一步熟悉和掌握爬虫相关工具包的一些用法，以及在案例实践中可能遇到的多种类型的爬虫具体的解决方法。所涉及的案例，都是按照解决爬虫问题的基本流程，即请求、下载、解析、数据存储，相关案例用到的Python工具包有Requests、Selenium、BeautifulSoup、PyQuery、XPath定位、Python解析JSON、正则表达式、MySQL、MongoDB等。通过本部分的学习，能对Python常见的爬虫工具包有了进一步的了解，读者也可以结合章节中的案例，进一步掌握相关工具的用法。

第 2 章

爬取某游戏Top100选手信息

在实际生活或工作当中,有时需要在网络上查找榜单排行榜之类的数据,如高考前有必要在网络上查找全国大学排名或者专业排名,为毕业生报考提供参考依据,为方便进行类似的数据分析研究,将网页的表格存储到本地是必需的,本章案例将展示使用 Python 爬虫工具,从在线网站爬取表格并保存成如 Excel 或 CSV 文档等可以重复使用编辑的形式,从网页获取表格的方式多种多样,本案例会根据网页的元素和特性选择合适的方案来编写爬虫。本案例针对同一个目标网站,请求使用的是 Python 的 Requests 库,解析时用了 Python 的两种不同解析方法——JSON 和 BeautifulSoup(BS4)进行讲解,存储方案使用 CSV。

2.1 JavaScript 对象与 JSON

JSON(JavaScript Object Notation)是一种轻量级的数据交换格式。采用完全独立于编程语言的文本格式来存储和表示数据。简洁和清晰的层次结构使得 JSON 成为理想的数据交换语言,这即易于人阅读和编写。同时也易于机器解析和生成,并有效地提升网络的传输效率。JSON 是 JavaScript 对象的字符串表示法,它使用文本表示一个 JavaScript 对象的信息,本质是一个字符串。任何支持的类型都可以通过 JSON 来表示,如字符串、数字、对象、数组等。但是对象和数组是比较特殊且常用的两种类型。

1. 对象

对象在 JavaScript 中是使用花括号({ })包裹起来的内容,数据结构为{key1:value1,key2:value2,…}的键值对结构。在面向对象的语言中,key 为对象的属性,value 为对应的值。键名可以使用整数和字符串来表示。值的类型可以是任意类型。

2. 数组

数组在 JavaScript 中是方括号([ ])包裹起来的内容,数据结构为["java","javascript","vb",…]的索引结构。在 JavaScript 中,数组是一种比较特殊的数据类型,它也可以像对象那样使用键值对,但还是索引使用得多。同样,值的类型可以是任意类型。

例如,用对象的方式表示一个人的个人信息:

```
tom = {
    name: 'Jack',
```

```
        age: '24',
        stature: 170,
        gender: 'man'

}
```

然后，可以用对象和数组并用的方式表示，比如多个人的个人信息用一个 JavaScript 对象表示。

```
data = [
    {
        name: 'Jack',
        age: '24',
        stature: 170,
        gender: 'man'
    },
    {
        name: 'Mike',
        age: '23',
        stature: 174,
        gender: 'man'
    }
]
```

这种方式下用数组的索引访问某一个对象，然后使用键值对的方式访问对象内的元素。

在 Python 语言中，可以使用 JSON 库对 JSON 字符串解析得到 JavaScript 对象，同时利用 Python 字典这一键值索引访问方式并存的数据结构来访问 JavaScript 对象存储的数据。

2.2 爬取方案分析

本案例将从 5E 游戏平台上爬取某游戏 TOP 100 的选手信息，一种方案是爬取用于表格显示的 JSON 对象，这种方案的思路与代码量相对简单；另一种则是用 BeautifulSoup 库分析网页 HTML 文本的子节点内容获取表格元素。

视频讲解

2.2.1 方案一

1. 网页分析

在 5E 平台网页打开开发者模式，如果网页表格通过 JSON 存储数据，则在 Network 栏选中 XHR 项进行抓包；如果 Preview 一栏的元素符合 JSON 格式，则可以使用 JSON 方式对网页列表进行抓取。JSON 对象的预览如图 2-1 所示。然后分析得出获取 JSON 对象的请求方式为 GET 请求，如图 2-2 所示，容易分析得到 GET 请求的主机网站以及各项参数，有了以上分析即可编写爬虫程序。

【提示】 从本案例用于发送请求的网址的域名可以看出，该域名是平台的 API，如果从网站提供的 API 获取数据，通常都会返回 JSON 对象。

2. 爬虫编写

main() 函数：发送请求，获取 JSON 对象。

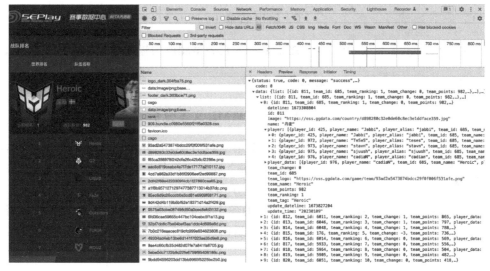

图 2-1　JSON 对象的预览

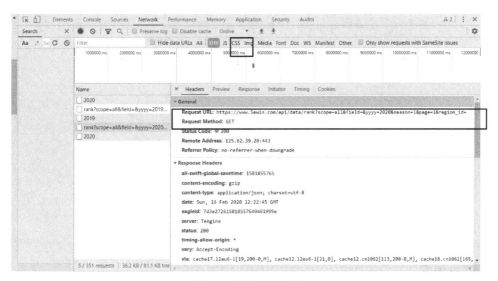

图 2-2　请求返回结果

```
import json
import requests
if __name__ == '__main__':
    url = 'https://www.5ewin.com/api/data/rank'
    query = {'scope': 'all', 'field': '', 'yyyy': '2000',
             'season': '1', 'page': '1', 'region_id': ''}
    # 发送 GET 请求用的参数
    r = requests.get(url, params = query)
    rank_list = json.loads(r.content, encoding = 'utf-8')
# 使用 json.loads() 函数将网页返回的 JSON 字符串加载为可以键值索引访问的 JavaScript 对象
    for i in range(100):
        data = rank_list['data'][i]
        print(data['rank_id'], data['username'], data['elo'])
# 分析 JavaScript 对象的键值,可以直接在终端上输出以查看结果
```

视频讲解

1 csg...GGsimd 3307.28
...

图 2-3 在终端的输出结果

3. 输出结果

终端显示的是表格爬取的输出结果,如图 2-3 所示。

2.2.2 方案二

1. 网页 HTML 文本分析

下面针对第二种方案,先分析网页的 HTML 文本的节点,找到表格每个玩家用户的信息,如图 2-4 所示,表格的每一栏位于<tr>子节点,然后一栏当中玩家用户的各项信息位于<tr>节点的各个<td>子节点中,根据这个思路,只需要对请求到的网页返回内容进行解析,结合节点标签获取需要的信息并保存下来。

图 2-4 表格栏的用户信息所在子节点的分析

2. 爬虫编写

爬虫代码分为 main()函数部分、下载解析网页、网页内容存储,其中 main()函数为整个程序的入口,下面分别展示三部分代码。

(1) main()函数部分。

```python
import requests
from bs4 import BeautifulSoup
import csv

if __name__ == '__main__':
    URL = 'https://www.5ewin.com/data'
    html = requests.get(URL)
    soup = BeautifulSoup(html.content, 'html.parser')
    topList = getTopList(soup)
    # 从 HTML 文本解析结果中得到表格
    writeTable(topList)
    # 将表格进行本地 CSV 文件的读写
```

(2) 获取信息列表用于写入。

```python
def getTopList(soup):
    '''
    函数说明:从 HTML 文本解析结果获取子节点内容,做成玩家信息的列表
    Parameters: soup, HTML 经 BeautifulSoup 库解析结果
    Returns: topList,用于输出的玩家信息列表
    '''
    top = soup.find_all('tr')
    # 信息位于 tr 子节点
    topList = []
    for i in range(1,101):
        info = [i]
        # info 作为每位玩家的信息列表
        info.append(top[i].a.string)
        # 用户名位于节点的<a>子节点的文本
        country = top[i].i['class']
        if len(country) > 1:
            info.append(country[1].upper())
        else:
            info.append('Unknown')
        '''
        用户所在国家或地区位于节点的<i>子节点的标签,
        如果出现未知的情况则单独考虑
        '''
        for node in top[i].find_all('td'):
            '''
            由网页分析,若只爬取玩家的天梯分数,
            <tr>节点的<td>只有天梯分一栏标签为非空
            '''
            if node.get('title') != None:
                info.append(node.string)
        topList.append(info)
    return topList
```

(3) 将信息写入本地 CSV 文件。

```python
def writeTable(List):
    path = 'C:\\Users\\Asus\\Desktop\\文档\\5eplayTop100.csv'
    with open(path, 'w', newline = '', encoding = 'utf-8-sig') as f:
        writer = csv.writer(f)
        # 引用 csv 库创建一个读写对象
        writer.writerow(['排名', '玩家', '国家(地区)', '天梯分'])
        # csv 的文件头行标注各栏属性
        for pl in List:
            writer.writerow(pl)
            # 读写对象的 writerow 函数将 Python 的列表作为文件行进行写入
```

3. 输出结果:本地写入文件预览

将表格写入本地 CSV 文件的输出结果如图 2-5 所示。

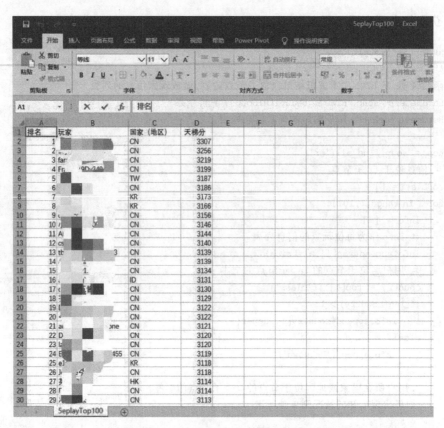

图 2-5　本地 CSV 文件写入结果

2.3　本章小结

本章案例通过一个简单的网站榜单的爬取,介绍了最基本的爬虫步骤及工具,通过网站分析、请求、解析,存储为 CSV 文件,将爬虫常见的步骤都做了简单的示例,为读者进一步学习爬虫相关知识提供了基本的素材。

第 3 章

爬取豆瓣电影简介

本章案例将介绍如何爬取豆瓣电影简介,以此帮助读者学习如何通过编写爬虫程序来批量地从互联网中获取信息。本案例中将借助两个第三方库——Requests 库和 BeautifulSoup 库。通过 Requests 库获取相关的网页信息,通过 BeautifulSoup 库解析大体框架信息的内容,并且将局部信息中最关键的内容提取出来。通过使用第三方库,读者可以实现定向网络爬取和网页解析的基本目标。

视频讲解

3.1 确定信息源

首先,需要明确要爬取哪些内容,并精确到需要爬取的网页。在本章中需要爬取电影的简介,因此选择信息较为全面的豆瓣电影。

进入"豆瓣电影"首页,如图 3-1 所示,可以看到各种推荐的电影。选择其中任意一部电影,进入电影简介页面,如图 3-2 所示。可以发现每部电影的简介页面都具有相似的结构,这为编写爬虫程序提供了极大的方便。这意味着只需要以某部电影的电影简介页面为模板编写爬虫程序,此后便可以运用到豆瓣网站中其他所有电影简介的页面。

图 3-1 豆瓣电影首页

图 3-2　豆瓣电影简介页面

3.2　获取网页信息

确定了需要爬取的网页后,需要如何获取这些信息呢?要知道网页是一个包含 HTML 标签的纯文本文件。可以通过使用 Requests 库的 request()方法向指定网址发送请求获得的文本文件。注意,在使用 Python 第三方库前需要在本机上安装第三方库,可以使用 pip 方式或者其他方式安装。

1. Requests 库的两个主要方法

下面先来简单介绍本实验需要用到的 Requests 库的两个主要方法。

(1) requests.request()方法。该方法的作用是构造一个请求,是支持其他方法的基础方法。

(2) requests.get()方法。该方法是本案例需要用到的一个获取网页的方法,会构造一个向服务器请求资源的 Request 对象,然后返回一个包含服务器资源的 Response 对象。其作用是获取 HTML 网页,对应于 HTTP 的 GET。调用该方法需要一些参数。

① requests.get(url, params=None, **kwargs)。

② url:需要获取页面的 URL 链接。

③ params:可选参数,URL 中的额外参数,字典或字节流格式。

④ **kwargs:12 个控制访问的参数。

2. Response 对象机器属性

Response 对象包含服务器放回的所有信息,也包含请求的 Request 信息。该对象具如下属性。

① status_code:HTTP 请求的返回状态,200 表示链接成功。只有链接成功的对象内容才是正确有效的,而对于链接失败的行为则产生异常的结果。这里可以使用 raise_for_status()方法。该方法会判断 status_code 是否等于 200,如果不等于则产生异常 requests.HTTPError。

② text:HTTP 相应内容的字符串形式,也即 URL 对应的页面内容。这部分也是爬虫

需要获得的最重要部分。

③ encoding：从 HTTP header 中猜测的响应内容的编码方式。选择正确的编码方式才能得到可读的正确信息内容。

④ apparent_encoding：从内容中分析出响应内容的编码方式。

学习完上面的基础知识，就可以利用 Requests 库编写程序来获取“豆瓣电影”首页的信息。获取“豆瓣电影”首页信息的程序如图 3-3 所示。

在控制台里就能够看见“豆瓣电影”首页 HTTP 相应内容的字符串形式，如图 3-4 所示。

```
import requests

#豆瓣电影主页网址
url = "https://movie.douban.com"
#headers属于**kwargs可选参数之一
headers = {'user-agent':'Mozilla/5.0'}
try:
    #向豆瓣电影主页发出请求，返回的Response对象储存为r
    r = requests.get(url, headers = headers)
    #检查statu_code状态，若链接失败则抛出异常
    r.raise_for_status()
    #确定编码方式
    r.encoding = r.apparent_encoding
    #输出爬取的HTML文本
    print(r.text)
except:
    #爬取失败的处理
    print("爬取失败")
```

图 3-3　获取“豆瓣电影”首页信息的程序

```
Console 1/A

    <div id="reviews" class="s" data-dstat-areaid="77" data-dstat-mode="click,expose">
        <div class="reviews-hd">
            <h2>最受欢迎的影评<span><a href="/review/best/">更多热门影评&raquo;</a></span><span><a href="/review/latest/">新片影评
&raquo;</a></span></h2>
        </div>
        <div class="reviews-bd">

    <div class="review ">
        <div class="review-hd">
            <a href="https://movie.douban.com/subject/4301043/?from=reviews">
                    <img class="lazy"
                        data-original="https://img9.doubanio.com/view/photo/s_ratio_poster/public/p1213203384.jpg"
                        src="https://img3.doubanio.com/f/movie/54a69da17972770faffce1f758c820ecb8e440af/pics/movie/grey.gif"
                        alt="传染病" />
            </a>
        </div>
        <div class="review-bd">
            <h3><a href="https://movie.douban.com/review/12228570/" class="">你原本只想回望八年前的非典，却无奈成了八年后新冠病毒的预言</
a></h3>
            <div class="review-meta">
                <a href="https://www.douban.com/people/210579110/">connie301</a> 评论
                <a href="https://movie.douban.com/subject/4301043/?from=reviews">《传染病》</a>

                    <span class="allstar50"></span>
            </div>
            <div class="review-content">
                影片公映于2011年，虽然取材于2003年中国的非典疫情，但这一年距非典结束已经八年，八年里经历过非典的那群人长大的长大、成家的成
家、衰老的衰老……曾经的举国之痛在各自的喜怒哀乐面前似乎无足轻重，这样一部...
                    <a href="https://movie.douban.com/review/12228570/">(全文)</a>
            </div>
```

图 3-4　控制台输出的部分内容

【试一试】 改变上述代码中的 URL 链接，尝试爬取你喜欢网站中的信息，看看返回的内容有什么区别。

3.3　解析信息内容

浏览器通过解析 HTML 文件，展示丰富的网页内容。HTML 是一种标识性的语言。HTML 文件是由一组尖括号形成的标签组织起来的，每对括号形成一对标签，标签之间存在一定的关系，形成标签树。可以利用 BeautifulSoup 库解析、遍历、维护这样的“标签树”。

【注意】 对于没有 HTML 基础的读者，简单学习 HTML 后将有助于对本书后续内容的理解。

1. BeautifulSoup 库中的一些基本元素

Tag：标签，最基本的信息组织单元，用< >标明开头，</>标明结尾。任何标签都可以用 soup.< tag >访问获得，如果 HTML 文档中存在多个相同< tag >对应内容时，soup.< tag >返回第一个该类型标签的内容。

Name：标签的名字，即尖括号中的字符串。如< p >…</p>的 name 是'p'。每个< tag >都有自己的名字，可通过< tag >.name 获取。

Attributes：标签的属性，字典形式组织。一个< tag >可以有零个或多个属性。可以通过< tag >.attrs 获取。

NavigableString：标签内非属性字符串，即< >和</ >之间的字符串。可以通过< tag >.string 调用。

Comment：标签内字符串的注释部分，一种特殊的 Comment 类型。

2. BeautifulSoup 库的三种遍历方式

由于 HTML 格式是一个树状结构，BeautifulSoup 库提供了三种遍历方式，分别为下行遍历、上行遍历和平行遍历。利用下列属性可以轻松地对其进行遍历操作。

（1）下行遍历。

.contents：子节点的列表，将< tag >所有的儿子节点存入列表。

.children：子节点的迭代类型，与.contents 相似。

.descendants：子孙节点的迭代类型，包含所有子孙节点。

（2）上行遍历。

.parent：节点的父亲标签。

.parents：节点先辈标签的迭代类型。

（3）平行遍历。

.next_sibling：返回按照 HTML 文本顺序的下一个平行节点标签。

.previous_sibling：返回按照 HTML 文本顺序的上一个平行节点标签。

.next_siblings：迭代类型，返回按照 HTML 文本顺序的所有平行节点标签。

.previous_siblings：迭代类型，返回按照 HTML 文本顺序的前续所有平行节点标签。

3. 查找内容

该如何对所需要的内容进行查找呢？这就需要用到一个方法< >.find_all(name，attrs，recursive，string，** kwargs)。其中，name：对标签名称的检索字符串，attrs：对标签属性值的检索字符串，recursive：是否对子孙全部检索，默认为 True，string：< >…</>中字符串区域的检索字符串。因此，可以利用该方法对所需要的成员进行特征检索。该方法还有许多拓展方法，在此就不一一介绍了，感兴趣的读者可以自行阅读相关文件。

4. 定位文本内容

如果想定位所需要的文本内容，则要在需要爬取的页面按 F12 键，便调出开发者界面，即可直接查看该网页的 HTML 文本。Chrome 浏览器开发者模式如图 3-5 所示。

可以单击图 3-6 中的▣按钮，此后只需将光标悬停在需要查找的网页内容上，便可自动定位其在 HTML 文本中的标签位置。

例如，可以在图 3-5 所示的页面中快速定位该影片导演的信息所在的位置，如图 3-7 所示。

通过观察可以发现，"< span class = "pl">导演</span >"标签的平行标签中 NavigableString 便是需要的导演名字。以此方法，可以快速定位电影编剧、主演、类型等信息。通过比较多个网页发现标签中的共同元素，便可以通过编写程序快速解析出需要的信息，并运用于所有的豆瓣电影简介页面。

第3章 爬取豆瓣电影简介

图 3-5　Chrome 浏览器开发者模式

图 3-6　按钮

```
▼<div id="info">
  ▼<span>
      <span class="pl">导演</span> == $0
      ": "
    ▼<span class="attrs">
        <a href="/celebrity/1048021/" rel="v:directedBy">萨姆·门德斯</a>
      </span>
    </span>
    <br>
```

图 3-7　导演信息的 HTML 文本

下面编写程序来实验一下，如图 3-8 所示。

```python
import requests
#导入Beautiful Soup库
import bs4

#将url链接更换为示例的链接
url = "https://movie.douban.com/subject/30252495/?tag=%E7%83%AD%E9%97%A8&from=gaia"
headers = {'user-agent':'Mozilla/5.0'}
try:
    r = requests.get(url, headers = headers)
    r.raise_for_status()
    r.encoding = r.apparent_encoding
    
    #用Beautiful Soup方法来解析得到的HTML文本
    soup = bs4.BeautifulSoup(r.text, "html.parser")
    #find与find_all类似，但只返回第一个匹配的对象
    director = soup.find("span",string = "导演").next_sibling.next_sibling
    # 输出导演名字
    print(director.string)
except:
    print("爬取失败")
```

图 3-8　获取电影《1917》导演的爬虫程序

在控制台就可以看到输出的导演名字"萨姆·门德斯"。类似地，根据其他标签的特征，也可以爬取其他信息。

【试一试】　模仿上述代码，爬取一个你喜欢网页的信息。

3.4　批量爬取网页信息

学会了如何爬取一个网页，但是如何做到批量爬取呢？这里提供两个可行的方法作为参考。
（1）通过豆瓣的排行榜获取不同电影简介页面的网址，将其存入本地列表中，不断爬取。

(2) 从每个豆瓣电影简介页面的"喜欢这部电影的人也喜欢"内容块中,获取相关电影简介页面的网址。

每爬取一个电影就能得到 10 个相关电影简介页面的网址,理论上的程序可以不断地获取新的电影简介页面的网址,并将其存入队列。只需要借助一个 while 循环便可以轻松地完成操作。

下面来编写一个完整的爬取豆瓣电影简介的程序,由于目标网站反爬措施升级,以下列出的部分程序可能会运行失效。列出如下代码的目的是交流学习,读者可以在掌握相关库的基本用法及思路的基础上,灵活做出调整。

```python
import requests
import bs4
import queue


def get_HTMLtext(url, headers):
    try:
        r = requests.get(url, headers = headers)
        r.raise_for_status
        return r.text
    except:
        return None


def get_soup(text):
    return bs4.BeautifulSoup(text, "html.parser")


def get_name(soup):
    return soup.find("span", {"property": "v:itemreviewed"}).string


def get_director(soup):
    director = soup.find("span", string = "导演").next_sibling.next_sibling
    return director.string


def get_actors(soup):
    actors = ""
    act = soup.find("span", {"class": "actor"}).find("span", {"class": "attrs"})
    for actor in act:
        actors += actor.string
    return actors


def get_types(soup):
    types = ""
    for t in soup.find_all("span", {"property": "v:genre"}):
        types += t.string
        types += " "
    return types
```

```python
# 获取更多 url 链接
def get_more_url(soup, queue):
    for t in soup.find_all("dd"):
        queue.put(t.a.get("href"))
    return


url = "https://movie.douban.com/subject/30252495/?tag=%E7%83%AD%E9%97%A8"
headers = {
    'User-Agent': 'Mozilla/5.0 (Macintosh; Intel Mac OS X 10_15_7) AppleWebKit/537.36 (KHTML, like Gecko) Chrome/109.0.0.0 Safari/537.36'
}
my_queue = queue.Queue()
# 将起始网页存入队列
my_queue.put(item=url)
# 用于存储信息的列表,可根据需要换成其他数据结构存储
movie_list = []
# 已爬取网页数
num = 0
# 爬取程序,可指定爬取网页数
while (num < 10):
    # 创建字典存储信息
    movie = {}
    # 从队列中取出一个 url 链接
    url = my_queue.get()
    # 获取 HTML 文本
    text = get_HTMLtext(url, headers)
    # 判断是否失败
    if (text == None):
        continue
    # 利用 BeautifulSoup 库解析
    soup = get_soup(text)
    # 在字典中存入电影名
    movie["电影名"] = get_name(soup)
    # 在字典中存入导演
    movie["导演"] = get_director(soup)
    # 在字典中存入主演
    movie["主演"] = get_actors(soup)
    # 在字典中存入电影类型
    movie["类型"] = get_types(soup)
    # 将更多网页加入队列
    get_more_url(soup, my_queue)
    # 将本电影信息加入列表
    movie_list.append(movie)
    # 已经爬取页面数加 1
    num += 1

print(movie_list)
```

3.5 本章小结

本章通过介绍爬取豆瓣电影简介的案例详细分析了一个简单的爬虫程序。将爬虫分为四个步骤,便于读者理解。同时介绍了两个第三方库——Requests 库和 BeautifulSoup 库的使用方法,以及一些关于 HTML 的小知识。这能帮助读者更好地理解爬虫。

第 4 章

爬取源代码练习评测结果

视频讲解

本章案例将介绍用 Python 编写程序实现简单网站的模拟登录,然后保持登录后的网页会话,并在会话中模拟网页表单提交,之后使用 Requests 库的高级特性爬取提交之后的返回结果。在 HTTP 网页中,如登录、提交和上传等操作一般通过向网页发送请求实现。通过对网页抓包分析,判断请求操作的类型,进而用 Python 的 Requests 库构建一个网页请求,模拟实际的网页提交。

4.1 网站分析

POJ 是老牌的供 ACM/ICPC(大学生程序设计竞赛)选手在线提交程序源代码进行评测的练习平台,提交代码后需要跳转至网站的评测状态页面,再寻找用户所提交代码的评测结果。由于这种操作相对麻烦,本案例将通过编写模拟登录网站,并且通过表单提交的方式,上传评测用代码,提交之后发送请求,获取评测结果输出。

为分析登录的请求方式,在登录界面,务必在输入账号密码前,打开浏览器的开发者模式,找到 NetWork 选项。再登录,此时开发者模式下会显示登录后的各种请求,找到 login 一项,如图 4-1 所示,容易分析得出登录时的请求方式是 POST 请求。

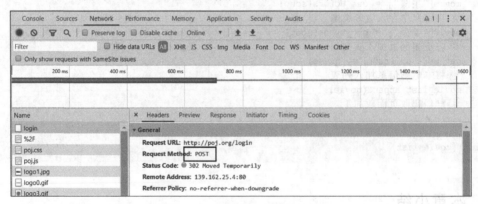

图 4-1 登录时抓包的请求结果

页面往下拉,登录时 POST 请求的内容如图 4-2 所示。可以看到 POST 发送的内容,有 4 个参数,前两个是用户的 ID 和密码,后两个参数固定。需注意在编写爬虫程序时,POST 内容的参数值是多少。

因为只看 POST 请求返回结果并不能判断是否登录成功,需要分析网页验证是否登录成功。其中一种常见的验证方法是访问代码提交界面。如果未登录成功,则会弹出登录框提示登录,如图4-3所示。如果登录成功,则通过网页元素分析,查看用于POST请求的form(表格)处的操作是login(登录)还是submit(提交),如图4-4所示。对比分析得出登录状态不同时HTML文本的不同。

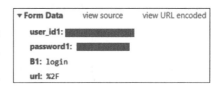

图4-2　登录时POST请求的内容

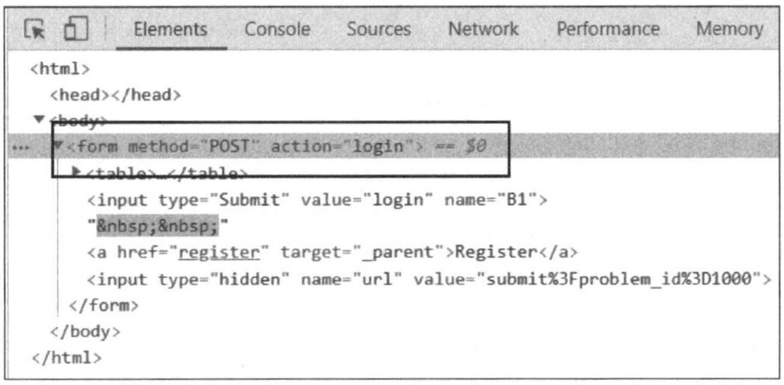

图4-3　登录未成功的情况

图4-4　登录成功的情况

与登录成功时的操作相似,想要分析代码提交页面,必须提前打开开发者界面,单击"提交"按钮后抓包,如图4-5所示。在代码提交POST请求的内容中,参数分别代表题目ID、提交所用语言(在可选语言列表中选择相应的下标,如4代表C++语言、5代表C语言)、源代码和固定参数。注意,源代码提交方式采用base64编码,属于HTTP网页中常见的表单提交方式和内容加密方式。

最后,是获取评测结果,在实际中,POJ的评测量很大,公屏评测结果刷新很快,只能通过手动输入用户ID的方式查看特定用户的评测结果,评测结果显示界面的URL的格式为"poj.org/status?problem_id=&user_id=&result=&language=",看出是采用GET方式请求结果,如图4-6所示。通过分析网页元素,可以发现一条评测结果位于HTML文本<tbody>节点的<tr>子节点,此时想要获取最新结果,只需要访问第一个子节点,再遍历其<td>子节点获取具体评测结果。

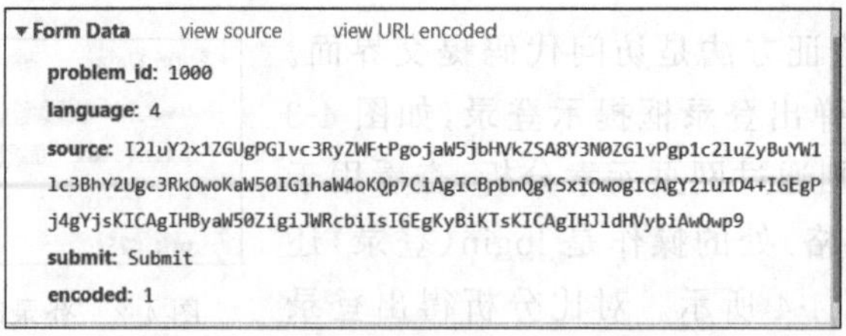

图 4-5 代码提交的 POST 请求内容

图 4-6 评测结果表格——网页元素分析

4.2 编写爬虫

按以上分析网页和操作的思路,可以编写爬虫,具体操作如下。

(1) main() 函数部分用于创建访问会话,并将验证登录,提交代码。注意,将获取评测结果的函数的接口放在 main() 函数中。

```
if __name__ == '__main__':
    user_name =
    logindata = {'user_id1':,
                 'password1':,
                 'B1': 'login',
                 'url': '%2F'}
    # 登录 POST 请求提交的数据
    session = requests.session()
    login_req = session.post('http://poj.org/login', data = logindata)
    
    '''
    requests 创建会话并登录,保持登录的会话状态
    if login_req.status_code != 200: 注意检验状态码
        exit(1)
    '''
    
    if loginCheck(session):
```

```
        print('Welcome! %s\n' % user_name)
    else:
        exit(1)
    # 函数返回 bool 值,判断是否登录成功,并提示,否则停止执行

    problem_id, language = input().split()
    # 从标准输入或其他方式获取题目 ID 和语言

    submitdata = createSubmit(problem_id, language)
    submit_req = session.post('http://poj.org/submit', data = submitdata)
    sleep(2)
    '''
    createSubmit()函数传入参数"读入的 ID"和"程序语言",得到和变量 logindata 字典类似的 POST
    提交表单的请求体,在提交请求之后,在程序中需要执行 sleep()函数,用于等待目标网站的响应
    '''

    querydata = {'problem_id':'','user_id':'','result':'','language':''}
    query_req = requests.get('http://poj.org/status', params = querydata)
    info = getResult(query_req)
    printResult(info)
    '''
    向状态查询网站发送 GET 请求查询,querydata 记录查询参数
    '''
    session.close()
```

requests.session()方法是爬虫中经常用到的方法,在会话过程中自动保持 cookies,不需要自己维护 cookies 内容。如果不用此方法,则需要在第一次网站请求时,一个 URL 会获取 cookie,在第二次网站请求时,校验第一次请求获取的 cookie。requests.session()方法可以做到在同一个 session 实例发出的所有请求中都保持同一个 cookie,相当于浏览器在不同标签页之间打开同一个网站的内容一样,使用同一个 cookie。这样就可以很方便地处理登录时的 cookie 问题。

【提示】 会话对象(session)是 Requests 的高级特性,除了上述这个用法,Requests 库的高级用法还包括请求与响应对象、准备的请求(Prepared Request)、SSL 证书验证、客户端证书、CA 证书、响应体内容工作流、保持活动状态(持久连接)、流式上传、块编码请求、POST 多个分块编码的文件、事件挂钩、自定义身份验证、流式请求、代理、SOCKS、合规性、编码方式、HTTP 动词、定制动词、响应头链接字段、传输适配器、阻塞和非阻塞、Header 排序等。

(2) 登录检查函数。

```
def loginCheck(session):

    '''
    函数说明:检查请求登录后是否成功
    Parameters: session:当前会话
    Returns: bool 值,成功 True,失败 False
    '''
    r = session.get('http://poj.org/submit?problem_id = 1000')
    sleep(1)

    if r.status_code != 200:
        return False
    # 网络问题链接失败
```

```python
    soup = BeautifulSoup(r.content, 'html.parser')
    # BeautifulSoup 库对 GET 返回内容解析 HTML 结构
    if soup.form['action'] == 'login':
        return False
    elif soup.form['action'] == 'submit':
        return true
    # 由之前的网页分析,应查看 form 节点的 action 参数
```

(3) 创建提交代码 POST 请求的参数,以及对代码进行 base64 编码。

```python
def createSubmit(problem_id, language):
    '''
    函数说明:创建提交 POST 请求用的参数字典
    Parameters: problem_id:题目 ID, language:提交用语言
    Returns: submitdata: POST 请求参数
    '''
    submitdata = {'problem_id': '1000', 'language': 0,
                  'source': '', 'submit': 'Submit', 'encoded': 1}
    language_map = {'G++': 0, 'GCC': 1, 'Java': 2,
                    'Pascal': 3, 'C++': 4, 'C': 5, 'Fortran': 6}
    submitdata['problem_id'], submitdata['language'] = problem_id, language_map[language]
    # 对 submitdata 初始化,给出编程语言在可选语言中的序号

    file_path = tkinter.filedialog.askopenfilename()
    print('File %s selected, ready to submit!' % file_path)
    # 这里应用 tkinter 库调用文件选择框选中要提交的代码并获取路径

    code_file = open(file_path, 'r')
    submitdata['source'] = base64encode(code_file.read())
    # 将代码文件以文本形式读取并进行 base64 编码

    return submitdata

def base64encode(code):
    return str(base64.b64encode(code.encode()).decode())
    # 文本 code 需要先编码成 byte 形式,之后进行 base64 编码,再从 byte 形式编码成字符串形式
```

base64 编码是网络上最常见的用于传输 8bit 字节码的编码方式之一,base64 编码就是一种基于 64 个可打印字符来表示二进制数据的方法。base64 编码是从二进制到字符的过程,可用于在 HTTP 环境下传递较长的标识信息。采用 base64 编码具有不可读性,需要解码后才能阅读。关于 base64 的编码规则:base64 要求把每 3 个 8bit 的字节转换为 4 个 6bit 的字节($3 \times 8 = 4 \times 6 = 24$),然后把 6bit 再添两位高位 0,组成 4 个 8bit 的字节。也就是说,转换后的字符串理论上将要比原来的长 1/3。

例如,要对字符串 abc 进行 base64 编码,首先将 abc 对应的 ASCII 编码 97、98、99,写成 3 个二进制位的形式,即 01100001、01100010、01100011,共 24 位,按 6 位为一组可分为 4 组,在每组的高位补上 00,经过转换,转换之后为 00011000、00010110、00001001、00100011,对应 base64 索引值为 24、22、9、35,参照 base64 编码表,编码后得到的字符串为 YWJj,完成编码。Python 自带有 base64 库,可以使用库函数对字符串进行 base64 编码和解码。

(4) 在提交完成之后获取评测结果,最后输出。

```python
def getResult(req):
    '''
```

```
    函数说明：从 GET 请求返回的结果获取提交评测结果
    Parameters: req: requests.get()函数发送请求后的返回
    Returns: info: 网页元素中抓取的评测结果列表
    '''
    soup = BeautifulSoup(req.content, 'html.parser')
    for tr in soup.find_all('tr'):
        if tr.get('align') != None:
            if tr['align'] == 'center':
                score_table = tr
                break
    '''
    由网页分析,评测结果位于网页中参数 align = "center"的<tr>节点,
    由于是最新结果,只需获取第一个符合条件的 tr 节点即可
    '''
    info = score_table.find_all('td')
    # tr 节点的所有 td 子节点的字符串对象即评测结果的每一项参数
    return info
def printResult(info):
    printLs = ['Run ID', 'User Name', 'Problem ID', 'Result',
               'Memory', 'RunTime', 'Language', 'Length', 'Submit Time']
    # 评测结果的各项参数
    
    for i in range(len(info)):
        if info[i].string != None:
            # 注意 POJ 中如果提交未能通过(Accept),评测结果不显示空间和时间使用
            print("%s:%s" % (printLs[i], info[i].string))
```

4.3 运行并查看结果

爬虫程序的运行结果如图 4-7 所示,输入题目 ID 和语言在文件选择框中选择源代码文件后,会自动提交及返回评测结果,并在本地输出。

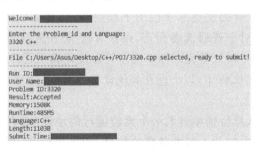

图 4-7　爬虫程序的运行结果

4.4 本章小结

本章案例通过模拟网站登录并提交数据获取返回结果,介绍了 Requests 库,使用库函数发送 GET 和 POST 请求,并以请求实现模拟登录、提交等操作,然后通过 Requests 的高级特性使用 session()方法维持会话,在爬虫实例中保持登录时的 cookies 以维持登录状态,以及使用 BeautifulSoup 库结合网页抓包分析,解析并获取 HTML 节点中需要的内容。上述的库、网页抓包分析元素、了解 base64 编码在 HTTP 数据传输中的运用等都是爬虫的基础。

第 5 章

爬取网络中的小说和购物评论

视频讲解

本章将选取两个实用且有趣的主题作为爬虫实践的内容,分别是抓取网络小说的内容和抓取购物评论,对象网站分别是逐浪小说网和京东网。这是两个非常贴近生活的示例,有兴趣的读者可以在本章的基础上实现自己的个人爬虫,为之增添更多的功能。

5.1 下载网络小说

网络文学是新世纪我国流行文化中的重要领域,年轻人对网络小说更是有着广泛的喜爱。前面已经学习了使用 Selenium 自动化浏览器抓取信息的基础,接下来以抓取网络小说正文为例编写一个简单、实用的爬虫脚本。

5.1.1 分析网页

很多人在阅读网络小说时都喜欢本地阅读,换句话说就是把小说下载到手机或者其他移动设备上阅读,这样不仅不受网络的限制,还能够使用阅读 App 调整出自己喜欢的显示风格。但遗憾的是,各大网站很少会提供整部小说的下载功能,只有部分网站会给 VIP 会员开放下载多个章节内容的功能。对于普通读者而言,虽然 VIP 章节需要购买阅读,但是至少还是希望能够把大量的免费章节一口气看完。用户完全可以使用爬虫程序来帮助自己把一个小说的所有免费章节下载到 TXT 文件中,以方便在其他设备上阅读(这里也要提示大家支持正版,远离盗版,提高知识产权意识)。

以逐浪小说网为例,从排行榜中选取一个比较流行的小说(或者是读者感兴趣的)进行分析,首先是小说的主页,其中包括了各种各样的信息(如小说简介、最新章节、读者评论等),其次是一个章节列表页面(有的网站也称为"最新章节"页面),而小说的每一章有着单独的页面。很显然,如果用户能够利用章节列表页面来采集所有章节的 URL 地址,那么我们只要用程序分别抓取这些章节的内容,并将内容写入本地 TXT 文件,即可完成小说的抓取。

在查看章节页面之后,用户十分遗憾地发现,小说的章节内容使用 JS 加载,并且整个页面使用了大量的 CSS 和 JS 生成的效果,这给用户的抓取增加了一点难度。使用 requests 或者 urllib 库直接请求章节页面的 URL 是不现实的,但用户可以用 Selenium 来轻松搞定这个问题,对于一个规模不大的任务而言,在性能和时间上的代价还是可以接受的。

接下来分析一下如何定位正文元素。使用开发者模式查看元素(见图 5-1),用户发现可以使用 read-content 这个 ID 的值定位到正文。不过 class 的值也是 read-content,在理论上似乎可以使用 class 名定位,但 Selenium 目前还不支持复合类名的直接定位,所以使用 class 来定位的想法只能先作罢。

图 5-1　开发者模式下的小说章节内容

【提示】　虽然 Selenium 目前只支持对简单类名的定位，但是用户可以使用 CSS 选择的方式对复合类名进行定位，有兴趣的读者可以了解 Selenium 中的 find_element_by_css_selector()方法。

5.1.2　编写爬虫

使用 Selenium 配合 Chrome 进行本次抓取，除了用 pip 安装 Selenium 之外，首先需要安装 ChromeDriver，可访问以下地址将其下载到本地：

https://sites.google.com/a/chromium.org/chromedriver/downloads

进入下载页面后（见图 5-2），根据自己系统的版本进行下载即可。

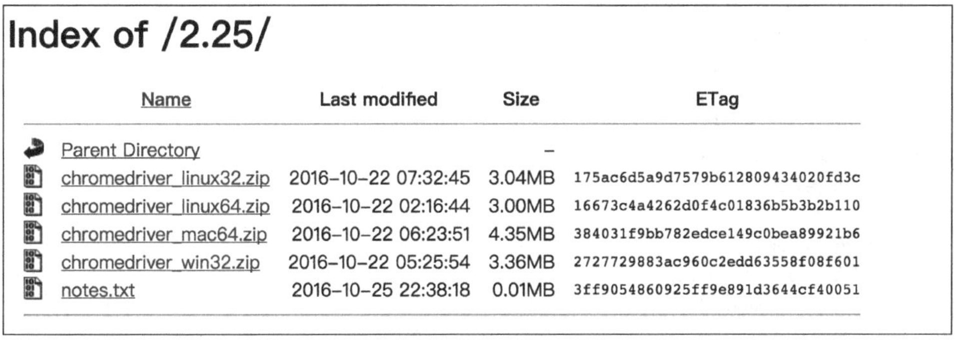

图 5-2　ChromeDriver 的下载页面

之后，使用 selenium.webdriver.Chrome(path_of_chromedriver)语句可创建 Chrome 浏览器对象，其中 path_of_chromedriver 就是下载的 ChromeDriver 的路径。

在脚本中，用户可以定义一个名为 NovelSpider 的爬虫类，使用小说的"全部章节"页面 URL 进行初始化（类似于 C 语言中的"构造"），同时它还拥有一个 list 属性，其中将会存放各个章节的 URL。类方法如下。

- get_page_urls()：从全部章节页面抓取各个章节的 URL。

- get_novel_name()：从全部章节页面抓取当前小说的书名。
- text_to_txt()：将各个章节中的文字内容保存到 TXT 文件中。
- looping_crawl()：循环抓取。

思路梳理完毕后就可以着手编写程序了，最终的爬虫代码见例 5-1。

【例 5-1】 网络小说的爬取程序。

```python
# NovelSpider.py
import selenium.webdriver, time, re
from selenium.common.exceptions import WebDriverException


class NovelSpider():
    def __init__(self, url):
        self.homepage = url
        self.driver = selenium.webdriver.Chrome(path_of_chromedriver)
        self.page_list = []

    def __del__(self):
        self.driver.quit()
    def get_page_urls(self):
        homepage = self.homepage
        self.driver.get(homepage)
        self.driver.save_screenshot('screenshot.png')

        self.driver.implicitly_wait(5)
        elements = self.driver.find_elements_by_tag_name('a')

        for one in elements:
            page_url = one.get_attribute('href')

            pattern = '^http:\/\/book\.zhulang\.com\/\d{6}\/\d+\.html'
            if re.match(pattern, page_url):
                print(page_url)
                self.page_list.append(page_url)
    def looping_crawl(self):
        homepage = self.homepage
        filename = self.get_novel_name(homepage) + '.txt'
        self.get_page_urls()
        pages = self.page_list
        # print(pages)

        for page in pages:
            self.driver.get(page)
            print('Next page:')

            self.driver.implicitly_wait(3)
            title = self.driver.find_element_by_tag_name('h2').text
            res = self.driver.find_element_by_id('read-content')
            text = '\n' + title + '\n'
            for one in res.find_elements_by_xpath('./p'):
                text += one.text
                text += '\n'

            self.text_to_txt(text, filename)
```

```python
        time.sleep(1)
        print(page + '\t\t\tis Done!')

    def get_novel_name(self, homepage):
        self.driver.get(homepage)
        self.driver.implicitly_wait(2)

        res = self.driver.find_element_by_tag_name('strong').find_element_by_xpath('./a')
        if res is not None and len(res.text) > 0:
            return res.text
        else:
            return 'novel'

    def text_to_txt(self, text, filename):
        if filename[-4:] != '.txt':
            print('Error, incorrect filename')
        else:
            with open(filename, 'a') as fp:
                fp.write(text)
                fp.write('\n')


if __name__ == '__main__':
    hp_url = input('输入小说"全部章节"页面: ')

    path_of_chromedriver = 'your_path_of_chrome_driver'
    try:
        sp1 = NovelSpider(hp_url)
        sp1.looping_crawl()
        del sp1
    except WebDriverException as e:
        print(e.msg)
```

__init__()和__del__()方法可以视为构造函数和析构函数,分别在对象被创建和被销毁时执行。在__init__()中使用一个 URL 字符串进行了初始化,而在__del__()方法中退出了 Selenium 浏览器。try-except 语句执行主体部分并尝试捕获 WebDriverException 异常(这也是 Selenium 运行时最常见的异常类型)。在 lopping_crawl()方法中则分别调用了上述其他几个方法。

driver.save_screenshot()方法是 selenium.webdriver 中保存浏览器当前窗口截图的方法。

driver.implicitly_wait()方法是 Selenium 中的隐式等待,它设置了一个最长等待时间,如果在规定的时间内网页加载完成,则执行下一步,否则一直等到时间截止,然后再执行下一步。

【提示】 显式等待会等待一个确定的条件触发然后才进行下一步,可以结合 ExpectedCondition 共同使用,支持自定义各种判定条件。隐式等待在编写时只需要一行,所以编写十分方便,其作用范围是 WebDriver 对象实例的整个生命周期,会让一个正常响应的应用的测试变慢,导致整个测试执行的时间变长。

driver.find_elements_by_tag_name()是 Selenium 用来定位元素的诸多方法之一,所有定位单个元素的方法如下。

- find_element_by_id():根据元素的 id 属性来定位,返回第一个 id 属性匹配的元素;

如果没有元素匹配,会抛出 NoSuchElementException 异常。
- find_element_by_name():根据元素的 name 属性来定位,返回第一个 name 属性匹配的元素;如果没有元素匹配,则抛出 NoSuchElementException 异常。
- find_element_by_xpath():根据 XPath 表达式定位。
- find_element_by_link_text():用链接文本定位超链接。该方法还有子串匹配版本 find_element_by_partial_link_text()。
- find_element_by_tag_name():使用 HTML 标签名来定位。
- find_element_by_class_name():使用 class 定位。
- find_element_by_css_selector():根据 CSS 选择器定位。

寻找多个元素的方法名只是将 element 变为复数 elements,并返回一个寻找的结果(列表),其余和上述方法一致。在定位到元素之后,可以使用 text() 和 get_attribute() 方法获取其中的文本或各个属性。

```
page_url = one.get_attribute('href')
```

这行代码使用 get_attribute() 方法来获取定位到的各章节的 URL 地址。在以上程序中还使用了 re(Python 的正则模块)中的 re.match() 方法,根据正则表达式来匹配 page_url。形如:

```
'^http:\/\/book\.zhulang\.com\/\d{6}\/\d+\.html'
```

这样的正则表达式所匹配的是下面这样一种字符串:

```
http://book.zhulang.com/A/B/.html
```

其中,A 部分必须是 6 个数字,B 部分必须是一个以上的数字。这也正好是小说各个章节页面的 URL 形式,只有符合这个形式的 URL 链接才会被加入 page_list 中。

re 模块的常用函数如下。
- compile():编译正则表达式,生成一个 Pattern 对象。之后就可以利用 Pattern 的一系列方法对文本进行匹配/查找(当然,匹配/查找函数也支持直接将 Pattern 表达式作为参数)。
- match():用于查找字符串的头部(也可以指定起始位置),它是一次匹配,只要找到了一个匹配的结果就返回。
- search():用于查找字符串的任何位置,只要找到了一个匹配的结果就返回。
- findall():以列表形式返回能匹配的全部子串,如果没有匹配,则返回一个空列表。
- finditer():搜索整个字符串,获得所有匹配的结果。与 findall() 的一大区别是,它返回一个顺序访问每一个匹配结果(Match 对象)的迭代器。
- split():按照能够匹配的子串将字符串分割后返回一个结果列表。
- sub():用于替换,将母串中被匹配的部分使用特定的字符串替换掉。

【提示】 正则表达式在计算机领域中应用广泛,读者有必要好好了解一下它的语法。

在 looping_crawl() 方法中分别使用了 get_novel_name() 获取书名并转换为 TXT 文件名,get_page_urls() 获取章节页面的列表,text_to_txt() 保存抓取到的正文内容。在这之间还大量使用了各类元素定位方法(如上文所述)。

5.1.3 运行并查看 TXT 文件

这里选取一个小说——逐浪小说网的《绝世神通》,运行脚本并输入其章节列表页面的

URL,可以看到控制台中程序成功运行时的输出,如图 5-3 所示。

```
Next page:
http://book.zhulang.com/344033/298426.html          is Done!
Next page:
http://book.zhulang.com/344033/218044.html          is Done!
Next page:
http://book.zhulang.com/344033/219747.html          is Done!
Next page:
http://book.zhulang.com/344033/220347.html          is Done!
Next page:
http://book.zhulang.com/344033/221904.html          is Done!
Next page:
http://book.zhulang.com/344033/221907.html          is Done!
Next page:
http://book.zhulang.com/344033/223892.html          is Done!
Next page:
http://book.zhulang.com/344033/223893.html          is Done!
Next page:
http://book.zhulang.com/344033/225854.html          is Done!
Next page:
http://book.zhulang.com/344033/225856.html          is Done!
Next page:
```

图 5-3 小说爬虫的输出

抓取结束后,用户可以发现目录下多出一个名为“screenshot.png”的图片(见图 5-4)和一个“绝世神通.txt”文件(见图 5-5),小说《绝世神通》的正文内容(按章节顺序)已经成功保存。

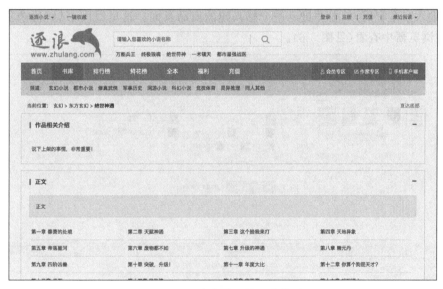

图 5-4 逐浪小说网的屏幕截图

绝世神通第三十六章 轩炎的杀意
“这是，下品灵器。”秦萧微一楞。
灵器亦也是下中上极品之分，极品之上还有王品，跟武技功法的等级划分是一样的。
不过下品的灵器可比下品的武技要珍贵上不少，以至于诺大的秦家都只有一件下品灵器，就是他父亲秦鼎天的剑。
下品之下，都称为凡品，皆是不入流之物。
武器的作用，在战斗之中还是很能够体现出来的。就比如刚才，如果秦萧手中的是一柄下品的灵器剑，那刚才一剑不说百分百能够将地头剑齿虎杀死的话，至少也能让它基本失去反抗能力。再补一剑，自然就可以杀死了。而不是，还会让剑齿虎逃走的份。
白剑求道：“送给你吧，一件对我无用之物，却能赚你一份人情，哈哈。一件好的兵器相助，会让你更加得心应手，尤其是对付荒兽。不过你的剑，我总感觉有些特殊吧？”
“特殊？”秦萧眉头微一皱，其实他也感觉有些特殊，因为上次跟严公子一战，他明显感觉从自己的剑中有一股诡异的力量涌了出来。
只是，他后来也好好地研究了一下，实在是看不出来有什么特殊之处。
这剑跟了他这么多年了，也就是那次有些诡异。
“或许吧，不过我也不知道。这剑是我母亲留给我的遗物，不对付荒兽的话，我还是习惯用这剑的。白哥，你的剑我就先收下了，欠你的几分人情，以后再还你。”秦萧道。
白剑求一笑：“我就跟你开个玩笑，别当真。好了，我们走吧。再往里面，就危险了，你可得小心一点。甚至有可能，连我都难照顾到你。”

图 5-5 小说的部分内容

程序圆满地完成了下载小说的任务,缺点是耗时有些久,而且 Chrome 占用了大量的硬件资源。对于动态网页,其实不一定必须使用浏览器模拟的方式来爬取,可以尝试用浏览器开发者工具分析网页的请求,获取到接口后通过请求接口的方式请求数据,不再需要 Selenium 作为"中介"。另外,对于获得的屏幕截图而言,图片是窗口截图,而不是整个页面的截图(长图),为了获得整个页面的截图或者部分页面元素的截图,用户需要使用其他方法,如注入 JavaScript 脚本等,本节就不再展开介绍。

5.2 下载购物评论

现今,在线购物平台已经成为人们生活中不可或缺的一部分,从淘宝、天猫、京东到当当,很难想象离开了这些网购平台人们的生活会缺失多少便利。无论对于普通消费者还是商家而言,商品评论都是十分有用的信息,消费者可以从他人的评论中分析出商品的质量,商家也可以根据评论调整生产与商业策略。本节以著名的网购平台——京东为例,看看如何抓取特定商品的评论信息。

5.2.1 查看网络数据

首先进入京东官网,单击并进入一个感兴趣的商品页面。这里以图书《解忧杂货店》的页面为例,在浏览器中查看(见图 5-6)。

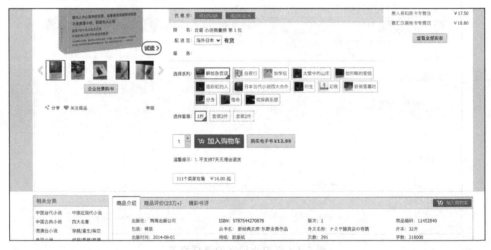

图 5-6 京东商品页面

单击"商品评价"标签,可以查看以一页一页的文字形式所呈现的评价内容。既然想编写程序把这些评价内容抓取下来,那么就应该考虑这次使用什么手段和工具。在之前的小说内容抓取中使用了 Selenium 浏览器自动化的方式,通过加载每一章节对应页面的内容来抓取,对于商品评论而言,这个策略看起来应该是没有问题的,毕竟 Selenium 的特色就是可以执行对页面的交互。不过,这次不妨从更深层的角度思考,仅以简单的 requests 来搞定这个任务。

一般来说,在网购平台的页面中会大量使用 AJAX,因为这样就可以实现网页数据的局部刷新,避免了加载整个页面的负担,对于商品评论这种变动频繁、时常刷新的内容而言尤其如此。用户可以尝试直接使用 requests 请求页面并使用 lxml 的 XPath 定位来抓取一条评论。

首先使用 Chrome 的开发者模式检查元素并获得其 XPath,见图 5-7。

然后用几行代码检查一下是否能直接用 requests 请求页面并获得这条评论,代码如下(不要忘了在 .py 文件开头使用 import 导入相关的包):

图 5-7　Chrome 检查评论内容

```
if __name__ == '__main__':
    xpath_raw = '//*[@id="comment-0"]/div[1]/div[2]/div/div[2]/div[1]/text()[1]'
    url = input("输入商品链接：")
    response = requests.get(url)
    ht1 = lxml.html.fromstring(response.text)
    print(ht1.xpath(xpath_raw))
```

输入商品链接"https://item.jd.com/11452840.html#comment"后，果不其然，获得的结果是"[]"。换句话说，这个简单粗暴的策略并不能抓取到评论内容。为保险起见，观察一下 requests 请求到的页面内容，在代码的最后加上如下两行：

```
with open('jd_item.html','w') as fp:
    fp.write(response.text)
```

这样就可以把 response 的 text 内容直接写入 jd_item.html 文件，再次运行后，使用编辑器打开文件，找到商品评论区域，只看到了几个大大的"加载中"：

```
...
<div id="comment-0" class="mc ui-switchable-panel comments-table">
    <div class="loading-style1"><b></b>加载中,请稍候...</div>
</div>
<div id="comment-1" class="mc none ui-switchable-panel comments-table">
    <div class="loading-style1"><b></b>加载中,请稍候...</div>
</div>
<div id="comment-2" class="mc none ui-switchable-panel comments-table">
    <div class="loading-style1"><b></b>加载中,请稍候...</div>
</div>
<div id="comment-3" class="mc none ui-switchable-panel comments-table">
    <div class="loading-style1"><b></b>加载中,请稍候...</div>
</div>
<div id="comment-4" class="mc none ui-switchable-panel comments-table">
    <div class="loading-style1"><b></b>加载中,请稍候...</div>
</div>
...
```

看来商品的评论属于动态内容，直接请求 HTML 页面是抓取不到的，用户只能另寻他法。之前提到可以使用 Chrome 的 Network 工具来查看与网站的数据交互，所谓的数据交互，当然也包括 AJAX 内容。

首先单击页面中的“商品评价”按钮，之后打开 Network 工具。鉴于用户并不关心 JS 数据之外的其他繁杂信息，为了保持简洁，可以使用过滤器工具并选中 JS 选项。不过，可能会有读者发现这时并没有在显示结果中看到对应的信息条目，这种情况可能是因为在 Network 工具开始记录信息之前评论数据就已经加载完毕。碰到这种情况，直接单击“下一页”查看第 2 页的商品评论即可，这时可以直观地看到有一条 JS 数据加载信息被展示出来，如图 5-8 所示。

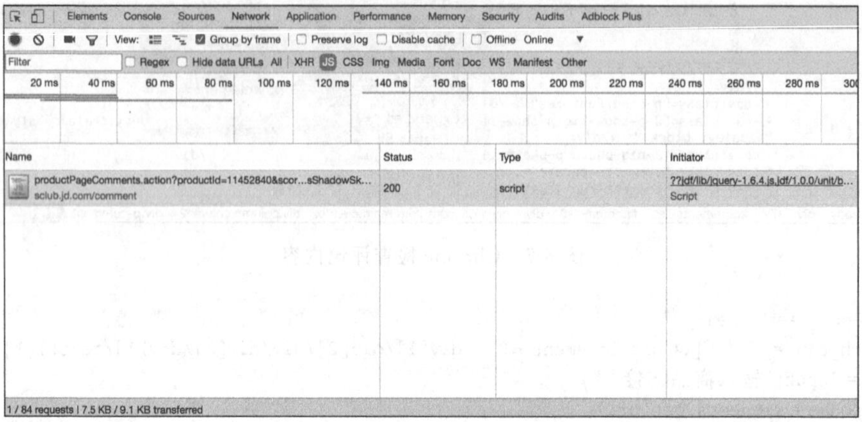

图 5-8 Network 工具查看 JS 请求信息

单击图 5-9 中的这条记录，在它的 Headers 选项卡中便是有关其请求的具体信息，用户可以看到它请求的 URL 为 https://sclub.jd.com/comment/productPageComments.action?productId=11452840&score=0&sortType=3&page=1&pageSize=10&isShadowSku=0&callback=fetchJSON_comment98vv110378，状态为 200(即请求成功，没有任何问题)。在右侧的 Preview 选项卡中可以预览其中所包含的评论信息。不妨分析一下这个 URL 地址，显然，“?”之后的内容都是参数，访问这个 API 会使得对应的后台函数返回相关的 JSON 数据。其中，productId 的值正好就是商品页面 URL 中的编号，可见这是一个确定商品的 ID 值。如果将其中一个参数进行修改，如将 page 改为 5，并在浏览器中访问，得到了不一样的信息(见图 5-9)，说明大家的猜测是正确的，在接下来的爬虫编写中只需要更改对应的参数即可。

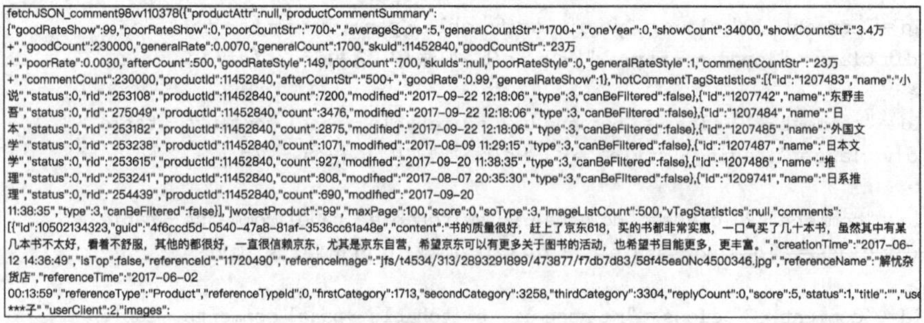

fetchJSON_comment98vv110378({"productAttr":null,"productCommentSummary":
{"goodRateShow":99,"poorRateShow":0,"poorCountStr":"700+","averageScore":5,"generalCountStr":"1700+","oneYear":0,"showCount":34000,"showCountStr":"3.4万
+","goodCount":230000,"generalRate":0.0070,"generalCount":1700,"skuId":11452840,"goodCountStr":"23万
+","poorRate":0.0030,"afterCount":500,"goodRateStyle":149,"poorCount":700,"skuIds":null,"poorRateStyle":0,"generalRateStyle":1,"commentCountStr":"23万
+","commentCount":230000,"productId":11452840,"afterCountStr":"500+","goodRate":0.99,"generalRateShow":1},"hotCommentTagStatistics":[{"id":"1207483","name":"小
说","status":0,"rid":"253108","productId":11452840,"count":7200,"modified":"2017-09-22 12:18:06","type":3,"canBeFiltered":false},{"id":"1207742","name":"东野圭
吾","status":0,"rid":"275049","productId":11452840,"count":3476,"modified":"2017-09-22 12:18:06","type":3,"canBeFiltered":false},{"id":"1207484","name":"日
本","status":0,"rid":"253182","productId":11452840,"count":2875,"modified":"2017-09-22 12:18:06","type":3,"canBeFiltered":false},{"id":"1207485","name":"外国文
学","status":0,"rid":"253238","productId":11452840,"count":1071,"modified":"2017-08-09 11:29:15","type":3,"canBeFiltered":false},{"id":"1207487","name":"日本文
学","status":0,"rid":"253615","productId":11452840,"count":927,"modified":"2017-09-20 11:38:35","type":3,"canBeFiltered":false},{"id":"1207486","name":"推
理","status":0,"rid":"253241","productId":11452840,"count":808,"modified":"2017-08-07 20:35:30","type":3,"canBeFiltered":false},{"id":"1209741","name":"日系推
理","status":0,"rid":"254439","productId":11452840,"count":690,"modified":"2017-09-20
11:38:35","type":3,"canBeFiltered":false}],"jwotestProduct":"99","maxPage":100,"score":0,"soType":3,"imageListCount":500,"vTagStatistics":null,"comments":
[{"id":10502134323,"guid":"4f6ccd5d-0540-47a8-81af-3536cc61a48e","content":"书的质量很好，赶上了京东618，买的书都非常实惠，一口气买了几十本书，虽然其中有某
几本书不太好，看着不舒服，其他的都很好，一直很信赖京东，尤其是京东自营，希望京东可以有更多关于图书的活动，也希望书目能更多，更丰富。","creationTime":"2017-06-
12 14:36:49","isTop":false,"referenceId":"11720490","referenceImage":"jfs/t4534/313/2893291899/473877/f7db7d83/58f45ea0Nc4500346.jpg","referenceName":"解忧杂
货店","referenceTime":"2017-06-02
00:13:59","referenceType":"Product","referenceTypeId":0,"firstCategory":1713,"secondCategory":3258,"thirdCategory":3304,"replyCount":0,"score":5,"status":1,"title":"","use
***子","userClient":2,"images":

图 5-9 更改参数后访问 URL 的效果

5.2.2 编写爬虫

在动手编写爬虫之前可以先设想一下.py 脚本的结构，为方便起见，使用一个类作为商品

评论页面的抽象表示,其属性应该包括商品页面的链接和抓取到的所有评论文本(作为一个字符串)。为了输出和调试方便,还应该加入日志功能,编写类方法 get_comment_from_item_url() 作为访问数据并抓取的主体,同时还应该有一个类方法用来处理抓取到的数据,不如称为 content_process()(意为"内容处理")。还可以将评论信息中的几项关键内容(如评论文字、日期时间、用户名、用户客户端等)保存到 CSV 文件中以备日后查看和使用。出于以上考虑,爬虫类可以编写为例 5-2 中的代码。

【例 5-2】 JDComment 类的雏形。

```
class JDComment():
    _itemurl = ''

    def __init__(self, url):
        self._itemurl = url
        logging.basicConfig(
            level = logging.INFO,
        )
        self.content_sentences = ''

    def get_comment_from_item_url(self):

        comment_json_url = 'https://sclub.jd.com/comment/productPageComments.action'
        p_data = {
            'callback': 'fetchJSON_comment98vv110378',
            'score': 0,
            'sortType': 3,
            'page': 0,
            'pageSize': 10,
            'isShadowSku': 0,
        }
        p_data['productId'] = self.item_id_extracter_from_url(self._itemurl)

        ses = requests.session()

        while True:
            response = ses.get(comment_json_url, params = p_data)
            logging.info('-' * 10 + 'Next page!' + '-' * 10)
            if response.ok:
                r_text = response.text
                r_text = r_text[r_text.find('({') + 1:]
                r_text = r_text[:r_text.find(');')]
                js1 = json.loads(r_text)

                for comment in js1['comments']:
                    logging.info('{}\t{}\t{}\t{}'.format(comment['content'], comment['referenceTime'], comment['nickname'], comment['userClientShow']))

                    self.content_process(comment)
                    self.content_sentences += comment['content']
            else:
                logging.error('Status NOT OK')
                break
            p_data['page'] += 1
            if p_data['page'] > 50:
                logging.warning('We have reached at 50th page')
```

```
        break

def item_id_extracter_from_url(self, url):
    item_id = 0

    prefix = 'item.jd.com/'
    index = str(url).find(prefix)
    if index != -1:
        item_id = url[index + len(prefix): url.find('.html')]

    if item_id != 0:
        return item_id

def content_process(self, comment):
    with open('jd-comments-res.csv','a') as csvfile:
        writer = csv.writer(csvfile,delimiter = ',')
        writer.writerow([comment['content'],comment['referenceTime'],
                        comment['nickname'],comment['userClientShow']])
```

在上面的代码中使用 requests.session() 来保存会话信息,这样会比单纯的 requests.get() 更接近一个真实的浏览器。当然,用户还应该定制 User-Agent 信息,不过由于爬虫程序规模不大,被 ban(封禁)的可能性很低,所以不妨先专注于其他具体功能。

```
logging.basicConfig(
    level = logging.INFO,
)
```

这几行代码设置了日志功能并将级别设为 INFO,如果想把日志输出到文件而不是控制台,可以在 level 下面加一行"filename='app.log'",这样日志就会被保存到"app.log"这个文件之中。

p_data 是将要在 requests 请求中发送的参数(params),这正是在之前的 URL 分析中得到的结果。以后用户只需要更改 page 的值即可,其他参数保持不变。

```
p_data['productId'] = self.item_id_extracter_from_url(self._itemurl)
```

这行代码为 p_data(本身是一个 Python 字典结构)新插入了一项,键为'productId',值为 item_id_extracter_from_url() 方法的返回值。item_id_extracter_from_url() 方法接收商品页面的 URL(注意,不是请求商品评论的 URL)并抽取出其中的 productId,而 _itemurl(即商品页面 URL)在 JDComment 类的实例创建时被赋值。

```
response = ses.get(comment_json_url, params = p_data)
```

这行代码会向 comment_json_url 请求评论信息的 JSON 数据,接下来大家看到了一个 while 循环,当页码数突破一个上限(这里为 50)时停止循环。在循环中会对请求到的 fetchJSON 数据做少许处理,将它转换成可编码为 JSON 的文本并使用。

```
js1 = json.loads(r_text)
```

这行代码会创建一个名为 js1 的 JSON 对象,然后用户就可以用类似于字典结构的操作来获取其中的信息了。在每次 for 循环中,不仅在 log 中输出一些信息,还使用

```
self.content_process(comment)
```

调用content_process()方法对每条comment信息进行操作,具体就是将其保存到CSV文件中。

```
self.content_sentences += comment['content']
```

这样会把每条文字评论加入当前的content_sentences中,这个字符串中存放了所有文字评论。不过,在正式运行爬虫之前,用户不妨再多想一步。对于频繁的JSON数据请求,最好能够保持一个随机的时间间隔,这样不易被反爬虫机制(如果有的话)ban掉,编写一个random_sleep()函数来实现这一点,每次请求结束后调用该函数。另外,使用页码最大值来中断爬虫的做法恐怕还不够合理,既然抓取的评论信息中就有日期信息,完全可以使用一个日期检查函数来共同控制循环抓取的结束——当评论的日期已经早于设定的日期或者页码已经超出最大限制时立刻停止抓取。在变量content_sentences中存放着所有评论的文字内容,可以使用简单的自然语言处理技术来分析其中的一些信息,比如抓取关键词。在实现这些功能以后,最终的爬虫程序就完成了,见例5-3。

【例5-3】 京东商品评论的爬虫。

```python
# JDComment.py
import requests, json, time, logging, random, csv, lxml.html, jieba.analyse
from pprint import pprint
from datetime import datetime


# 京东评论JS
class JDComment():
    _itemurl = ''

    def __init__(self, url, page):
        self._itemurl = url
        self._checkdate = None
        logging.basicConfig(
            # filename = 'app.log',
            level = logging.INFO,
        )
        self.content_sentences = ''
        self.max_page = page

    def go_on_check(self, date, page):
        go_on = self.date_check(date) and page <= self.max_page
        return go_on

    def set_checkdate(self, date):
        self._checkdate = datetime.strptime(date, '%Y-%m-%d')

    def get_comment_from_item_url(self):
        comment_json_url = 'https://sclub.jd.com/comment/productPageComments.action'
        p_data = {
            'callback': 'fetchJSON_comment98vv242411',
            'score': 0,
            'sortType': 3,
            'page': 0,
```

```python
            'pageSize': 10,
            'isShadowSku': 0,
        }

        p_data['productId'] = self.item_id_extracter_from_url(self._itemurl)

        ses = requests.session()

        go_on = True
        while go_on:
            response = ses.get(comment_json_url, params = p_data)
            logging.info('-' * 10 + 'Next page!' + '-' * 10)
            if response.ok:

                r_text = response.text
                r_text = r_text[r_text.find('({') + 1:]
                r_text = r_text[:r_text.find(');')]
                js1 = json.loads(r_text)

                for comment in js1['comments']:
                    go_on = self.go_on_check(comment['referenceTime'], p_data['page'])
                    logging.info('{}\t{}\t{}\t{}'.format(comment['content'], comment
['referenceTime'],comment['nickname'], comment['userClientShow']))

                    self.content_process(comment)
                    self.content_sentences += comment['content']

            else:
                logging.error('Status NOT OK')
                break

            p_data['page'] += 1
            self.random_sleep()    # delay

    def item_id_extracter_from_url(self, url):
        item_id = 0

        prefix = 'item.jd.com/'
        index = str(url).find(prefix)
        if index!=-1:
            item_id = url[index + len(prefix): url.find('.html')]

        if item_id != 0:
            return item_id

    def date_check(self, date_here):
        if self._checkdate is None:
            logging.warning('You have not set the checkdate')
            return True
        else:
            dt_tocheck = datetime.strptime(date_here, '%Y-%m-%d %H:%M:%S')
            if dt_tocheck > self._checkdate:
                return True
            else:
                logging.error('Date overflow')
                return False
```

```python
    def content_process(self, comment):
        with open('jd-comments-res.csv', 'a') as csvfile:
            writer = csv.writer(csvfile, delimiter=',')
            writer.writerow([comment['content'], comment['referenceTime'],
                             comment['nickname'], comment['userClientShow']])

    def random_sleep(self, gap=1.0):
        # gap = 1.0
        bias = random.randint(-20, 20)
        gap += float(bias) / 100
        time.sleep(gap)

    def get_keywords(self):
        content = self.content_sentences
        kws = jieba.analyse.extract_tags(content, topK=20)
        return kws

if __name__ == '__main__':
    url = input("输入商品链接: ")
    date_str = input("输入限定日期: ")
    page_num = int(input("输入最大爬取页数: "))
    jd1 = JDComment(url, page_num)
    jd1.set_checkdate(date_str)
    print(jd1.get_comment_from_item_url())
    print(jd1.get_keywords())
```

在该爬虫程序中使用的模块有 requests、json、time、random、csv、lxml.html、jieba.analyse、logging、datetime 等。后面将会对其中的一些模块做简要说明。接下来先运行爬虫试一试，打开另外一个商品页面来测试爬虫的可用性，URL 为"http://item.jd.com/1027746845.html"（这是图书《白夜行》的页面），运行爬虫，效果如图 5-10 所示。

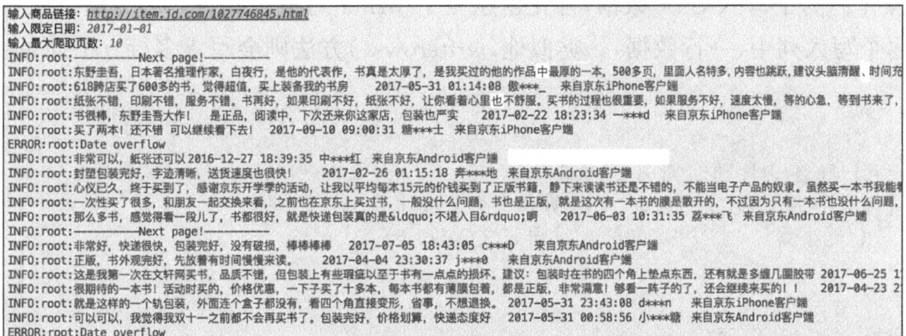

图 5-10 运行 JDComment 爬虫后的效果

"ERROR:root:Date overflow"信息说明由于日期限制，爬虫自动停止了，在后续的输出中用户可以看到评论关键词信息如下：

['京东', '正版', '不错', '好评', '快递', '本书', '包装', '超快', '东野', '速度', '质量', '价钱', '物流', '便宜', '喜欢', '白夜', '满意', '好看', '很快', '很棒']

同时，在爬虫程序目录下生成了"jd-comments-res.csv"文件，说明爬虫运行成功。

5.2.3 数据下载结果与爬虫分析

使用软件打开 CSV 文件，可以看到抓取到的所有评论及相关信息（见图 5-11），如果以后还需要对这些内容进行进一步的分析，就不需要再运行爬虫了。当然，对于大规模的数据分析要求而言，保存结果到数据库中可能是更好的选择。

2	618跨店买了600多的书，觉得超值，买上装备我的书房	2017-05-31 01:14:08	傲***_	来自京东iPhone客户端
3	纸张不错，印刷不错，服务不错，书再好，如果印刷不好，纸张不好，让你看着心里也不舒服，买书的过程也很重要，如果服务不好，速度太慢，等的心急，	2017-04-23 16:58:29	j***q	来自京东Android客户端
4	书很棒，东野圭吾大作！ 是正品，阅读中，下次还来你这家店，包装也严实	2017-02-22 18:23:34	—***d	来自京东iPhone客户端
5	买了两本！还不错！可以继续看下去！	2017-09-10 09:00:31	糖***士	来自京东iPhone客户端
6	非常可以，纸张还可以！	2016-12-27 18:39:35	中***红	来自京东Android客户端
7	塑封包装完好，字迹清晰，送货速度也很快！	2017-02-26 01:15:18	奔***地	来自京东Android客户端
8	心仪已久，终于买到了，感谢京东开学季的活动，让我以平均每本15元的价钱买到了正版书籍，静下来读读书还是不错的，不能当电子产品的奴隶，虽然	2017-09-05 11:02:27	和***日	来自微信购物
9	一次性买了很多，和朋友一起交换来看，之前也在京东上买过书，一般没什么问题，书也是正版，就是这次有一本书的膜是散开的，不过因为只有一本书也	2017-01-05 21:51:23	j***e	来自京东Android客户端
10	那么多书，感觉得看一段儿了，书都很好，就是快递包装真的是“不堪入目”啊	2017-06-03 10:31:35	慕***飞	来自京东Android客户端
11	非常好，快递很快，包装完好，没有破损，棒棒棒棒	2017-07-05 18:43:05	c***D	来自京东Android客户端
12	正版，书外观完好，先放着有时间慢慢来读。	2017-04-04 23:30:37	j***0	来自京东Android客户端
13	这是我第一次在文轩网买书，品质不错，但包装上有些瑕疵以至于书有一点点的损坏。建议：包装时在书的四个角上垫点东西，还有就是多缠几圈胶带	2017-06-25 11:04:59	阿Hodor	来自京东iPad客户端
14	很期待的一本书！活动时买的，价格优惠，一下子买了十多本，每本书都有塑封包装，都是正版，非常满意！够看一阵子的了，还会继续来买的！！	2017-04-23 21:22:25	小***y	来自京东Android客户端
15	就是这样的一个包装，外面连个盒子都没有，看四个角直接变形，省事，不想退换。	2017-05-31 23:43:08	d***n	来自京东iPhone客户端
16	可以可以，我觉得我双十一之前都不会再买书了，包装完好，价格划算，快递态度好	2017-05-31 00:58:56	小***糖	来自京东Android客户端
17	在这买了好几次了，每次都很满意，物流快，书质量很好，没有详细了解书的内容，看着封面的感觉买的，刚开始看，是推理小说，前面的文字描述还是有	2016-12-25 10:47:48	j***h	来自京东iPhone客户端
18	一本好书 闲暇时阅读 看看精装的书籍 翻过拥有质感的书页 走进书中的故事	2017-08-12 23:25:37	j***1	来自微信购物
19	买家印象经典推理京东正版热卖畅销好评最多读者推荐	2017-03-06 10:47:01	亦***哲	
20	没想到是硬壳的。、软皮的比较结实，618大促很给力9本书才100多点。	2017-06-18 15:01:17	H***_	来自京东iPhone客户端
21	拿到之后莫名的喜欢他的封面设计，有质感，很不一样，另外还有个不一样的地方，整本书没有序言和目录。哈哈哈，看来作者很直接~	2016-12-19 22:54:15	p***4	来自京东Android客户端
22	三天到的货，精装书，质量还可以，到货需要两三天，还没拆，应该不错吧。	2017-05-31 01:13:35	陈***冰	来自京东iPhone客户端
23	好评 有精心的包装 打开了书页质量很好 京东真的好啊大年初二送货上门 赞赞赞	2017-01-23 18:28:35	M***飞	来自京东iPhone客户端

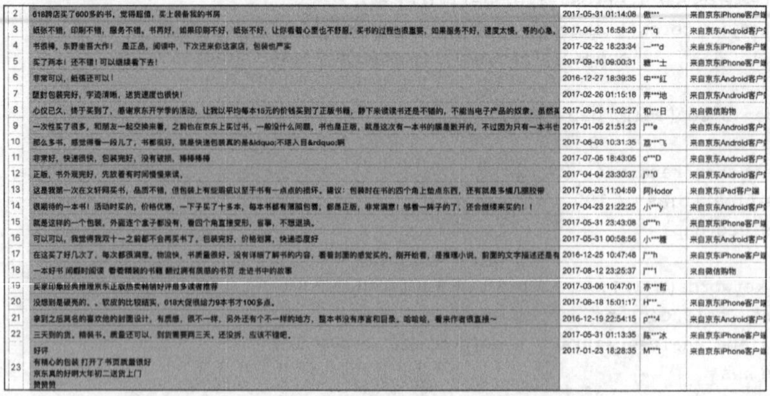

图 5-11 京东商品评论 CSV 文件的内容

在例 5-3 的爬虫程序中使用了 json 库来操作 JSON 数据，json 库是 Python 自带的模块，这个模块为 JSON 数据的编码和解码提供了十分方便的解决策略，其中最重要的两个函数是 json. dumps()和 json. loads()。json. dumps()函数可以把一个 Python 字典数据结构转换为 JSON；json. loads()函数则会将一个 JSON 编码的字符串转换回 Python 数据结构，在上述的爬虫代码中就使用了 json. loads()。

【提示】 json 模块中的 dumps 与 dump、load 与 loads 非常容易混淆，用一句话来说，函数名里的“s”代表的不是单数第三人称动词形式，而是“string”。因此虽然都是“解码”，load 用于解码 JSON 文件流，而 loads 用于解码 JSON 字符串。dumps 和 dump 的关系同理。

此外还使用了 csv 模块来存储数据(写入 CSV)，在 Python 中 csv 模块可以胜任绝大部分 CSV 相关操作。为了写入 CSV 数据，首先创建一个 writer 对象，writerow()方法接收一个列表作为参数并逐个写入列中(一行数据)。类似地，writerows()方法则会写入多行。下面是一个例子：

```
import csv

headers = ['姓名','性别','学号','专业']
rows = [('王小明', '男', '10007', '计算机科学与技术'),
        ('赵小蕾', '女', '10008', '汉语言文学'),
       ]

with open('stu_info.csv','w') as f:
    f_csv = csv.writer(f)
    f_csv.writerow(headers)
    f_csv.writerows(rows)
```

之后就可以看到 stu_info. csv 文件中被写入的信息了。使用 csv 读取的过程类似：

```
with open('stu_info.csv') as f:
  f_csv = csv.reader(f)
  for row in f_csv:
    print(row)
```

运行上面的代码后就能在终端/控制台看到被打印出的 CSV 内容信息。

在 get_keywords()函数中还使用了 jieba 中文分词来分析评论文本中的关键词，jieba. analyse. extract_tags()的使用方法是 jieba. analyse. extract_tags(sentence, topK = 20, withWeight=False,allowPOS=()),其中各参数的意义分别如下。

- sentence：待提取的文本。
- topK：返回几个 TF/IDF 权重最大的关键词，默认值为 20。
- withWeight：是否一并返回关键词权重值，默认值为 False。
- allowPOS：仅包括指定词性的词，默认值为空，即不筛选。

该函数使用 TF/IDF 方法来确定关键词，所谓的 TF/IDF 方法，主要思路是认为字词的重要性随着它在文件中出现的次数成正比增加，但同时会随着它在语料库中出现的频率成反比下降。也就是说，如果某个词或短语在一篇文章中出现的频率高，并且在其他文章中很少出现，则认为此词或者短语具有很好的类别区分能力，适合用来分类，也就可以作为文本的关键词。

最后，在检查日期时（和初始化限定日期时）使用了 datetime.strptime()，可以将时间字符串根据指定的时间格式转换成时间对象。运行下面的代码就可以看到：

```
import datetime
dt1 = datetime.datetime.strptime('2017-01-01','%Y-%m-%d')
print(dt1)
print(type(dt1))
```

其输出结果为：

```
2017-01-01 00:00:00
<class 'datetime.datetime'>
```

【提示】 上述代码中的"%Y-%m-%d"为字符串格式，strptime()函数使用 C 语言库实现，格式信息有严格规定，见"http://pubs.opengroup.org/onlinepubs/009695399/functions/strptime.html"。另外，作为 strptime()函数的"另一面"，还存在一个 strftime()函数，它的功能是 strptime()函数的反面，即将一个日期（时间）对象格式化为一个字符串。

5.3 本章小结

本章使用了 Selenium 与 ChromDriver 的组合来抓取网络小说，还使用了 requests 模块展示如何分析并获取购物网站后台 JSON 数据，同时对爬虫程序中用到的功能及其对应的模块做了一些简单的讨论。本章中出现的 Python 库大多都是编写爬虫时的常用工具，在 Python 学习中掌握这些常用模块的基本用法是很有必要的。

第 6 章

爬取新浪财经股票资讯

视频讲解

在本章的爬虫实践中将注意力放在网页本身,尝试通过爬虫程序来批量下载 HTML 网页。之前的爬虫程序一般通过定位网页元素的方法来获取所需要的信息,但因为这里的新任务是下载网页,所以想要获取的信息其实就是整个网页。这里需要将访问得到的网页作为一个 HTML 保存下来,在这个过程中,通过 BeautifulSoup 等网页解析工具能够实现对网页信息的高效筛选,去除一些用户并不感兴趣的信息(如广告等)。

6.1 编写爬虫

新浪财经的个股页面是本次爬取的主要目标,新浪对于某一个股(沪深股市个股)的资讯页面使用类似的网页形式(见图 6-1),本节想设计程序爬取某一个股(以其股票代码作为标识)下资讯页面中的所有资讯文章,并将它们保存到本地。

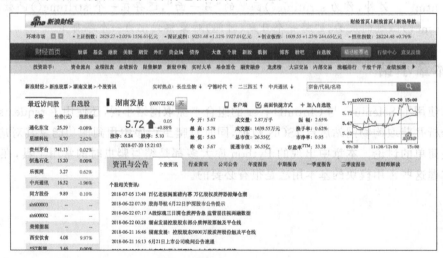

图 6-1 新浪财经的个股页面

对于这个爬取目标而言,用户不难看出主要需要关注两个步骤:一是访问个股股票代码对应的资讯页面,并通过解析网页的方式获取资讯文章 URL 地址的列表;二是根据文章 URL 访问网页并保存其信息。个股资讯文章类似于图 6-2。

不过,用户很快就会发现,股票资讯文章页面中充斥着一些自己并不需要的广告或者新浪财经推送信息,为了去掉这些信息,可以使用 BeautifulSoup 中的 decompose()方法去掉一个节点

图 6-2　某只股票的一篇资讯页面

（该函数的作用是将当前节点移除文档树并完全销毁），接下来唯一要做的便是利用 Chrome 开发者工具分析并列出广告元素，如图 6-3 所示。

图 6-3　分析页面内容中的广告元素

经过上面的设计和分析，最终编写出实现爬取、清洗和保存网页这一流程的程序，见例 6-1，语句的说明解释详见代码注释。

【例 6-1】 新浪财经新闻页面的爬取、清洗与保存。

```
import requests
from bs4 import BeautifulSoup
from collections import namedtuple
import time
import logging
from pprint import pprint
import re
from bs4 import Comment

logging.basicConfig(level = logging.DEBUG)
headers = {
    'User-Agent': 'Mozilla/5.0 (Macintosh; Intel Mac OS X 10_13_3) AppleWebKit/537.36 (KHTML, like Gecko) Chrome/66.0.3359.181 Safari/537.36',
```

```python
}
# 定义默认股票编号
stock_num = 'sz000722'


def datetime_parser(bs):
    # 在 HTML 中获取发布日期和时间
    datetime = str(bs.find(string = lambda text: isinstance(text, Comment))).lstrip('[ published at ').rstrip('] ')
    if not re.match('^\d{4}-\d{2}-\d{2}[\S\s]+$', datetime):
        datetime = '1991-01-01'    # 默认日期时间

    return datetime


def html_saver(page, page_bs):
    # 将 HTML 保存到本地文件
    with open('HTMLs/{}-{}.html'.format(stock_num, page.newstitle), 'wb') as f:
        f.write(page_bs.prettify().encode('utf-8'))


def main(stocknum = None):

    if stocknum is not None:
        stock_num = stocknum

    res = []
    ht = requests.get(

        'http://vip.stock.finance.sina.com.cn/corp/go.php/vCB_AllNewsStock/symbol/{}.phtml'.format(stock_num),
        headers = headers
    ).content.decode('gb2312')
    stock_news_page = namedtuple('StockNewsPage', ['newstitle', 'newsurl'])

    try:
        page_list = [stock_news_page(newstitle = one.text, newsurl = one['href']) for one in
                     BeautifulSoup(ht, 'lxml').find('div', {'class': 'datelist'}).find('ul').findAll('a')]
    except AttributeError:
        print('this stock may not exist')
        return None
    # pprint(page_list)


    for page in page_list[:]:
        logging.debug('visiting next page')
        time.sleep(2)              # 等待两秒
        ht = requests.get(page.newsurl, headers = headers).content.decode('utf-8')
        bs = BeautifulSoup(ht, 'lxml')

        # 删除所有不必要的标签
        [s.decompose() for s in
         bs('script') +
         bs('noscript') +
         bs('style') +
         bs.findAll('div', {'class': 'top-banner'}) +
         bs.findAll('div', {'class': 'hqimg_related'}) +
```

```python
    bs.findAll('div', {'id': 'sina-header'}) +
    bs.findAll('div', {'class': 'article-content-right'}) +
    bs.findAll('div', {'class': 'path-search'}) +
    bs.findAll('div', {'class': 'page-tools'}) +
    bs.findAll('div', {'class': 'page-right-bar'}) +
    bs.findAll('div', {'class': 'most-read'}) +
    bs.findAll('div', {'class': 'blk-wxfollow'}) +
    bs.findAll('div', {'class': 'blk-related'}) +
    bs.findAll('div', {'class': 'article-bottom-tg'}) +
    bs.findAll('div', {'class': 'article-bottom'}) +
    bs.findAll('link', {'href': '//finance.sina.com.cn/other/src/sinafinance.article.min.css'}) +
    bs.findAll('div', {'class': 'article-content-right'}) +
    bs.findAll('div', {'class': 'block-comment'}) +
    bs.findAll('div', {'class': 'sina-header'}) +
    bs.findAll('div', {'class': 'path-search'}) +
    bs.findAll('div', {'class': 'top-bar-wrap'}) +
    bs.findAll('div', {'class': 'blk-related'}) +
    bs.findAll('div', {'class': 'most-read'}) +
    bs.findAll('div', {'class': 'ad'}) +
    bs.findAll('div', {'class': 'new_style_article'}) +
    bs.findAll('div', {'class': 'feed-card-content'}) +
    bs.findAll('div', {'class': 'page-footer'}) +
    bs.findAll('div', {'class': 'sina15-top-bar-wrap'}) +
    bs.findAll('div', {'class': 'site-header clearfix'}) +
    bs.findAll('div', {'class': 'right'}) +
    bs.findAll('div', {'class': 'bottom-tool'}) +
    bs.findAll('div', {'class': 'most-read'}) +
    bs.findAll('div', {'id': 'lcs_wrap'}) +
    bs.findAll('div', {'class': 'lcs1_w'}) +
    bs.findAll('div', {'class': 'desktop-side-tool'}) +
    bs.findAll('div', {'class': 'feed-wrap'}) +
    bs.findAll('div', {'class': 'article-info clearfix'}) +
    bs.findAll('a', {'href': 'http://finance.sina.com.cn/focus/gmtspt.html'}) +
    bs.findAll('iframe', {'class': 'sina-iframe-content'})

    ]
    # 尝试在页面中间做 article-content div
    try:
        bs.find('div', {'class': 'article-content-left'})['class'] = 'article-content'
    except Exception as e:
        bs.find('div', {'class': 'left'})['class'] = 'article-content'
    finally:
        pass
    html_saver(page, bs)

    for one in bs.findAll('a', {'class': 'keyword'}):
        one.attrs = {}                    # 移除可单击的 href

    d_res = {
        'stock': stock_num,
        'title': bs.find('h1').text,
        'html': str(bs).replace('\n', ''),
        'datetime': datetime_parser(bs)    # 在 HTML 注释中查找日期时间信息

    }
    res.append(d_res)

return res
```

```
if __name__ == '__main__':
    res = main('sz000722')
    pprint(res)
```

当然,这个程序还存在一些问题,主要有二,首先是在保存 HTML 内容到本地的过程中使用了相当原始的文件 IO,实际上在大批量爬取时将 HTML 信息保存在数据库(如 MongoDB)中是比较好的选择;其次,在广告元素清洗的语句部分冗余较多,仍然存在很大的改进余地,可以考虑将待清洗元素规则统一保存到另一个文本文件中,通过一个读取函数进行加载。

6.2 运行并查看结果

运行上面的爬取程序,用户会看到控制台产生如图 6-4 所示的输出。

图 6-4 运行爬取程序后的输出

待程序运行结束后查看本地文件夹,可以看到 HTML 文件已经被批量保存下来,如图 6-5 所示。

图 6-5 本地文件夹中的 HTML 文件

6.3 展示网页

在将新浪个股资讯网页保存到本地后,便可以考虑进一步对网页进行展示了,这里通过 Flask 对 Python Web 开发的"冰山一角"进行介绍。Flask 是一个非常流行的轻量级 Python Web 框架,使用 pip install flask 即可安装。所谓的"Web 框架",其实就是一种工具,一种用来帮助用户更简单地编写 Web 应用的软件框架。当用户在浏览器中访问一个地址时,Web 框架就负责处理其 HTTP 请求,根据 HTML 和 JavaScript 代码生成对应的 HTTP 响应。

使用 PyCharm 可以选择新建一个 Flask 应用项目,如图 6-6 所示。在创建后将会自动生成代码,如下(这也是一个最小的 Flask 应用):

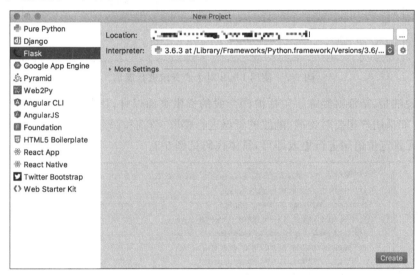

图 6-6　使用 PyCharm 新建 Flask 项目

```
from flask import Flask
app = Flask(__name__)

@app.route('/')
def hello_world():
    return 'Hello, World!'

if __name__ == '__main__':
    app.run()
```

其中,route()将会指定触发 hello_world()的 URL,该函数返回"Hello, World!"信息。当用户运行这个程序并在浏览器中输入 127.0.0.1:5000 时,访问该地址,即可看到"Hello, World!"信息的页面。

这里将之前爬取到的 HTML 文件存放到 Flask 项目的 template 路径下,并在主程序中添加一个函数,类似下面这样:

```
@app.route('/sz000722')
def stock():
    return render_template('sz000722-股海导航 6 月 22 日沪深股市公告提示.html')
```

重新运行 Flask 项目,访问 127.0.0.1:5000/sz000722 这个地址,即可看到 Flask 已经将

该 HTML 展示为网页,如图 6-7 所示。

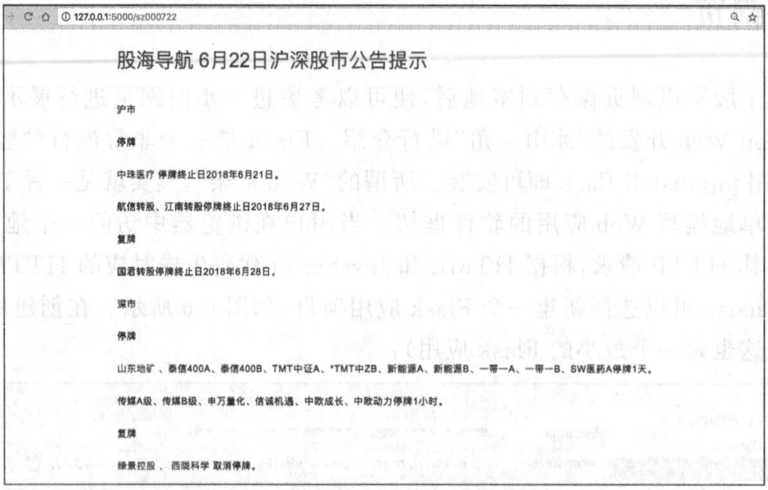

图 6-7 使用 Flask 对个股资讯进行展示

最后要说的是,新浪财经除了包括沪深个股的资讯页面以外,还包括美股、港股的资讯页面(见图 6-8)。如果用户想要对美股、港股的资讯进行爬取、清洗和保存,只需将上面代码中对应的页面解析和元素定位语句进行更改即可,具体代码见例 6-2。

图 6-8 新浪财经的美股资讯页面

【例 6-2】 爬取新浪美股个股资讯。

```
import requests
from bs4 import BeautifulSoup
from collections import namedtuple
import time
import logging
from pprint import pprint
import re
from bs4 import Comment
```

```python
logging.basicConfig(level = logging.DEBUG)

headers = {
    'User-Agent': 'Mozilla/5.0 (Macintosh; Intel Mac OS X 10_13_3) AppleWebKit/537.36 (KHTML, like Gecko) Chrome/66.0.3359.181 Safari/537.36',
}
# 定义股票编号
stock_id = 'BIDU'

def datetime_parser(bs):
    datetime = str(bs.find(string = lambda text: isinstance(text, Comment))).lstrip('[ published at ').rstrip('] ')
    if not re.match('^\d{4}-\d{2}-\d{2}[\S\s]+$', datetime):
        datetime = '1991-01-01'      # 默认日期时间

    return datetime


def html_saver(page, page_bs):
    with open('HTMLs/{}-{}.html'.format(stock_id, page.newstitle), 'wb') as f:
        f.write(page_bs.prettify().encode('utf-8'))



def main(stocknum = None):

    if stocknum is not None:
        stock_num = stocknum

    res = []
    ht = requests.get(
        'http://biz.finance.sina.com.cn/usstock/usstock_news.php?pageIndex=1&symbol={}&type=1'.format(stock_num),
        headers = headers
    ).content.decode('gb2312')
    stock_news_page = namedtuple('StockNewsPage', ['newstitle', 'newsurl'])

    try:
        page_list = [stock_news_page(newstitle = one.find('a').text, newsurl = one.find('a')['href']) for one in
                     BeautifulSoup(ht, 'lxml').findAll('ul', {'class': 'xb_list'})[-1].findAll('li')]
    except AttributeError as e:
        print('this stock may not exist')
        return None
    pprint(page_list)

    for page in page_list[:]:
        logging.debug('visiting next page')
        time.sleep(2)                         # 等待两秒
        ht = requests.get(page.newsurl, headers = headers).content.decode('utf-8')
        bs = BeautifulSoup(ht, 'lxml')

        # 删除所有不必要的标签
        [s.decompose() for s in
         bs('script') +
         bs('noscript') +
```

```python
            bs('style') +
            bs.findAll('div', {'class': 'top-banner'}) +
            bs.findAll('div', {'class': 'hqimg_related'}) +
            # 更多的页面元素清洗
            # ...
            bs.findAll('div',{'class':'new_style_article'})
        ]

        # 尝试在页面中间做 article-content div
        try:
            bs.find('div', {'class': 'article-content-left'})['class'] = 'article-content'
        except Exception as e:
            bs.find('div', {'class': 'left'})['class'] = 'article-content'
        finally:
            pass

        html_saver(page, bs)
        for one in bs.findAll('a', {'class': 'keyword'}):
            one.attrs = {}                    # 移除可单击的 href

        d_res = {
            'stock': 'us-' + stock_num,
            'title': bs.find('h1').text,
            'html': str(bs).replace('\n', ''),
            'datetime': datetime_parser(bs)    # 在 HTML 注释中查找日期时间信息
        }
        res.append(d_res)

    return res


if __name__ == '__main__':
    res = main('BIDU')
    pprint(res)
```

6.4 本章小结

本章案例通过实现对股票资讯数据的爬取及展示，介绍了爬虫常用的工具包 Requests 以及 BeautifulSoup，分别用于网络请求和解析 HTML，以及 Python 常用的搭建轻量级服务的工具 Flask，用于搭建服务并展示数据，开发了一个很小的"网站"。以上工具包都是数据科学领域常用的工具，本章案例只是抛砖引玉，做了简单的实践及介绍，更多的用法及使用场景还需要读者进一步学习和探索。

第 7 章

爬取豆瓣电影海报

爬虫程序的一个重要任务是把网站中的某些信息(如数据、文本、图片等)下载到本地,保存到文件或数据库里,本章以保存网站上的图片为例展开介绍,目标网站是豆瓣网,同时还会涉及网站登录问题。

视频讲解

7.1 豆瓣网站分析与爬虫设计

7.1.1 从需求出发

豆瓣电影是目前十分流行的影评平台,很多人都喜欢使用豆瓣电影平台来标记自己看过的影视,而且出于各种各样的原因,豆瓣也常常被爬虫编写者们作为爬取的目标(可能是由于豆瓣网站的内容具有较高的趣味性)。另外,豆瓣网的大多数页面都可以由 requests 请求到并通过 XPath 定位直接获取,这意味着用户不用考虑 AJAX 问题,从使用 Selenium 实现的方案中获得解脱。

下面从"我看过的电影"出发,通过编写爬虫来保存自己看过的所有电影的海报,存储到本地文件夹中。为了实现这个功能,首先访问"看过"页面(见图 7-1),这个页面的 URL 格式是这样的:

图 7-1 使用开发者模式的 Elements 工具查看"看过"页面

```
https://movie.douban.com/people/user_nickname/collect?start=15&sort=time&rating=all&filter=all&mode=grid
```

user_nickname 部分是用户 ID,即每个人的个人豆瓣主页地址的 ID。该页面中纵向列出了用户看过的电影,在网页中单击"下一页"会使得 start 的值逐次增加 15。其中每个电影页面的 URL 格式如下:

```
https://movie.douban.com/subject/ID/
```

不难发现,电影对应的显示其各幅海报图片页面的 URL 地址如下:

```
https://movie.douban.com/subject/ID/photos?type=R
```

在海报页面中可以获得第一幅海报图片的原图地址(见图 7-2,一般第一幅海报图片就是被用作该电影页面封面的图片),之后使用 requests 来请求这个地址并下载到本地即可。

整个爬虫程序的流程是进入"我看过的电影"页面→爬取我看过的电影→进入每个电影的海报页面→下载海报图片到本地。用户可以定义一个名为 DoubanSpider 的类,其中实现了完成上述流程的类方法。

图 7-2 使用 Elements 工具查看电影海报页面

7.1.2 处理登录问题

值得注意的是,在类似豆瓣网的这种内容导向的社交网站上,很多内容都是需要用户登录后才能查看的,对于一些论坛而言更是如此。下面将通过爬虫程序来实现模拟豆瓣登录的过程。

登录操作,粗略地说就是向网站发送一个表单数据,表单中包含了用户名和密码等关键信息,用户使用 Chrome 开发者模式的 Elements 工具就能够观察到登录表单的这些内容,如图 7-3 所示。

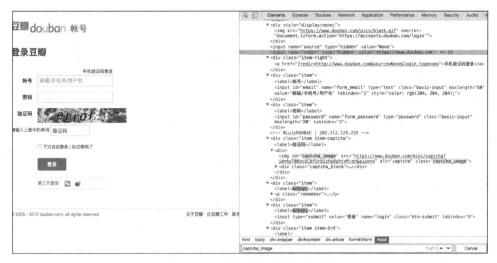

图 7-3　查看登录界面的各个字段

不难发现，登录表单中必要的数据如下。
- form_email：用户的邮箱。
- form_password：用户的密码。
- login：这个字段的值是"登录"。
- redir：登录重定向地址，为豆瓣首页。

另外，验证码的地址在<img id="captcha_image">这个标签之中（准确地说，就是这个元素的 src 属性），用户的登录操作有时候会遇到验证码问题，这时就需要爬取这张验证码图片并进行后续处理了。用户可以使用 OCR（光学字符识别），即图像转文本，或者云打码平台来解决这个问题，不过为了简单，在此使用手动输入的策略，即如果遇到验证码，由爬虫编写者手动输入验证码结果再由程序发送到服务器并登录。

解决了发送登录数据和验证码的问题，不妨再想一下，难道对于这些需要登录的网站每次开始爬取时都要手动登录一次吗？事实上通过爬虫程序，这种繁杂的工作完全可以避免，想想平时用浏览器打开网站的情景：登录之后如果关掉了页面，等一会儿再次打开这个网站时，似乎不必再重新登录一次。这是因为登录之后服务器会在用户的本地设备上保存一份 Cookie 文件，Cookie 可以帮助服务器确定用户的身份。Cookie 机制工作的流程如下。

（1）浏览器向某个 URL 地址发起 HTTP 请求，如 GET 获取一个页面、POST 发送一个登录表单等。

（2）服务器收到该 HTTP 请求，处理并返回给浏览器对应的 HTTP 响应。

（3）在响应头加入 Set-Cookie 字段，它的值是要设置的 Cookie。

（4）浏览器收到来自服务器的 HTTP 响应。

（5）浏览器在响应头中发现 Set-Cookie 字段，就会将该字段的值保存在本地（内存或者硬盘中）。Set-Cookie 字段的值可以是很多项 Cookie，每一项都可以指定过期时间。

（6）浏览器下次给该服务器发送 HTTP 请求时会自动把服务器之前设置的 Cookie 附加在 HTTP 请求的头字段 Cookie 中。浏览器可以存储多个域名下的 Cookie，但只发送当前请求的域名曾经指定的 Cookie，用于区分不同的网站。

（7）服务器收到这个 HTTP 请求，发现请求头中有特定的 Cookie，便知道这次访问来自之前的这个浏览器（也就是坐在计算机前的用户）。

(8) 过期的 Cookie 会被浏览器删除。

所以，如果用户成功登录过一次，同时把这时的 Cookie 存储下来，下一次再发送请求时网站服务器从 Cookie 字段得知该用户已经登录了，那么就会按照已登录用户的状态来处理此次 HTTP 请求。在 Cookie 过期之前（十分幸运的是，不少网站的 Cookie 过期期限都较长，至少今天早上的 Cookie 下午还是能拿来用的），用户能够一直使用这个 Cookie 来"欺骗"网站。用户身份验证与 Cookie 还有着很多更为复杂的技术和相关设计，如 Cookie 防篡改方法等，在本例中先简单粗暴地使用重新加载 Cookie 的策略来对待这个问题。

在具体的实现中，可以使用 requests 的会话对象（Session）。有了 Session，用户可以比较方便地实现上述的 Cookie 相关操作，因为会话对象能够跨请求保持某些参数，也可以在同一个 Session 实例发出的所有请求之间保持 Cookie 数据。根据官方的建议，如果用户向同一个主机发送多个请求，使用 Session 可以使得底层的 TCP 连接被重用，从而带来性能上的提升。

7.2 编写爬虫

7.2.1 爬虫脚本

7.1 节讨论了爬虫程序的实现思路，接下来开始写代码，最终的爬虫程序见例 7-1。

【例 7-1】 爬虫程序。

```python
# DoubanSpider.py
import time, sys, re, os, requests, json, random
from lxml import html
from PIL import Image
from pprint import pprint

class DoubanSpider():
    _session = requests.Session()
    _douban_url = 'https://accounts.douban.com/login'
    _header_data = {'Accept': 'text/html,application/xhtml+xml,application/xml;q=0.9,image/webp,*/*;q=0.8',
                    'Accept-Encoding': 'gzip, deflate, sdch, br',
                    'Connection': 'keep-alive',
                    'Cache-Control': 'max-age=0',
                    'Host': 'www.douban.com',
                    'User-Agent': 'Mozilla/5.0 (Windows NT 6.1; WOW64) AppleWebKit/537.36 (KHTML, like Gecko) Chrome/36.0.1985.125 Safari/537.36',
                    }
    _captcha_url = ''

    def __init__(self, nickname):
        self.initial()
        self._usernick = nickname

    def initial(self):
        if os.path.exists('cookiefile'):
            print('have cookies yet')
            self.read_cookies()
        else:
            self.login()
```

```python
def login(self):

    r = self._session.get('https://accounts.douban.com/login', headers = self._header_data)
    print(r.status_code)
    self.input_login_data()
    login_data = {'form_email': self.username, 'form_password': self.password, "login": u'登录',
"redir": "https://www.douban.com"}
    response1 = html.fromstring(r.content)

    if len(response1.xpath('//*[@id="captcha_image"]')) > 0:
        self._captcha_url = response1.xpath('//*[@id="captcha_image"]/@src')[0]
        print(self._captcha_url)
        self.show_an_online_img(url = self._captcha_url)
        captcha_value = input("输入图中的验证码")
        login_data['captcha-solution'] = captcha_value

    r = self._session.post(self._douban_url, data = login_data, headers = self._header_data)
    r_homepage = self._session.get('https://www.douban.com', headers = self._header_data)

    pprint(html.fromstring(r_homepage.content))
    self.save_cookies()

def download_img(self, url, filename):
    header = self._header_data
    match = re.search('img\d\.doubanio\.com', url)
    header['Host'] = url[match.start():match.end()]

    print('Downloading')
    filepath = os.path.join(os.getcwd(), 'pics/{}.jpg'.format(filename))

    self.random_sleep()
    r = requests.get(url, headers = header)
    if r.ok:
        with open(filepath, 'wb') as f:
            f.write(r.content)
            print('Downloaded Done!')
    else:
        print(r.status_code)
    del r

    return filepath

def show_an_online_img(self, url):
    path = self.download_img(url, 'online_img')
    img = Image.open(path)
    img.show()
    os.remove(path)

def save_cookies(self):
    with open('./' + "cookiefile", 'w')as f:
        json.dump(self._session.cookies.get_dict(), f)

def read_cookies(self):
    with open('./' + 'cookiefile')as f:
        cookie = json.load(f)
        self._session.cookies.update(cookie)
```

```python
    def input_login_data(self):
        global email
        global password

        self.username = input('输入用户名(必须是注册时的邮箱):')
        self.password = input('输入密码:')
    def get_home_page(self):
        r = self._session.get('https://www.douban.com')
        h = html.fromstring(r.content)
        print(h.text_content())

    def get_movie_I_watched(self, maxpage):
        moviename_watched = []

        url_start = 'https://movie.douban.com/people/{}/collect'.format(self._usernick)
        lastpage_xpath = '//*[@id="content"]/div[2]/div[1]/div[3]/a[5]/text()'

        r = self._session.get(url_start, headers = self._header_data)
        h = html.fromstring(r.content)

        urls = \
            ['https://movie.douban.com/people/{}/collect?start={}&sort=time&rating=all&filter=all&mode=grid'.format(
                self._usernick, 15 * i) for i in range(0, maxpage)]
        for url in urls:
            r = self._session.get(url)
            h = html.fromstring(r.content)
            movie_titles = h.xpath('//*[@id="content"]/div[2]/div[1]/div[2]/div')
            for one in movie_titles:
                movie_name = one.xpath('./div[2]/ul/li[1]/a/em/text()')[0]
                movie_url = one.xpath('./div[1]/a/@href')[0]
                moviename_watched.append(self.text_cleaner(movie_name))
                self.download_movie_pic(movie_url, movie_name)
                self.random_sleep()

        return moviename_watched

    def download_movie_pic(self, movie_page_url, moviename):
        moviename = self.text_cleaner(moviename)
        movie_pics_page_url = movie_page_url + 'photos?type=R'
        print(movie_pics_page_url)

        xpath_exp = '//*[@id="content"]/div/div[1]/ul/li[1]/div[1]/a/img'

        response = self._session.get(movie_pics_page_url)
        h = html.fromstring(response.content)

        if len(h.xpath(xpath_exp)) > 0:
            pic_url = h.xpath(xpath_exp)[0].get('src')
            print(pic_url)
            self.download_img(pic_url, moviename)
    def text_cleaner(self, text):
        text = str(text).replace('\n', '').strip('').replace('\\n', '').replace('/', '-').replace('.', '')
        return text
```

```python
    def random_sleep(self):
        t = random.randrange(50, 200)
        t = float(t) / 100
        print("We will sleep for {} seconds".format(t))
        time.sleep(t)

    def get_book_I_read(self, maxpage):
        bookname_read = [()]

        urls = \
            ['https://book.douban.com/people/{}/collect?start={}&sort=time&rating=all&filter=all&mode=grid'.format(
                self._usernick, 15 * i)
                for i in range(0, maxpage)]

        for url in urls:
            r = self._session.get(url)
            h = html.fromstring(r.content)
            book_titles = h.xpath('//*[@id="content"]/div[2]/div[1]/ul/li')
            for one in book_titles:
                name = one.xpath('./div[2]/h2/a/text()')[0]
                base_info = one.xpath('./div[2]/div[1]/text()')[0]
                bookname_read.append((self.text_cleaner(name), self.text_cleaner(base_info)))

        return bookname_read

if __name__ == '__main__':
    nickname = input("输入豆瓣用户名,即个人主页地址中/people/后的部分: ")
    maxpagenum = int(input("输入观影记录的最大抓取页数: "))
    db = DoubanSpider(nickname)
    pprint(db.get_movie_I_watched(maxpagenum))
```

7.2.2 程序分析

这个 DoubanSpider 的属性和方法如下。

- __init__()：一个"构造函数",如果类的一个对象被建立就会运行,换句话说,就是初始化。
- initial()：一个自定义的"初始"函数,在__init__()中被调用。
- login()：负责实现登录操作。
- download_img()：把一张 URL 地址的图片以特定的文件名下载到本地。
- show_an_online_img()：下载一张图片并打开。
- save_cookies()：保存 Cookie。
- read_cookies()：读取 Cookie。
- input_login_data()：负责输入登录所需的数据(即邮箱和密码)。
- get_home_page()：访问豆瓣主页并输出 HTML 数据。
- get_movie_I_watched()：访问"我看过"页面并循环爬取。
- download_movie_pic()：根据一个电影主页链接和电影名下载海报,调用 download_img()方法。
- text_cleaner()：自定义的字符串清洗函数。
- random_sleep()：随机休眠,保证爬虫不过多地消耗服务器资源。

- get_book_I_read()：这是一个附加的功能函数，可以获取"我读过"的所有书籍。
- _captcha_url：类属性（Class Attribute），验证码地址。
- _douban_url：类属性，豆瓣登录页面地址。
- _header_data：类属性，保存了包括用户代理数据等的一个 dict 对象。
- _session：类属性，会话对象。
- _usernick：实例属性，用户 ID。
- password：实例属性，登录的密码。
- username：实例属性，登录的用户名（即用户的邮箱地址）。

【例 7-2】 类属性示例。

```
class A():
  att1 = 'class_att1'
  att2 = 1
  def __init__(self):
    self.att1 = 'instance_att1'

a = A()
print(a.att1)
print(a.att2)
```

类属性是指直接属于类的属性（变量），可以通过类名直接访问。实例属性则只存在于对象的实例中，每一个不同的实例都有只属于自己的实例属性。当用户试图通过一个类的实例访问某个属性的时候，Python 解释器会首先在实例（的命名空间）里寻找，如果失败，就会去类属性中寻找，因此例 7-2 的输出为：

```
instance_att1
1
```

另外，以单下画线开头的变量名意味着"保护"属性，即在 from XXX import * 时以单下画线开头的名称都不会被导入。

在 initial() 中，首先检查本地 Cookie 文件是否存在，如果存在就直接读取 Cookie 进行后面的操作，如果不存在就先执行登录操作。login() 方法使用 Session 来访问登录页面：

```
r = self._session.get('https://accounts.douban.com/login', headers = self._header_data)
```

之后使用 input_login_data() 来获取键盘输入，包括邮箱和密码等。同时，如果网页中出现了验证码：

```
if len(response1.xpath('//*[@id="captcha_image"]')) > 0:
```

就调用 show_an_online_img() 方法将验证码图片下载到本地并打开，之后由用户输入验证码内容。继续使用 Session 来发送登录表单：

```
r = self._session.post(self._douban_url, data = login_data, headers = self._header_data)
```

之后再访问豆瓣首页：

```
r_homepage = self._session.get('https://www.douban.com', headers = self._header_data)
```

最后调用 save_cookies() 方法。这个方法使用 json.dump() 将 get_dict() 方法返回的字

典结构保存到 cookiefile 文件中,以备之后使用。read_cookies()方法则执行与之相反的操作——从 cookiefile 文件中读取数据,使用 json.load()来加载该文件中的内容,并使用 update()来设置当前 Session 的 Cookie。

在 download_img()方法中,针对传进来的 URL 参数,使用正则匹配得到的结果更改了 header 的 Host 值,Host 代表服务器的域名(用于虚拟主机),以及服务器所监听的传输控制协议端口号。因为豆瓣海报图片的 URL 指向的是 doubanio.com 这个域名的服务器,而不是 douban.com,因此有必要对原来的 Host 字段值进行更改。如果不进行这个更改,在请求海报图片并下载时程序可能会报错。

show_an_online_img()方法的设计是为了查看图片:

```
img = Image.open(path)
img.show()
os.remove(path)
```

这些代码使用了 Python 的 PIL(图像处理库),PIL 的 Image 对象可以实现对图片的打开和显示等操作。PIL 是 Python 图像处理库,十分流行,不过它有一个更加流行的子版本(分支)——Pillow,这里使用 Pillow 是完全可以的。和 PIL 一样,Pillow 的功能也十分强大,可以完成改变图像大小、旋转图像、转换图像格式、增强图像等各种操作。

在 get_movie_I_watched()中一步步解析网页,定位元素,对每一个电影页面都执行一次 download_movie_pic()方法,之后使用 random_sleep()暂停一个随机的时间,以防下载频率过高。另外,在类方法中还包括 get_book_I_read():

```
for url in urls:
    r = self._session.get(url)
    h = html.fromstring(r.content)
    book_titles = h.xpath('//*[@id="content"]/div[2]/div[1]/ul/li')
    for one in book_titles:
        name = one.xpath('./div[2]/h2/a/text()')[0]
        base_info = one.xpath('./div[2]/div[1]/text()')[0]
        bookname_read.append((self.text_cleaner(name), self.text_cleaner(base_info)))
```

该方法将访问"读过"页面,上面的循环会不断定位所读过书籍的书名(title),这个方法最终会返回一个书籍列表,列表的每个元素都是一个元组,其中包含了书籍名和其他信息(如作者、出版社等)。首先创建一个 DoubanSpider 的对象,再调用该方法。

由图 7-4 可以看到程序成功地输出了用户读过的书的基本信息,如果想保存这些信息,编写写入文件的代码即可。另外,因为这里的 DoubanSpider 对象是使用用户自己输入的用户 ID 来初始化的,如果不仅仅想要爬取自己的信息,还打算获取其他用户的读书观影记录,只需要输入他人主页地址中的 ID,之后再运行程序即可。

```
('禁闭之岛', '西村京太郎、横山秀夫、星新一-文汇出版社-2014-4-2'),
('诸神的微笑', '芥川龙之介-小Q-复旦大学出版社-2011-1-20.00元'),
('Python网络数据采集', '米切尔(RyanMitchell)-陶俊杰、陈小莉-人民邮电出版社-2016-3-1-CNY59.00'),
('旧制度与大革命', '[法]托克维尔-冯棠、桂裕芳、张芝联-商务印书馆-2012-8-48.00元'),
```

图 7-4 输出结果

7.3 运行并查看结果

运行这个脚本,登录后输入对应的数据,就可以看到爬虫将图片一步一步下载到本地,如图 7-5 所示。

```
Downloaded Done!
We will sleep for 0.61 seconds
https://movie.douban.com/subject/3395373/photos?type=R
https://img3.doubanio.com/view/photo/m/public/p1706428744.jpg
Downloading
We will sleep for 0.62 seconds
Downloaded Done!
We will sleep for 0.96 seconds
https://movie.douban.com/subject/1851857/photos?type=R
https://img3.doubanio.com/view/photo/m/public/p462657443.jpg
Downloading
We will sleep for 0.66 seconds
Downloaded Done!
We will sleep for 0.66 seconds
https://movie.douban.com/subject/24698699/photos?type=R
https://img3.doubanio.com/view/photo/m/public/p2180206213.jpg
Downloading
We will sleep for 0.68 seconds
```

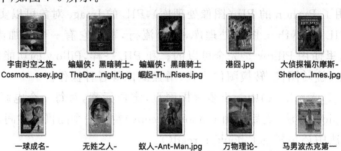

图 7-5　程序运行时的输出

当登录过一次之后，就不需要再次手动登录了，cookiefile 文件中的数据会让网站认为该程序是刚刚登录过的浏览器，因此可以保持登录状态。打开 pics 子文件夹，可以发现各个电影对应的海报图片，如图 7-6 所示。

图 7-6　查看文件夹中的电影海报

当然，这个程序还有很多缺憾，例如，没有考虑到异常处理，因此程序的稳健性并不好，另外，对于登录操作也没有必要的状态提示。对于豆瓣网这种大型商业网站而言，用户的爬虫可能还需要更好的反爬虫策略来武装自己。

总而言之，在这样一个简单程序的基础上能做的改进还有很多。不过，这个例子也足以证明 Python 的简洁性，完成这样一个爬虫并没有多么费时、费力，有赖于 requests 模块的帮助，从而用户能够又快、又好地完成自己的目标。

7.4　本章小结

本章使用 Requests 完成了豆瓣网站的登录和下载图片这两个核心任务。在登录任务中重点介绍了网站保持登录的机制，以及用 Python 实现模拟网站登录的流程；在下载图片任务中引入了 Python 的图片处理工具包 PIL、Pillow 对非文本数据进行处理，关于 PIL 和 Pillow，更深入的内容可访问 pillow. readthedocs. io/en/4. 3. x/以及 docs. python-guide. org/en/latest/scenarios/imaging/。

第 8 章

爬取免费IP代理项目

视频讲解

本章将完成一个爬取免费 IP 代理的项目,以解决在爬虫过程中因为 IP 导致网站被封的问题。封 IP 是网站反爬常用的方法,服务器检测到某个 IP 在单位时间内请求次数过多时,就有可能出现拒绝访问服务的情况,如网站返回的状态码是 403 Forbidden。这时爬虫可以通过换代理的方式伪装 IP 地址,使服务器不能识别真正的请求地址。IP 的来源,如果使用规模不大,可以通过免费的代理网站获取,如果要大规模地使用高质量的 IP,一般是通过购买 IP 代理或者自己购买服务器搭建 IP 代理池。

8.1 代理服务器的分类

代理实际上指的就是代理服务器(Proxy Server),相当于网络信息的中转站。当请求一个网站时,发送请求给 Web 服务器,Web 服务器把响应传回给爬虫程序。如果设置了代理服务器,则表示在本机和服务器之间搭建了一架"桥"。此时本机不是直接向 Web 服务器发起请求,而是向代理服务器发出请求,然后由代理服务器再发送给 Web 服务器,最后代理服务器把 Web 服务器返回的响应转发给本机。采用这种方式,同样可以正常访问网页,但在这个过程中 Web 服务器识别出的真实 IP 就不再是本机的 IP 了,证明成功实现了 IP 伪装,这就是代理的基本原理。

对于爬虫来说,使用代理的目的是隐藏自身 IP,防止自身 IP 被封锁。由于爬虫爬取速度过快和行为特征比较明显,在爬取过程中可能遇到同一个 IP 被过于频繁访问的问题,此时网站有可能会封锁该 IP,或者让输入验证码,给爬取带来极大的不便。

使用代理隐藏真实的 IP,让服务器误以为是代理服务器在请求真实的 IP。这样在爬取过程中,通过不断更换代理,就不会被封锁,可以达到很好的爬取效果。

在对代理服务器进行分类时,既可以根据协议区分,又可以根据匿名程度区分。

1. 根据协议区分

(1) FTP 代理服务器:主要用于访问 FTP 服务器,一般有上传、下载以及缓存功能,端口号一般为 21、2121 等。

(2) HTTP 代理服务器:主要用于访问网页,一般有内容过滤和缓存功能,端口号一般为 80、8080、3128 等。

(3) SSL/TLS 代理服务器:主要用于访问加密网站,一般有 SSL 或 TLS 加密功能(最高支持 128 位加密强度),端口号一般为 443。

（4）RTSP 代理服务器：主要用于访问 Real 流媒体服务器，一般有缓存功能，端口号一般为 554。

（5）Telnet 代理服务器：主要用于 Telnet 远程控制（黑客入侵计算机时常用于隐藏身份），端口号一般为 23。

（6）POP3/SMTP 代理服务器：主要用于 POP3/SMTP 方式收发邮件，一般有缓存功能，端口号一般为 110/25。

（7）SOCKS 代理服务器：只是单纯地传递数据包，不关心具体的协议和用法，所以速度快很多，一般有缓存功能，端口号一般为 1080。SOCKS 代理协议又分为 SOCKS4 和 SOCKS5，前者只支持 TCP，而后者支持 TCP 和 UDP（用户数据报协议），还支持各种身份验证机制、服务器端域名解析等。简单来说，SOCK4 能做到的 SOCKS5 都可以做到，但 SOCKS5 能做到的 SOCK4 不一定能做到。

2. 根据匿名程度区分

（1）高度匿名代理服务器：会将数据包原封不动地转发，在服务器端看来就好像真的是一个普通客户端在访问，而记录的 IP 是代理服务器的 IP。

（2）普通匿名代理服务器：会在数据包上做一些改动，服务器端上有可能发现这是个代理服务器，也有一定概率追查到客户端的真实 IP。代理服务器通常会加入的 HTTP 头有 HTTP_VIA 和 HTTP_X_FORWARDED_FOR。

（3）透明代理服务器：不但改动了数据包，还会告诉服务器客户端的真实 IP。这种代理除了能用缓存技术提高浏览速度，以及能用内容过滤提高安全性之外，并无其他显著作用，最常见的案例是内网中的硬件防火墙。

（4）间谍代理服务器：指组织或个人创建的用于记录用户传输的数据，然后进行研究、监控等目的的代理服务器。

8.2 网站分析

选取可提供免费代理 IP 的网站为目标网站，爬取需要的代理。注意，该网站的爬取仅限于学习使用，如需要大规模地获取代理 IP，请购买 IP 代理服务。某代理网站页面如图 8-1 所示，IP 代理包含的字段有 IP、端口、位置、运营商、收录时间等。

由于很多代理的时效性都很短，且这些公开出来的代理有很多人在用，这种所谓的"万人骑"的代理 IP，很有可能会失效。因此，在使用之前还需要再进行一次验证，上述字段只需要爬取 IP、端口、类型就可以了。通过浏览器的调试模式抓包发现，所需要的内容就在该网页请求返回的 HTML 里面，如图 8-2 所示。因此，可以直接构造 GET 请求，然后从 HTML 里面解析所需的内容，在做这一步的时候，应该注意有些网站在浏览器中返回的数据和给爬虫返回的数据有可能不一样，有时目标网站是为了防爬特意这么设计的。这一点在实际操作中需要注意，遇到这种情况时要多分析爬虫的行为是否触发了网站的反爬规则。当然在这个网站中，通过观察，没有发现这种反爬措施，所以可以直接请求目标网站。

【提示】抓包是常见的网络请求分析方法，除了浏览器自带的 Debug 工具外，常用的还有 Wireshark、Fiddler、Charles 等，这些工具的功能很强大，Fiddler、Charles 这类工具还可以抓 HTTPS 的包，这些都是常用的爬虫分析工具。

接下来再分析一下如何定位正文元素，使用开发者模式来查看元素，页面的 HTML 结构

第 8 章 爬取免费IP代理项目

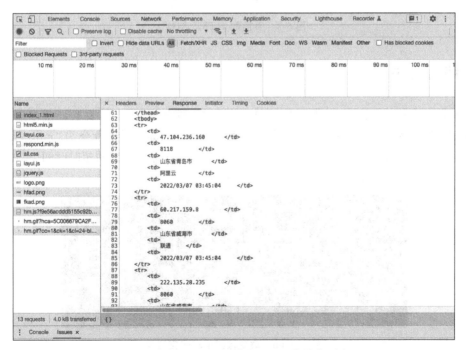

图 8-1 某代理网站页面

图 8-2 浏览器 Debug 模式下的网络请求列表

如图 8-3 所示。发现可以使用 class_name 值来定位到 table，再通过定位 table 里面的内容找到需要的 IP、端口这几个字段。除了用 BeautifulSoup 之外，还可以用 XPath 定位。

图 8-3　页面的 HTML 结构

8.3　编写爬虫

在请求解析页面之后,可以得到目标网站上的 IP 列表,下一步需要验证这些 IP 是否可用,并检验 IP 的响应速度,可以在命令行下用系统的 ping 命令,命令为"ping -n 3 -w 3 < ipaddress >",其中,-n 是要发送的回显请求数,-w 是等待每次回复的超时时间(单位:ms),图 8-4 测试了百度的域名对应的 ip 地址的响应速度。

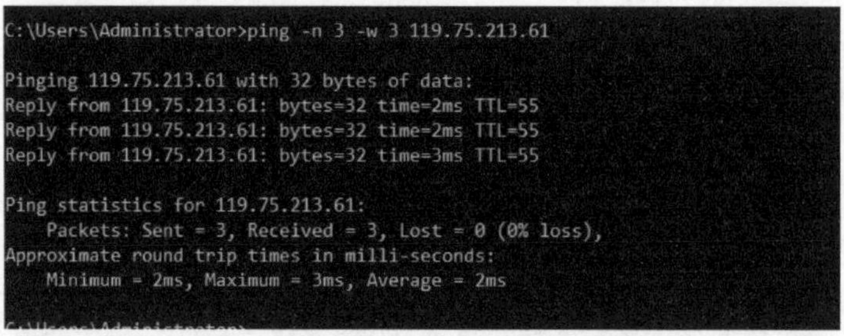

图 8-4　ping 命令检测请求响应速度

通过请求、解析、检查可用性之后,就得到可用的免费代理了。按照这个思路,开始编写代码,最终爬虫代码见例 8-1。

【例 8-1】　获取 IP 代理的爬虫程序。

```python
# IPSpider.py
# -*- coding:UTF-8 -*-
from bs4 import BeautifulSoup
from lxml import etree
import requests
"""
函数说明:获取 IP 代理
Parameters:
    page - 代理页数,默认获取第一页
Returns:
    proxys_list - 代理列表
Modify:
    2022-03-07
Author:
    hanyangang
"""
def get_proxys(page = 1):
    # requests 的 Session 可以自动保持 cookie,不需要自己维护 cookie 内容
    S = requests.Session()
    # 代理 IP 地址
    target_url = 'https://www.89ip.cn/index_%d.html' % page
    # 完善的 headers
    target_headers = {'Upgrade-Insecure-Requests':'1',
            'User-Agent':'Mozilla/5.0 (Macintosh; Intel Mac OS X 10_15_7) AppleWebKit/537.36 (KHTML, like Gecko) Chrome/98.0.4758.109 Safari/537.36',
            'Accept':'text/html,application/xhtml+xml,application/xml;q=0.9,image/avif,image/webp,image/apng,*/*;q=0.8,application/signed-exchange;v=b3;q=0.9',
            'Host':'www.89ip.cn',
            'Referer':'https://www.baidu.com/',
            'Accept-Encoding':'gzip, deflate, br',
            'Accept-Language':'zh-CN,zh;q=0.9'
            }
    # GET 请求
    target_response = S.get(url = target_url, headers = target_headers)
    # UTF-8 编码
    target_response.encoding = 'utf-8'
    # 获取网页信息
    target_html = target_response.text
    # 获取 id 为 ip_list 的 table
    bf1_ip_list = BeautifulSoup(target_html, 'lxml')
    bf2_ip_list = BeautifulSoup(str(bf1_ip_list.find_all(class_ = 'layui-table')), 'lxml')
    ip_list_info = bf2_ip_list.table.contents
    # 存储代理的列表
    proxys_list = []
    table_tbody = ip_list_info[3]
    # 爬取每个代理信息
    print(type(table_tbody.text))
    for index in range(len(table_tbody)):
        if index % 2 == 1:
            print(index)
            dom = etree.HTML(str(table_tbody.contents[index]))
            ip = dom.xpath('//td[1]')
            port = dom.xpath('//td[2]')
            protocol = 'http'
            if (ip[0] is not None) and (port[0] is not None):
                print(ip[0].text)
```

```
                    print(port[0].text)
                    proxys_list.append(protocol + '#' + ip[0].text.strip() + '#' + port[0]
.text.strip())
        print(proxys_list)
        # 返回代理列表
        return proxys_list
"""
函数说明:检查代理 IP 的连通性
Parameters:
    ip - 代理的 ip 地址
    lose_time - 匹配丢包数
    waste_time - 匹配平均时间
Returns:
    average_time - 代理 ip 平均耗时
Modify:
    2020 - 09 - 27
"""
def check_ip(ip, lose_time, waste_time):
    # 命令 -n 为要发送的回显请求数,-w 为等待每次回复的超时时间(单位:ms)
    cmd = "ping -n 3 -w 3 %s"
    # 执行命令
    p = sp.Popen(cmd % ip, stdin=sp.PIPE, stdout=sp.PIPE, stderr=sp.PIPE, shell=True)
    # 获得返回结果并解码
    out = p.stdout.read().decode("gbk")
    # 丢包数
    lose_time = lose_time.findall(out)
    # 当匹配到丢包信息失败时,默认为三次请求全部丢包,丢包数 lose 赋值为 3
    if len(lose_time) == 0:
        lose = 3
    else:
        lose = int(lose_time[0])
    # 如果丢包数目大于两个,则认为连接超时,返回平均耗时 1000ms
    if lose > 2:
        # 返回 False
        return 1000
    # 如果丢包数目小于或等于两个,获取平均耗时的时间
    else:
        # 平均时间
        average = waste_time.findall(out)
        # 当匹配耗时时间信息失败时,默认三次请求严重超时,返回平均耗时 1000ms
        if len(average) == 0:
            return 1000
        else:
            #
            average_time = int(average[0])
            # 返回平均耗时
            return average_time
"""
函数说明:初始化正则表达式
Parameters:
    无
Returns:
    lose_time - 匹配丢包数
    waste_time - 匹配平均时间
Modify:
    2022 - 02 - 27
```

```python
"""
def initpattern():
    #匹配丢包数
    lose_time = re.compile(u"丢失 = (\d+)", re.IGNORECASE)
    #匹配平均时间
    waste_time = re.compile(u"平均 = (\d+)ms", re.IGNORECASE)
    return lose_time, waste_time
if __name__ == '__main__':
    #初始化正则表达式
    lose_time, waste_time = initpattern()
    #获取IP代理
    proxys_list = get_proxys(1)
    #如果平均时间超过200ms则重新选取IP
    while True:
        #从100个IP中随机选取一个IP作为代理进行访问
        proxy = random.choice(proxys_list)
        split_proxy = proxy.split('#')
        #获取IP
        ip = split_proxy[1]
        #检查IP
        average_time = check_ip(ip, lose_time, waste_time)
        if average_time > 200:
            #去掉不能使用的IP
            proxys_list.remove(proxy)
            print("ip连接超时,重新获取中!")
        if average_time < 200:
            break
    #去掉已经使用的IP
    proxys_list.remove(proxy)
    proxy_dict = {split_proxy[0]:split_proxy[1] + ':' + split_proxy[2]}
    print("使用代理:", proxy_dict)
```

Requests 库的 session()方法是爬虫中经常用到的方法,可以自动保持 cookie,不需要自己维护 cookie 内容。有些网站请求时是先通过请求一个 URL 获取 cookie,然后再第二次请求时校验第一次请求时获取的 cookie。如想保持登录功能,可以使用 Requests 库的 session()方法,该方法相当于浏览器在不同 tab 之间打开同一个网站的内容一样,用的是同一个 cookie。

会话对象 requests.session()方法能够跨请求地保持某些参数,如 cookies,即在同一个 session 实例发出的所有请求中都保持同一个 cookie,而 Requests 模块每次会自动处理 cookie,这样就很方便地处理登录时的 cookie 问题。所以如果向同一主机发送多个请求,底层的 TCP 连接将会被重新使用,从而带来显著性能的提升。在 cookie 的处理上,会话对象的一句话可以顶过好几句 urllib 模块下的操作。即相当于 urllib 中的:

```
cj = http.cookiejar.CookieJar()
pro = urllib.request.HTTPCookieProcessor(cj)
opener = urllib.request.build_opener(pro)
urllib.request.install_opener(opener)
```

下面简单介绍会话对象 requets.session()方法的常见用法。

(1) session 对象能够帮助跨请求保持某些参数,也会在同一个 session 实例发出的所有请求之间保持 cookies。例如:

```python
import requests
s = requests.Session()  # 创建一个session对象
s.get('http://httpbin.org/cookies/set/sessioncookie/123456789')
r = s.get("http://httpbin.org/cookies")
print(r.text)
# 结果
# '{"cookies": {"sessioncookie": "123456789"}}'
```

(2) requests.session()方法可用来为请求方法提供默认数据,这是通过为会话对象的属性提供数据来实现的。例如:

```python
import requests
s = requests.Session()
# 设置session对象的auth属性,用来作为请求的默认参数
s.auth = ('user', 'pass')
# 设置session的headers属性,通过update()方法,将其余请求方法中的headers属性合并起来作为
# 最终的请求方法的headers
s.headers.update({'x-test': 'true'})
# both 'x-test' and 'x-test2' are sent
s.get('http://httpbin.org/headers', headers = {'x-test2': 'true'})
# 结果
{
  "headers": {
    "Accept": "*/*",
    "Accept-Encoding": "gzip, deflate",
    "Authorization": "Basic dXNlcjpwYXNz", #
    "Connection": "close",
    "Host": "httpbin.org",
    "User-Agent": "python-requests/2.18.4",
    "X-Test2": "true", #
    "X-Text": "true" #
  }
}
```

以上通过s.headers.update()方法设置了headers的变量。然后又在请求中设置了一个headers,且方法层的参数覆盖会话的参数;函数参数级别的数据会和session级别的数据合并,如果key重复,函数参数级别的数据将覆盖session级别的数据。如果想取消session的某个参数,可以再传递一个字典对象(dict),该字典对象的key相同,value为None。

如果r = s.get('http://httpbin.org/headers', headers={'x-test': None})将设置为None值,则header中'x-test'会自动被忽略。

注意,就算使用了会话,方法级别的参数也不会被跨请求保持。下面的案例只会向第一个请求发送cookie,而非第二个。

```python
import requests
s = requests.Session()
r = s.get('http://httpbin.org/cookies', cookies = {'from-my': 'browser'})
print(r.text)
# '{"cookies": {"from-my": "browser"}}'
r = s.get('http://httpbin.org/cookies')
print(r.text)
# '{"cookies": {}}'
```

如果要手动为会话添加cookie,就使用cookie utility()函数来操纵Session.cookies。

(3) 会话还可以用作前后文管理器,这样就能确保 with 区块退出后会话能被关闭,即使发生了异常也一样能被关闭。例如:

```
with requests.Session() as s:
    s.get('http://httpbin.org/cookies/set/sessioncookie/123456789')
```

【提示】 会话对象(session)是 Requests 库的高级特性,除了这个用法,Requests 库的高级用法还包括请求与响应对象、准备的请求(Prepared Request)、SSL 证书验证、客户端证书、CA 证书、响应体内容工作流、保持活动状态(持久连接)、流式上传、块编码请求、POST 多个分块编码的文件、事件挂钩、自定义身份验证、流式请求、代理、SOCKS、合规性、编码方式、HTTP 动词、定制动词、响应头链接字段、传输适配器、阻塞和非阻塞、Header 排序等。

在解析表格时用到了 XPath 定位。解析 XPath 时用到了 lxml 库,它是一个结合了 libxml 2 库快速强大的特效和 Python 语言易用性的一个第三方库,解析 HTML 具有比 BeautifulSoup 更高的性能,如 lxml 库具有自动修正 HTML 代码的功能。

在例 8-1 的代码中,先通过 bs4 找到 IP 列表对应的表格,这时得到的是表格里面的 HTML。例如:

```
bf2_ip_list = BeautifulSoup(str(bf1_ip_list.find_all(id = 'ip_list')), 'lxml')
ip_list_info = bf2_ip_list.table.contents
```

然后再用 lxml 库去定位表格里面的 XPath,如下代码片段所示,最终找到要解析的 IP 地址等字段,其中 XPath 语句'//td[2]'表示从该 XML 的根目录开始的第二个 td 节点。

```
for index in range(len(ip_list_info)):
    if index % 2 == 1 and index != 1:
        dom = etree.HTML(str(ip_list_info[index]))
        ip = dom.xpath('//td[2]')
```

Python 解析 XPath,需要导入 lxml 库,语句为 from lxml import etree,其中 etree 的全称是 ElementTree,etree 最基本的用法是读 HTML 文本。利用 etree.HTML()方法读取文本后,再用 dom.xpath()方法获取具体的 element。

XPath 是爬虫中经常用到的定位方法,如例 8-1 代码中的 ip = dom.xpath('//td[2]'),XPath 是一门在 XML 文档中查找信息的语言。XPath 可用来在 XML 文档中对元素和属性进行遍历。XPath 是 W3C XSLT(可扩展样式表转换)标准的主要元素,并且 XQuery 和 XPointer 都构建于 XPath 表达之上。

在 XPath 中,有 7 种类型的节点:元素、属性、文本、命名空间、处理指令、注释以及文档(根)节点。XML 文档是被作为节点树来对待的。树的根被称为文档节点或者根节点。根节点在 XPath 中可以用"//"来表示,XPath 使用路径表达式来选取 XML 文档中的节点或节点集。节点是通过沿着路径(path)或者步(steps)来选取的。

XPath 的基本语法如表 8-1 所示,掌握了这些基本规则,大部分情况下都能写出正确的 XPath 表达式。

表 8-1 XPath 的基本语法

表 达 式	描 述
nodename	选取此节点的所有子节点
/	从根节点选取

表达式	描述
//	从匹配选择的当前节点选择文档中的节点,而不考虑它们的位置
.	选取当前节点
..	选取当前节点的父节点
@	选取属性

浏览器的开发模式,可以快速地帮助用户找到某元素的 XPath,如图 8-5 所示,以整个页面的 HTML 为根节点复制出 XPath,结果是"/html/body/meta"utf-8"/div[3]/div[1]/div/div[1]/table/tbody/tr[1]/td[1]//*",表示从根目录开始,找到 table 标签下 tbody 元素的第 1 个 tr 标签的第 1 个 td 标签。

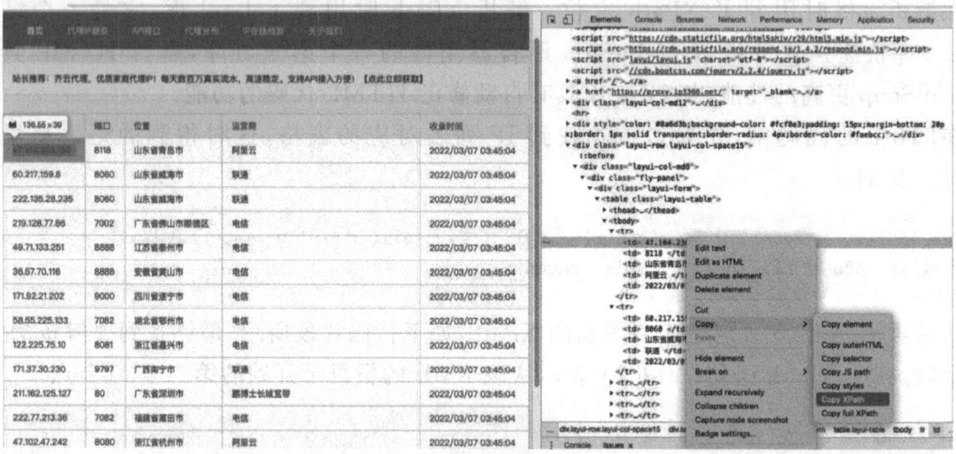

图 8-5 浏览器 Debug 模式定位 XPath 的操作方法

【提示】 图 8-5 所示的 XPath 是从整个网页的根目录开始得到 XPath,仅作为示例提供一个快速获取 XPath 的方法。在例 8-1 中的 XPath,"//td[2]"是以 table 对应的 HTML 内容为根节点的,注意不要混淆。

Python 调用系统命令,在例 8-1 中用到了 subprocess 的 popen()方法来调用系统命令,Python 调用系统的命令时,还可以考虑用 os 模块,即 os.system()方法和 os.popen()方法来进行操作,但是这两个命令过于简单,不能进行一些复杂的操作,如给执行的命令提供输入或者读取命令的输出,推断该命令的执行状态,管理多个命令的并行等。这时 subprocess 中的 popen()方法就能有效地完成必要的操作。

通过例 8-1,在执行完以下 Python 语句之后,得到的结果如图 8-6 所示,对输出结果用正则表达式解析,就能知道请求是否发送成功了。

```
cmd = "ping -n 3 -w 3 %s"
p = sp.Popen(cmd % ip, stdin = sp.PIPE, stdout = sp.PIPE, stderr = sp.PIPE, shell = True)
out = p.stdout.read().decode("gbk")
```

下面对用到的一些参数做简单的说明。

args:要执行的 shell 命令,可以是字符串,也可以是命令各个参数组成的序列。当该参数的值是一个字符串时,该命令的解释过程是与平台相关的,因此通常建议将 args 参数作为一个序列传递。

stdin、stdout、stderr:分别表示程序标准输入、输出、错误句柄。

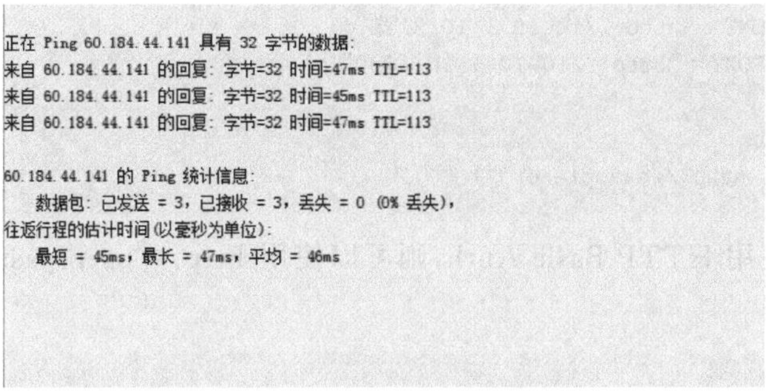

图 8-6 执行 ping 命令的结果

shell：该参数用于标识是否使用 shell 作为要执行的程序，如果 shell 值为 True，则建议将 args 参数作为一个字符串传递而不要作为一个序列传递。

代码中还使用了 re，Python 的正则模块中的 re.match() 和 findall() 方法，根据正则表达式来匹配 lose_time(丢包数) 和 waste_time(平均时间)。

8.4 运行并查看结果

运行脚本，可以看到控制台中程序成功运行时的输出，如图 8-7 所示。

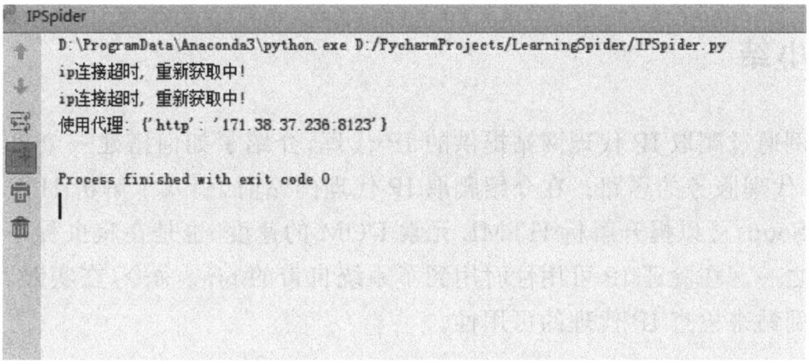

图 8-7 IP 代理爬虫的输出

爬取结束后，可以在爬虫程序中使用该代理地址。下面介绍在 Requests 库中进行请求时使用 IP 代理的方法。

如果需要使用代理，则可以通过为任意请求方法提供 proxies 参数的方式，配置单个请求。例如：

```
import requests
with requests.Session() as s:
    s.get('http://httpbin.org/cookies/set/sessioncookie/123456789')
import requests
proxies = {
  "http": "http://10.10.1.10:3128",
  "https": "http://10.10.1.10:1080",
}
requests.get("http://example.org", proxies = proxies)
```

还可以通过使用环境变量 HTTP_PROXY 和 HTTPS_PROXY 配置代理。例如：

```
$ export HTTP_PROXY = "http://10.10.1.10:3128"
$ export HTTPS_PROXY = "http://10.10.1.10:1080"
$ python
>>> import requests
>>> requests.get("http://example.org")
```

如果代理需要使用 HTTP Basic Auth，则可以使用 http://user:password@host/ 语法。例如：

```
proxies = {
    "http": "http://user:pass@10.10.1.10:3128/",
}
```

要为某个特定的连接方式或者主机设置代理，使用 scheme://hostname 作为 key，它会针对指定的主机和连接方式进行匹配。例如：

```
proxies = {'http://10.20.1.128': 'http://10.10.1.10:5323'}
```

【提示】 代理 URL 必须包含连接方式。

在实际使用中，还可以维护一个 IP 代理池，提供持久化的 IP 代理服务，这种做法也是很多大数据公司通用的做法。

8.5 本章小结

本章的案例通过爬取 IP 代理网站提供的 IP 代理，介绍了如何搭建一个可用来提高爬虫效率的搭建 IP 代理服务的思路。在介绍爬取 IP 代理网站时，引入了解析 HTML 工具 lxml，结合 BeautifulSoup，可以提升解析 HTML 元素 DOM 的速度，也是在爬虫程序中可以尝试的解析网页工具之一。在验证 IP 可用性时用到了系统自带的 ping 命令，在实践环境中，读者可尝试验证目标网站来检查 IP 代理的可用性。

第 9 章

爬取微信群聊成员信息

视频讲解

本章案例将从多角度讨论爬虫的更多可能性。有时,仅仅以一个简单的爬虫程序可能并不能爬取某些"网页"上的信息。爬虫程序本身就是十分灵活的,只要结合合适的应用场景和开发工具,就能获得意想不到的效果。本章将主要介绍新的网页数据定位工具,以及在线爬虫平台和爬虫部署等各个方面的内容。

9.1 用 Selenium 爬取 Web 端微信信息

微信群聊是微信中十分常用的一个功能,但与 QQ 不同的是,微信群聊并没有显示群成员性别比例的选项。如果对所在群聊的成员性别分布感兴趣,就无法得到直观的(类似图 9-1 所示)信息。对于人数很少的群,可以自行统计,但如果群成员太多,那就很难得到性别分布结果。这个问题也可以使用一种灵活的爬虫方法来解决:利用微信的 Web 端版本,可以通过 Selenium 操控浏览器,通过解析其中的群成员信息来进行成员性别的分析。

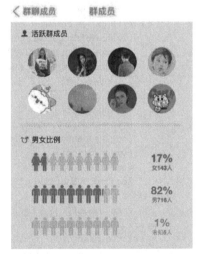

本案例的整体思路是通过 Selenium 访问 Web 端微信,可以在网页中打开群聊并查看其成员头像,通过头像旁的性别分类图标来完成对群成员性别的统计,最终通过统计出的数据来绘制性别比例图。

在 Selenium 访问到 Web 端微信时,首先需要扫码登录,登录成功后还需调出想要统计的群聊子页面,这些操作都需要时间,因此在爬取正式开始之前,需要让程序等待一段时间,最简单的实现方法就是 time.sleep()方法。

图 9-1 QQ 群查看成员性别比例

通过 Chrome 工具分析网页,可以发现群成员头像的 XPath 路径都是类似于"//*[@id="mmpop_chatroom_members"]/div/div/div[1]/div[3]/img"这样的格式。通过 XPath 定位元素后,通过 click()方法模拟一次单击,之后再定位成员的性别图标,便能够获取性别信息,将这些数据保存在 dict 结构的变量中(由于网页版微信的更新,读者在分析网页时得到的 XPath 可能与上述并不一致,但整个爬取的框架与例 9-1 是一致的。对于变更了的网页,进行一些细节上的修改,即可完成新的程序)。最终,再通过已保存的 dict 数据作图,见例 9-1。

【例 9-1】 使用 Selenium 工具分析微信群成员的性别。

```python
# WechatSelenium.py
from selenium import webdriver
import selenium.webdriver, time, re
from selenium.common.exceptions import WebDriverException
import logging
import matplotlib.pyplot as pyplot
from collections import Counter
path_of_chromedriver = 'your path of chromedriver'
driver = webdriver.Chrome(executable_path = path_of_chromedriver)
logging.getLogger().setLevel(logging.DEBUG)
if __name__ == '__main__':
    try:
        driver.get('https://wx.qq.com')
        time.sleep(20) # waiting for scanning QRcode and open the GroupChat page
        logging.debug('Starting traking the webpage')
        group_elem = driver.find_element_by_xpath('//*[@id="chatArea"]/div[1]/div[2]/div/span')
        group_elem.click()
        group_num = int(str(group_elem.text)[1:-1])
        # group_num = 64
        logging.debug('Group num is {}'.format(group_num))

        gender_dict = {'MALE': 0, 'FEMALE': 0, 'NULL': 0}
        for i in range(2, group_num + 2):
            logging.debug('Now the {}th one'.format(i - 1))
            icon = driver.find_element_by_xpath('//*[@id="mmpop_chatroom_members"]/div/div/div[1]/div[%s]/img' % i)
            icon.click()
            gender_raw = driver.find_element_by_xpath('//*[@id="mmpop_profile"]/div/div[2]/div[1]/i').get_attribute('class')
            if 'women' in gender_raw:
                gender_dict['FEMALE'] += 1
            elif 'men' in gender_raw:
                gender_dict['MALE'] += 1
            else:
                gender_dict['NULL'] += 1
            myicon = driver.find_element_by_xpath('/html/body/div[2]/div/div[1]/div[1]/div[1]/img')
            logging.debug('Now click my icon')
            myicon.click()
            time.sleep(0.7)
            logging.debug('Now click group title')
            group_elem.click()
            time.sleep(0.3)
        print(gender_dict)
        print(gender_dict.items())
        counts = Counter(gender_dict)
        pyplot.pie([v for v in counts.values()],
                   labels = [k for k in counts.keys()],
                   pctdistance = 1.1,
                   labeldistance = 1.2,
                   autopct = '%1.0f%%')
        pyplot.show()
    except WebDriverException as e:
        print(e.msg)
```

在上面的代码中需要解释的主要是 Matplotlib 的使用和 Counter 这个对象。pyplot 是 Matplotlib 的一个子模块,该模块提供了和 MATLAB 类似的绘图 API,可以使得用户快捷地绘制 2D 图表。其中一些主要参数的意义如下。

(1) labels：定义饼图的标签（文本列表）。

(2) labeldistance：文本的位置离圆心有多远，如 1.1 就指 1.1 倍半径的位置。

(3) autopct：百分比文本的格式。

(4) shadow：饼是否有阴影。

(5) pctdistance：百分比的文本离圆心的距离。

(6) startangle：起始绘制的角度。默认是从 x 轴正方向逆时针画，一般会设定为 90°，即从 y 轴正方向画起。

(7) radius：饼图半径。

Counter 可以用来跟踪值出现的次数，这是一个无序的容器类型，它以字典的键值对形式存储计数结果，其中元素作为 key，其计数（出现次数）作为 value，计数值可以是任意非负整数。Counter 的常用方法如下：

```python
from collections import Counter
# 以下是几种初始化 Counter 的方法
c = Counter()                          # 创建一个空的 Counter 类
print(c)
c = Counter(
    ['Mike','Mike','Jack','Bob','Linda','Jack','Linda']
) # 从一个可迭代对象(list、tuple、字符串等)创建
print(c)
c = Counter({'a': 5, 'b': 3})          # 从一个字典对象创建
print(c)
c = Counter(A = 5, B = 3, C = 10)      # 从一组键值对创建
print(c)
# 获取一段文字中出现频率前 10 的字符
s = 'I love you, I like you, I need you'.lower()
ct = Counter(s)
print(ct.most_common(3))
# 返回一个迭代器。元素被重复了多少次，在该迭代器中就包含多少个该元素
print(list(ct.elements()))
# 使用 Counter 对文件计数
with open('tobecount', 'r') as f:
    line_count = Counter(f)
print(line_count)
```

上面代码的输出如下：

```
Counter()
Counter({'Mike': 2, 'Jack': 2, 'Linda': 2, 'Bob': 1})
Counter({'a': 5, 'b': 3})
Counter({'C': 10, 'A': 5, 'B': 3})
[(' ', 8), ('i', 4), ('o', 4)]
['i', 'i', 'i', 'i', ' ', ' ', ' ', ' ', ' ', ' ', ' ', ' ', 'l', 'l', 'o', 'o', 'o', 'o', 'v', 'e', 'e', 'e', 'e', 'y', 'y', 'y', 'u', 'u', 'u', ',', ',', 'k', 'n', 'd']
Counter({'dog\n': 3, 'cat\n': 2, 'whale\n': 2, 'lion\n': 1, 'tiger\n': 1, 'dolphin\n': 1, 'cat': 1})
```

【提示】 collections 模块是 Python 的一个内置模块，其中包含了 dict、set、list、tuple 以外的一些特殊的容器类型。

OrderedDict 类：有序字典，是字典的子类。

namedtuple()函数：命名元组，是一个工厂函数。

Counter 类：计数器，是字典的子类。

deque：双向队列。

defaultdict：使用工厂函数创建字典，带有默认值。

下面运行这个 Selenium 爬取程序并扫码登录微信，打开希望统计分析的群聊页面，等待程序运行完毕后，就会看到图 9-2 这样的饼图，显示了当前群聊的性别比例，实现了和 QQ 群类似的效果。

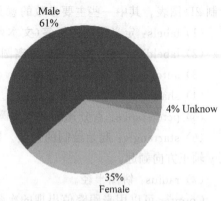

图 9-2　pyplot 绘制的微信群成员性别分布饼图

9.2　基于 Python 的微信 API 工具

虽然上面的程序实现了想要的效果，但总体来看程序还是有些简陋。如果需要对微信中的其他数据进行分析，很可能需要重构大部分代码。另外使用 Selenium 模拟浏览器的速度也很慢，如果结合微信提供的开发者 API，可以达到更好的效果。即如果能够直接访问 API，这时的"爬虫"爬取的就是纯粹的网络通信信息，而不是网页的元素了。

itchat 是一个简洁高效的开源微信个人号接口库，仍然是通过 pip 安装（当然，也可以直接在 PyCharm 中使用 GUI 安装），itchat 库的使用非常方便，可用于给微信文件助手发信息。

```
import itchat
itchat.auto_login()
itchat.send('Hello', toUserName = 'filehelper')
```

auto_login()方法即微信登录，可附带 hotReload 参数和 enableCmdQR 参数。如果设置为 True 即分别开启短期免登录和命令行显示二维码功能。具体来说，如果给 auto_login()方法传入值为真的 hotReload，即使程序关闭，一定时间内重新开启也可以不用重新扫码。该方法会生成一个静态文件 itchat.pkl，用于存储登录的状态。如果给 auto_login()方法传入值为真的 enableCmdQR，那么就可以在登录时使用命令行显示二维码。注意，默认情况下控制台的背景色为黑色，如果背景色为浅色（白色），可以将 enableCmdQR 赋值为负值。

get_friends()方法可以帮助大家轻松地获取通讯录中的所有好友。其中，第一位好友是自己，如果不设置 update 参数会返回本地的信息。例如：

```
friends = itchat.get_friends(update = True)
```

借助 pyplot 模块以及上面介绍的 itchat 使用方法，就能够编写一个简洁实用的微信好友性别分析程序。

【例 9-2】　使用第三方库分析微信数据。

```
# itchatWX.py
import itchat
from collections import Counter
import matplotlib.pyplot as plt
import csv
from pprint import pprint
```

```
def anaSex(friends):
    sexs = list(map(lambda x: x['Sex'], friends[1:]))
    counts = list(map(lambda x: x[1], Counter(sexs).items()))
    labels = ['Unkown', 'Male', 'Female']
    colors = ['Grey', 'Blue', 'Pink']
    plt.figure(figsize = (8, 5), dpi = 80)        # 调整绘图大小
    plt.axes(aspect = 1)
    # 绘制饼图
    plt.pie(counts,
            labels = labels,
            colors = colors,
            labeldistance = 1.1,
            autopct = '%3.1f%%',
            shadow = False,
            startangle = 90,
            pctdistance = 0.6
            )
    plt.legend(loc = 'upper right',)
    plt.title('The gender distribution of {}\'s WeChat Friends'.format(friends[0]['NickName']))
    plt.show()
def anaLoc(friends):
    headers = ['NickName', 'Province', 'City']
    with open('location.csv', 'w', encoding = 'UTF-8', newline = '', ) as csvFile:
        writer = csv.DictWriter(csvFile, headers)
        writer.writeheader()
        for friend in friends[1:]:
            row = {}
            row['NickName'] = friend['RemarkName']
            row['Province'] = friend['Province']
            row['City'] = friend['City']
            writer.writerow(row)
if __name__ == '__main__':

    itchat.auto_login(hotReload = True)
    friends = itchat.get_friends(update = True)
    anaSex(friends)
    anaLoc(friends)
    pprint(friends)
    itchat.logout()
```

其中，anaSex()函数、anaLoc()函数分别为分析好友性别与分析好友地区的函数。anaSex()函数会将性别比例绘制成饼图，而anaLoc()函数则将好友及其所在地区信息保存至CSV文件中。部分代码如下：

```
sexs = list(map(lambda x: x['Sex'], friends[1:]))
counts = list(map(lambda x: x[1], Counter(sexs).items()))
```

在上述第一行代码中，map()函数是Python中的一个特殊函数，原型为map(func, *iterables)，函数执行时对*iterables(可迭代对象)中的item依次执行function(item)，返回一个迭代器，之后使用list()变为列表对象。lambda关键词可以理解为"匿名函数"，即输入x，返回x的'Sex'字段值。friends是一个以dict为元素的列表，由于其首位元素是自己的微信账户，所以使用friends[1:]获得所有好友的列表。因此，list(map(lambda x: x['Sex'], friends[1:]))就将获得一个所有好友性别的列表，微信中好友的性别值包括Unkown、Male和Female三种，其对应的数

值分别为 0、1、2。如果输出该 sexs 列表,得到的结果如下:

```
[1, 2, 1, 1, 1, 1, 0, 1…]
```

第二行代码通过 Collection 模块中的 Counter() 对这三种不同的取值进行统计,counter 对象的 items() 方法返回的是一个元组的集合,该元组的第一维元素表示键,即 0、1、2,该元组的第二维元素表示对应的键的数目,且该元组的集合是排序过的,即其键按照 0、1、2 的顺序排列,最终,通过 map() 方法的匿名函数执行,就可以得到这三种不同性别的数目。

main() 函数中的 itchat.logout() 方法为注销登录状态。在执行该程序后,就能看到绘制出的性别比例图如图 9-3 所示。

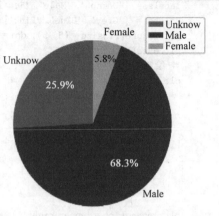

图 9-3 微信好友性别比例图

在本地查看 location.csv 文件,结果类似这样:

```
……
王小明,北京,海淀
李小狼,江苏,无锡
陈小刚,陕西,延安
张辉,北京,
刘强,北京,西城
……
```

至此,性别分析和地区分析都已经圆满完成。仅就微信接口而言,除了 itchat、Python 开发社区还有很多不错的工具。wxPy、wxBot 等在使用上也非常方便。对微信接口感兴趣的读者可从网络查阅相关资料进行更深入的了解。

9.3 爬虫的部署和管理

9.3.1 配置远程主机

使用一些强大的爬虫框架(如 Scrapy 框架),可以开发出效率高、扩展性强的各种爬虫程序。在爬取时,可以使用自己手头的机器来完成整个运行的过程,但问题在于,机器资源是有限的,尤其是在爬取数据量比较大的时候,直接在自己的机器上运行爬虫不仅不方便,也不现实。这时一个不错的方法就是将本地的爬虫部署到远程服务器上来执行。

在部署之前,首先需要拥有一台远程服务器,购买 VPS(Virtual Private Server,虚拟专用服务器)是一个比较方便的选择。VPS 是将一台服务器分区成多个虚拟专享服务器的服务。因而每个 VPS 都可分配独立公网 IP 地址、独立操作系统,为用户和应用程序模拟出"独占"使用计算资源的体验。这么听起来,VPS 似乎很像是现在流行的云服务器(Elastic Compute Service, ECS),但二者也并不相同。云服务器是一种简单高效、处理能力可弹性伸缩的计算服务,特点是能在多个服务器资源(CPU、内存等)中调度,而 VPS 一般只是在一台物理服务器上分配资源。当然,VPS 相比于 ECS 在价格上低廉很多。作为普通开发者,如果只是需要做一些小网站或者简单程序,那么使用 VPS 就已足够满足需求了。接下来就从购买 VPS 服务开始,说明在 VPS 中部署普通爬虫的过程。

VPS提供商众多,这里推荐采用国外(尤其是北美)的提供商,相比较而言,堪称物美价廉。其中有名的包括Linode、Vultr、Bandwagon等厂商。

进入Bandwagon的网站,注册账号并填写相关信息,包括姓名、所在地等。

填写相关信息完毕,拿到了账号之后,选择合适的VPS服务项目并订购。这里需要注意的是订购周期(年度、季度等)和架构(OpenVZ或者KVM)两个关键信息。一般而言,如果选择年度周期,平均计算下来会享受更低的价格。至于OpenVZ和KVM,作为不同的架构各有特点。由于KVM架构提供更好的内核优化,也有不错的稳定性,因此在此选择KVM。付款成功回到管理后台,单击KiviVM Control Panel进入控制面板。

【提示】 OpenVZ是基于Linux内核和作业系统的虚拟化技术,是操作系统级别的。OpenVZ的特征就是允许物理机器(一般就是服务器)运行多个操作系统,这被称为VPS或虚拟环境(Virtual Environment,VE)。KVM则是嵌入在Linux操作系统标准内核中的一个虚拟化模块,是完全虚拟化的。

KVM后台管理面板如图9-4所示,默认显示的是VPS的主控制台(Main controls),主控制台显示VPS的一些基本信息,并可以在主控制台中对VPS进行操作。初次进入KVM后台管理面板,可以在管理后台安装Cent OS系统,操作方法是选择左侧菜单栏的Install new OS选项,在安装系统的详情页选择带bbr加速的Cent OS 6 x86系统,然后单击reload按钮,等待安装完成。这时系统就会提供对应的密码和端口(之后还可以更改),之后开启VPS(单击start按钮)。

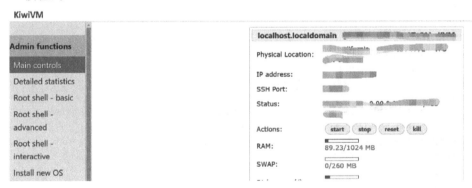

图9-4　KVM后台管理面板

成功开启了VPS后,在本地机器(如自己的计算机上)使用ssh命令即可登录VPS,如下:

```
ssh username@hostip - p sshport
```

其中,username和hostip分别为用户名和服务器IP;sshport为设定的ssh端口。执行ssh命令后,若看到带有Last Login字样的提示就说明登录成功。

当然,如果想要更好的计算资源,还可以使用一些国内的云服务器服务,如华为云、腾讯云、阿里云等。

9.3.2　编写本地爬虫

以"一亩三分地"论坛为例,其中有很多关于留学生的帖子,受到年轻人的普遍喜爱。此例旨在在论坛页面中爬取特定的帖子,将帖子的关键信息存储到本地,同时通过程序将这些信息发送到自己的电子邮箱中。从技术上说,可以通过Requests模块获取到页面的信息,通过简单的字符串处理,最终将这些信息通过smtplib库发送到邮箱中。

使用 Chrome 分析网页,希望爬取到帖子的标题信息,还是使用右键复制其 XPath 路径。另外,Chrome 浏览器其实也还提供了一些对于解析网页有用的扩展。XPath-Helper 就是这样一款扩展程序,使用简单,功能比浏览器自带的 XPath 功能强大。获取了待爬取内容的 XPath,就可以着手编写爬取帖子信息的爬虫了,见例 9-3。

【例 9-3】 爬取"一亩三分地"论坛帖子的爬虫。

```python
# crawl-1p.py
from lxml import html
import requests
from pprint import pprint
import smtplib
from email.mime.text import MIMEText
import time, logging, random
import os

class Mail163():
    _sendbox = 'yourmail@mail.com'
    _receivebox = ['receive@mail.com']
    _mail_password = 'password'
    _mail_host = 'server.smtp.com'
    _mail_user = 'yourusername'
    _port_number = 465  # 465 is default the port number for smtp server

    def SendMail(self, subject, body):
        print("Try to send...")
        msg = MIMEText(body)
        msg['Subject'] = subject
        msg['From'] = self._sendbox
        msg['To'] = ','.join(self._receivebox)
        try:
            smtpObj = smtplib.SMTP_SSL(self._mail_host, self._port_number)  # get the server
            smtpObj.login(self._mail_user, self._mail_password)  # login in
            smtpObj.sendmail(self._sendbox, self._receivebox, msg.as_string())  # send the mail
            print('Sent successfully')
        except:
            print('Sent failed')

# Global Vars
header_data = {
    'Accept': 'text/html,application/xhtml+xml,application/xml;q=0.9,image/webp,*/*;q=0.8',
    'Accept-Encoding': 'gzip, deflate, sdch, br',
    'Accept-Language': 'zh-CN,zh;q=0.8',
    'Upgrade-Insecure-Requests': '1',
    'User-Agent': 'Mozilla/5.0 (Windows NT 6.1; WOW64) AppleWebKit/539.36 (KHTML, like Gecko) Chrome/36.0.1985.125 Safari/539.36',
}
url_list = [
'http://www.1point3acres.com/bbs/forum.php?mod=forumdisplay&fid=82&sortid=164&%1=&sortid=164&page={}'.format(i) for i in range(1, 5)]
url = 'http://www.1point3acres.com/bbs/forum-82-1.html'
mail_sender = Mail163()
shit_words = ['PhD', 'MFE', 'Spring', 'EE', 'Stat', 'ME', 'Other']
DONOTCARE = 'DONOTCARE'
```

```python
DOCARE = 'DOCARE'
PWD = os.path.abspath(os.curdir)
RECORDTXT = os.path.join(PWD, 'Record-Titles.txt')
ses = requests.Session()
def SentenceJudge(sent):
    for word in shit_words:
        if word in sent:
            return DONOTCARE
    return DOCARE
def RandomSleep():
    float_num = random.randint(-100, 100)
    float_num = float(float_num / (100))
    sleep_time = 5 + float_num
    time.sleep(sleep_time)
    print('Sleep for {} s.'.format(sleep_time))
def SendMailWrapper(result):
    mail_subject = 'New AD/REJ @ 一亩三分地: {}'.format(result[0])
    mail_content = 'Title:\t{}\n' \
                   'Link:\n{}\n' \
                   '{} in\n' \
                   '{} of\n' \
                   '{}\n' \
                   'Date:\t{}\n' \
                   '---\nSent by Python Toolbox.' \
        .format(result[0], result[1], result[3], result[4], result[5], result[6])
    mail_sender.SendMail(mail_subject, mail_content)
def RecordWriter(title):
    with open(RECORDTXT, 'a') as f:
        f.write(title + '\n')
    logging.debug("Write Done!")
def RecordCheckInList():
    checkinlist = []
    with open(RECORDTXT, 'r') as f:
        for line in f:
            checkinlist.append(line.replace('\n', ''))
    return checkinlist
def Parser():
    final_list = []
    for raw_url in url_list:
        RandomSleep()
        pprint(raw_url)
        r = ses.get(raw_url, headers=header_data)
        text = r.text
        ht = html.fromstring(text)
        for result in ht.xpath('//*[@id]/tr/th'):
            # pprint(result)
            # pprint('
------'
)
            content_title = result.xpath('./a[2]/text()')                    # 0
            content_link = result.xpath('./a[2]/@href')                      # 1
            content_semester = result.xpath('./span[1]/u/font[1]/text()')    # 2
            content_degree = result.xpath('./span[1]/u/font[2]/text()')      # 3
            content_major = result.xpath('./span/u/font[4]/b/text()')        # 4
            content_dept = result.xpath('./span/u/font[5]/text()')           # 5
            content_releasedate = result.xpath('./span/font[1]/text()')      # 6
```

```python
            if len(content_title) + len(content_link) >= 2 and content_title[0] != '预览':
              final = []
              final.append(content_title[0])
              final.append(content_link[0])
              if len(content_semester) > 0:
                final.append(content_semester[0][1:])
              else:
                final.append('No Semester Info')
              if len(content_degree) > 0:
                final.append(content_degree[0])
              else:
                final.append('No Degree Info')
              if len(content_major) > 0:
                final.append(content_major[0])
              else:
                final.append('No Major Info')
              if len(content_dept) > 0:
                final.append(content_dept[0])
              else:
                final.append('No Dept Info')
              if len(content_releasedate) > 0:
                final.append(content_releasedate[0])
              else:
                final.append('No Date Info')
              # print('Now :\t{}'.format(final[0]))
              if SentenceJudge(final[0]) != DONOTCARE and \
                          SentenceJudge(final[3]) != DONOTCARE and \
                          SentenceJudge(final[4]) != DONOTCARE and \
                          SentenceJudge(final[2]) != DONOTCARE:
                final_list.append(final)
          else:
            pass
    return final_list

if __name__ == '__main__':
  print("Record Text Path:\t{}".format(RECORDTXT))
  final_list = Parser()
  pprint('final_list:\tThis time we have these results:')
  pprint(final_list)
  print('*' * 10 + '-' * 10 + '*' * 10)
  sent_list = RecordCheckInList()
  pprint("sent_list:\tWe already sent these:")
  pprint(sent_list)
  print('*' * 10 + '-' * 10 + '*' * 10)
  for one in final_list:
    if one[0] not in sent_list:
      pprint(one)
      SendMailWrapper(one)
      RecordWriter(one[0])
      RandomSleep()
  RecordWriter('-' * 15)
  del mail_sender
  del final_list
  del sent_list
```

在上面的代码中，Mail163 类是一个邮件发送类，其对象可以被理解为一个抽象的发信操作。负责发信的是 SendMail() 方法，shit_words 是一个包含了屏蔽词的列表，SentenceJudge() 方法通过该列表判断信息是否应该保留。SendMailWrapper()方法包装了 SendMail()方法,最终可以在邮件中发出格式化的文本。RecordWriter()方法负责将爬取的信息保存到本地中,RecordCheckInList()方法则用于读取本地已保存的信息。如果本地已保存(即旧帖子),便不再将帖子添加到发送列表 sent_list(见 main()函数中的语句)。

Parser 是负责解析网页和爬虫逻辑的主要部分,其中连续的 if…else 判断部分则是为了判断帖子是否包含大家关心的信息。编写爬虫完毕后,可以先使用自己的邮箱账号在本地测试一下,发送邮箱和接收邮箱都设置为自己的邮箱。

9.3.3 部署爬虫

编辑并调试好爬虫程序后,使用 scp -P 可以将本地的脚本文件传输(一种远程复制)到服务器上,scp 是 secure copy 的简写,这个命令用于在 Linux 下进行远程复制文件,和它类似的命令有 cp,不过 cp 是在本机进行复制的。

将文件从本地机器复制到远程机器的命令如下:

```
scp local_file remote_username@remote_ip: remote_file
```

将 remote_username 和 remote_ip 等参数替换为自己想要的内容(如将 remote_username 换为 root,因为 VPS 的用户名一般就是 root),执行命令并输入密码即可。如果需要通过端口号传输,命令如下:

```
scp -P port local_file remote_username@remote_ip: remote_file
```

当 scp 执行完毕,远程机器上便有了一份本地爬虫程序的复制。这时可以选择直接手动执行这个爬虫程序,只要远程服务器的运行环境能够满足要求,就能够成功运行这个爬虫。也就是说,一般情况下只要安装好爬虫所需的 Python 环境与各个扩展库等即可,有时还需要配置数据库。本案例中的爬虫程序较为简单,数据通过文件存取,故暂不需要配置数据库。此外,可以使用一些简单的命令将爬虫变得更"自动化",其中 Linux 系统下的 crontab 定时命令就是一个很方便的工具。

【提示】 crontab 是一个控制计划任务的命令,而 crond 是 Linux 下用来周期性地执行某种任务或等待处理某些事件的一个守护进程。如果发现机器上没有 crontab 服务,可以通过 yum install crontabs 来进行安装。crontab 的基本命令行格式是 crontab [-u user] [-e | -l | -r]。其中,-u user 表示用来设定某个用户的 crontab 服务;-e 表示编辑某个用户的 crontab 文件内容,如果不指定用户,则表示编辑当前用户的 crontab 文件;-l 表示显示某个用户的 crontab 文件内容,如果不指定用户,则表示显示当前用户的 crontab 文件内容;-r 参数表示从/var/spool/cron 目录中删除某个用户的 crontab 文件,如果不指定用户,则默认删除当前用户的 crontab 文件,等于是一个归零操作。

在用户所建立的 crontab 文件中,每一行都代表一项任务,每行的每个字段代表一项设置,它的格式共分为 6 个字段,前 5 段是时间设定段,第 6 段是要执行的命令段。

执行 crontab 命令的时间格式类似图 9-5 这样。

在远程服务器上执行 crontab -e 命令,添加如下一行:

```
0 * * * * python crawl-1p.py
```

之后保存并退出(对于 Vi 编辑器而言,即按 Esc 键后输入 wq),使用 crontab -l 命令可查

```
# .---------------- minute (0 ~ 59)
# |  .------------- hour (0 ~ 23)
# |  |  .---------- day of month (1 ~ 31)
# |  |  |  .------- month (1 ~ 12) OR jan,feb,mar,apr ...
# |  |  |  |  .---- day of week (0 ~ 6) (Sunday=0 or 7)  OR
#sun,mon,tue,wed,thu,fri,sat
# |  |  |  |  |
# *  *  *  *  *  command to be executed
```

图 9-5 crontab 的时间格式

看到这条定时任务。之后要做的就是等待程序每隔一小时运行一次，并将爬取到的格式化信息发送到你的邮箱了。不过这里要说明的是，在这个程序中将邮箱用户名、密码等信息直接写入程序是不可取的行为。正确的方式是在执行程序时通过参数传递，这里为了重点展示远程爬虫，省去了对数据安全性的考虑。

9.3.4 查看运行结果

根据在 crontab 中设置的时间间隔，等待程序自动运行后，进入自己的邮箱，就可以看到远程自动发送来的邮件如图 9-6 所示，其内容，即爬取到的论坛数据如图 9-7 所示。这个程序还没有考虑性能上的问题，另外，在爬取的帖子数据较多时应该考虑使用数据库进行存储。

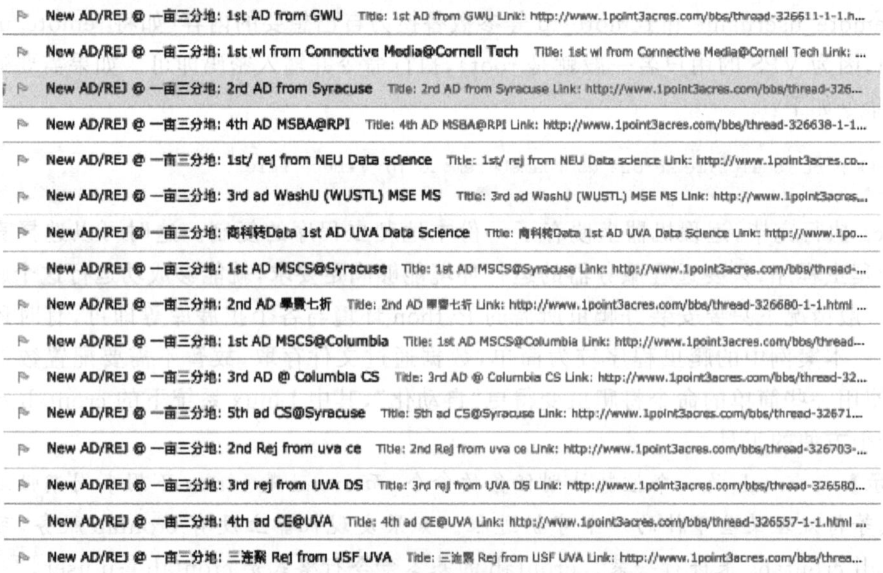

图 9-6 邮件列表

```
Title: 2rd AD from Syracuse
Link:

MS in
CS of
Syracuse University
Date:
---
Sent by Python Toolbox.
```

图 9-7 爬取到的论坛数据示例

这样的结果说明，本次对爬虫程序的远程部署已经成功，本例中的爬虫较为简单，如果涉及更复杂的内容，可能还需要用到一些专为此设计的工具。

9.3.5 使用爬虫管理框架

Scrapy 作为一个非常强大的爬虫框架,受众广泛。正因如此,在被大家作为基础爬虫框架进行开发的同时,它也衍生出了一些其他的实用工具,Scrapyd 就是这样一个库,它能够用来方便地部署和管理 Scrapy 爬虫。

如果在远程服务器上安装 Scrapyd,启动服务,就可以将自己的 Scrapy 项目直接部署到远程主机上。另外,Scrapyd 还提供了一些便于操作的方法和 API,借此可以控制 Scrapy 项目的运行。Scrapyd 的安装依然是通过 pip 命令:

```
pip install scrapyd
```

安装完成后,在 shell 中通过 scrapyd 命令直接启动服务,在浏览器中根据 shell 中的提示输入地址,即可看到 Scrapyd 已在运行中。scrapyd 的常用命令(在本地机器的命令)包括:列出所有爬虫、启动远程爬虫、查看爬虫。另外,在启动爬虫后,会返回一个 jobid,如果想要停止刚才启动了的爬虫,就需要通过这个 jobid 执行新命令:

```
curl http://localhost:6800/cancel.json -d project=myproject -d job=jobid
```

但这些都不涉及爬虫部署的操作,在控制远程的爬虫运行之前,需要将爬虫代码上传到远程服务器上,这就涉及了打包和上传等操作。为了解决这个问题,可以使用另一个包 Scrapyd-Client 来完成。安装指令如下,依然是通过 pip 安装:

```
pip3 install scrapyd-client
```

pip3 指明了是为 Python 3 安装,当计算机中同时存在 Python 2 与 Python 3 环境时,使用 pip2 和 pip3 便能够区分这一点。

熟悉 Scrapy 爬虫的读者可能会知道,每次创建 Scrapy 新项目之后,会生成一个配置文件 scrapy.cfg,见图 9-8。

```
# Automatically created by: scrapy startproject
#
# For more information about the [deploy] section see:
# https://scrapyd.readthedocs.org/en/latest/deploy.html

[settings]
default = newcrawler.settings

[deploy]
#url = http://localhost:6800/
project = newcrawler
```

图 9-8 Scrapy 爬虫中的 scrapy.cfg 文件内容

打开此配置文件进行一些配置:

```
#Scrapyd 的配置名
[deploy:scrapy_cfg1]
#启动 scrapyd 服务的远程主机 ip,localhost 默认为本机
url = http://localhost:6800/
#url = http:xxx.xxx.xx.xxx:6800                  # 服务器的 IP
username = yourusername
password = password
#项目名称
project = ProjectName
```

完成之后，就能够省略 scp 等烦琐的操作，通过 scrapyd-deploy 命令可实现一键部署。如果还想实时监控服务器上 Scrapy 爬虫的运行状态，可以通过请求 Scrapyd 的 API 来实现。Scrapyd-API 库就能完美地满足这个要求，安装该工具后，就可以通过简单的 Python 语句来查看远程爬虫的状态（如下面的代码），得到的输出结果就是以 JSON 形式呈现的爬虫运行情况。

```
from scrapyd_api import ScrapydAPI
scrapyd = ScrapydAPI('http://host:6800')
scrapyd.list_jobs('project_name')
```

当然，在爬虫的部署和管理方面，还有一些更为综合性、在功能上更为强大的工具，例如 Gerapy 是一个基于 Scrapy、Scrapyd、Scrapyd-Client、Scrapy-Redis、Scrapyd-API、Scrapy-Splash、Django、Jinjia2 等众多强大工具的库，能够帮助用户通过网页 UI 查看并管理爬虫。

安装 Gerapy 仍然是通过 pip：

```
pip3 install gerapy
```

安装完成之后，就可以马上使用 gerapy 命令。初始化命令如下：

```
gerapy init
```

该命令执行完毕之后，就会在本地生成一个 gerapy 的文件夹，进入该文件夹（cd 命令），可以看到有一个 projects 文件夹（ls 命令）。之后执行数据库初始化命令：

```
gerapy migrate
```

它会在 gerapy 目录下生成一个 SQLite 数据库，同时建立数据库表。之后执行如下启动服务的命令，如图 9-9 所示。

```
gerapy runserver
```

```
Django version 2.0.2, using settings 'gerapy.server.server.settings'
Starting development server at http://127.0.0.1:8000/
Quit the server with CONTROL-C.
```

图 9-9 runserver 命令的结果

最后，在浏览器中打开 http://localhost:8000/，就可以看到 Gerapy 的主界面，如图 9-10 所示。

图 9-10 Gerapy 显示的主机和项目状态

Gerapy 的主要功能就是项目管理，可以通过它配置、编辑和部署 Scrapy 爬虫。如果想要对一个 Scrapy 项目进行管理和部署，将项目移动到刚才 gerapy 运行目录的 projects 文件夹下即可。

接下来，通过单击部署按钮进行打包和部署。单击打包按钮，即可发现 Gerapy 会提示打包成功,之后便可以开始部署。当然,对于部署了的项目,Gerapy 也能够监控状态。Gerapy 甚至提供了基于 GUI 的代码编辑页面。

众所周知,Scrapy 中的 CrawlSpider 是一个很常用的模板,已经看到,CrawlSpider 通过一些简单的规则来完成爬虫的核心配置(如爬取逻辑等)。因此,基于这个模板,如果要新创建一个爬虫,只需要写好对应的规则即可。Gerapy 利用了 Scrapy 的这一特性,用户如果写好规则,Gerapy 就能够自动生成 Scrapy 项目代码。

单击项目页面右上角的 create 按钮,就能够增加一个可配置爬虫。然后在此处添加提取实体、爬取规则和抽取规则,详见图 9-11。配置完所有相关规则内容后,生成代码,最后只需要继续在 Gerapy 的 Web 页面操作,对项目进行部署和运行,即通过 Gerapy 完成从创建到运行完毕的所有工作。

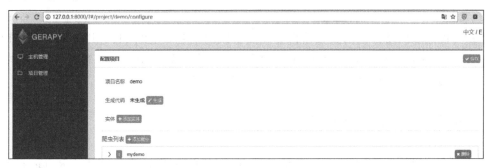

图 9-11　Gerapy 通过 UI 编辑爬虫(实体和规则等)

9.4　本章小结

本章通过若干案例介绍了在实际工作和学习中,针对同一任务,如何通过不同的方法实现,以及不同方法在部署时如何解决选型的问题。技术方案如何选型,需要在系统地掌握某个专业领域的知识后,依据实际情况综合做出的决策。例如,本章中对微信好友的分析,就尝试了用 Selenium 和微信 API 分别实现读取好友信息,并用可视化工具绘制了爬取结果。

在介绍完如何通过不同方法实现相似的任务后,又介绍了类似 JQuery 的 HTML 解析工具 PyQuery,同时,也对如何将爬虫程序部署到实践环境做了介绍,介绍了云服务器、Scrapy 爬虫框架、contrab 实现定时、Scrapyd 实现界面管理、Gerapy 实现项目管理等一些在实践环境常用的工具和方法。

第10章 爬取网易跟帖

视频讲解

本章案例选取网易评论网页跟帖作为爬虫实践的内容，爬虫工具选用 Selenium，HTML 解析工具用 PyQuery，持久化存储用 MongoDB。这几个工具都是爬虫的利器，有兴趣的读者可以在本章的基础上实现自己的个人爬虫，为之增添更多的功能。

10.1 网页自动化工具的简介

通用爬虫流程如图 10-1 所示。在请求网页环节，前面章节已经学习了 Requests 模块。本章重点介绍另外一种常用的方法——通过 Selenium 模拟浏览器的方式请求网页。Selenium 也是网页、Web Runtime 的重要自动化测试工具。笔者曾参与 Intel 开源浏览器项目 Crosswalk，是其子项目 Crosswalk WebDriver 的主要代码贡献者之一，对 WebDirver 的原理有较为深入的研究，下面将对 WebDriver 的运行原理做更深层次的讲解。

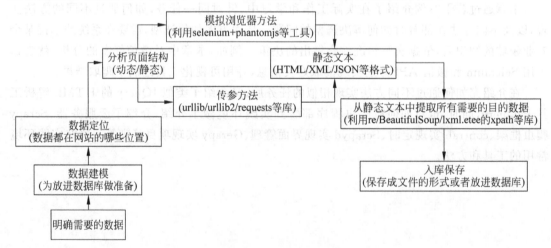

图 10-1 通用爬虫流程

在 Web UI 自动化测试的技术方向上，Selenium 是测试工程师编写自动化脚本时用到的主要库，而 Selenium 对接的是各个浏览器的 WebDriver，WebDriver 的通信协议及接口标准描述，是由 W3C（万维网联盟）定义的。

Selenium 可以在 Web UI 自动化测试领域广泛应用，也可以应用于爬虫技术领域。常用的 Selenium 对接的是主流的 Chrome 或者 FireFox 等主流浏览器。但是在爬虫工程中，如果爬虫规模大，普通浏览器的 UI 渲染会浪费大量的计算机资源，为了解决此问题，无界面浏览器应运而生，如 PhantomJS、Ghost Driver、Splash。

1. 浏览器驱动 WebDriver

W3C 创建于 1994 年，是 Web 技术领域最具权威和影响力的国际中立性技术标准机构。现在几乎所有的 HTML 相关的标准都来自 W3C。

WebDriver 是由 W3C 协会制定的用以描述浏览器行为的一组标准接口，Selenium 实现其中部分的接口，大部分的浏览器都是以该标准作为衡量优劣和完善与否的标准。

【提示】 Selenium 的初衷是做基于浏览器的自动化测试，所以其大部分的功能都是基于浏览器的访问和接口操作，操作的都是有界面的浏览器；PhantomJS 只是其中无界面的浏览器的一个实现而已。对于不同的 WebDriver 接口的使用遵循 W3C 标准的定义。

2. 无界面浏览器

在自动化测试以及爬虫领域，无界面浏览器的应用场景非常广泛。通常大家使用的打开网页的工具就是浏览器，通过在界面上输入网址就可以访问相应的站点内容，这就是通常所说的基于界面的浏览器。除了这种浏览器之外，还有一种无界面浏览器，主要用于爬虫和捕捉 Web 上的各类数据，常用的无界面浏览器有 PhantomJS、Splash。注意，这里的无界面指完全由后台操作，让网站误以为访问的就是一个真实的浏览器。

1）PhantomJS

PhantomJS 是用 JavaScript 实现的一个无界面浏览器，兼容大多数的浏览器标准，本质上是一个 JavaScript 的执行引擎和解析器。通常都是以它为底层服务，然后开发第三方其他语言的适配模块，从而打通访问 PhantomJS 的通道，如 Selenium、Ghost Driver。PhantomJS 支持多个平台的使用和部署。Ghost Driver 是 PhantomJS 一个简要的 WebDriver 的实现，基于 JavaScript 来实现，用于方便 PhantomJS 作为后端来通信。

2）Splash

Splash 也是一个使用比较多的无界面浏览器，属于 JavaScript 渲染服务。它是一个实现了 HTTP API 的轻量级浏览器，Splash 是用 Python 实现的，同时使用 Twisted 和 QT。Twisted(QT)用来让服务具有异步处理能力，以发挥 WebKit 的并发能力。为了更加有效地制作网页爬虫，由于目前很多的网页通过 JavaScript 模式进行交互，简单的爬取网页模式无法胜任 JavaScript 页面的生成和 Ajax 网页的爬取，同时通过分析连接请求的方式来落实局部连接数据请求，相对比较复杂，尤其是对带有特定时间戳算法的页面，分析难度较大，效率不高。而通过调用浏览器模拟页面动作模式，需要使用浏览器，无法实现异步和大规模爬取需求。鉴于上述理由，Splash 也就有了用武之地。一个页面渲染服务器，返回渲染后的页面，便于爬取，便于规模应用。

【例 10-1】 基于 Selenium 和 PhantomJS 实现自动化访问页面。

```
from selenium.common.exceptions import TimeoutException
from selenium.webdriver.support.ui import WebDriverWait
from selenium.webdriver.support import expected_conditions as EC
from selenium.webdriver.phantomjs.webdriver import WebDriver
# 创建一个新的 WebDriver 实例
driver = WebDriver(executable_path = '/opt/phantomjs - 2.1.1 - linux - x86_64/bin/phantomjs',
port = 5001)
# 请求待爬页面
```

```
driver.get("http://www.baidu.com")
print(driver.title)
# 找到 id 是 kw 的元素,就是搜索框
inputElement = driver.find_element_by_id("kw")
# 输入要搜索的关键词
inputElement.send_keys("cheese!")
# 提交搜索
inputElement.submit()
try:
    # 需要等待页面刷新完成
    WebDriverWait(driver, 10).until(EC.title_contains("cheese!"))
    print(driver.title)
    print(driver.get_cookies())
finally:
    driver.quit()
```

这里基于 PhantomJS 实现,WebDriver 中的 executable_path 是放置 PhantomJS 的路径。这里在页面打开之后,输出了 title,动态输入了 cheese 关键词,然后按 Enter 键,最后打出了 cookies 信息。

3. Selenium

Selenium 支持的浏览器为有界面浏览器、无界面浏览器、移动端浏览器。

(1) 支持界面浏览器驱动,如 FireFox Driver、Safari Driver、IE Driver、Chrome Driver、Opera Driver、Xwalk Driver(Crosswalk WebDriver)。

(2) 支持无界面浏览器驱动,如 PhantomJS、HTMLUnit。

(3) 支持移动端浏览器驱动,如 Windows Phone Driver、Selendroid、IOS Driver、Appium[支持 iPhone、iPad、Android 和 FirefoxOS]。

Selenium 为 Web 的自动化测试框架,实现了 WebDriver 的接口,提供了不同平台操作各类浏览器的接口,如目前主流的 IE、Firefox、Chrome、Opera、Crosswalk、Android 等各个平台的访问。其起步阶段的目标是满足自动化的需求,但由于其特性,也可以用于页面的浏览访问,如基于无界面浏览器的数据爬取和捕获。

Selenium 提供了多种语言的接口,常见的有 Java、Python、JavaScript、Ruby 等,能够支持多个平台或浏览器,如图 10-2 所示。

Selenium 把浏览器原生的 API 封装成一套更加面向对象的 Selenium WebDriver API,直接操作浏览器页面里的元素,甚至操作浏览器本身(截屏、窗口大小、启动、关闭、安装插件、配置证书等)。由于使用的是浏览器原生的 API,速度大大提高,稳定性更好。然而带来的一些副作用就是,不同浏览器厂商对 Web 元素的操作和呈现会有一些差异,这就直接导致了 Selenium WebDriver 要根据浏览器厂商的不同,而提供不同的实现。例如,Firefox 就有专门的 FirefoxDriver,Chrome 就有专门的 ChromeDriver 等。

4. WebDriver 的内部实现原理

下面介绍一下 WebDriver 的内部实现原理,方便读者理解 Selenium、WebDriver,以及浏览器本身之间的关系,高级玩家如果有定制 WebDriver 的需求,也可以作为参考。

每个浏览器需要有自己的浏览器驱动(WebDriver),以实现统一的规范,如 W3C(WebDriver Protocol)。W3C 规定了通用接口文档,规定好了每个接口的名称、参数、返回值,

图 10-2　Selenium 对多种语言的支持

然后各家浏览器厂商需要根据标准去实现接口。Selenium 又将各家浏览器厂商实现的接口与各种语言进行适配，如 Java、Python、Ruby 等。不同浏览器厂商实现的方式如图 10-3 所示。

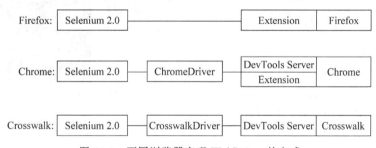

图 10-3　不同浏览器实现 WebDriver 的方式

　　Firefox 是通过浏览器内置插件的方式实现的。Chrome 的大部分接口都是通过 DevTools Server 作为连接 WebDriver 和 Chrome 的桥梁，少部分接口和 Firefox 类似，通过插件实现；Crosswalk 作为轻量级的类 Chrome 浏览器，所有接口都是通过 DevTools Server 实现的。

　　下面以 Xwalk 浏览器（类似 Chrome）为例，介绍 WebDriver 的内部实现原理，xwalkdriver 的项目源代码（详见前言中的二维码）。具体实现图 10-4 所示，便于读者理解 Selenium、WebDriver、浏览本身之间的关系，从图中可以看到 Selenium 实际上是充当一个 WebDriver Client 的角色，每执行一条命令如 driver.get()，实际上是向 WebDriver 发出了 http 请求，WebDirver 收到请求之后，将命令按 DevTools 协议的规定，发送给浏览器的 DevTools Server，浏览器内部收到命令后，通过 DevTools Agent 和前端页面交互。简言之，当 Selenium 和浏览器的 WebDriver 交互时，原理是 WebDriver 作为 Server，Selenium 作为 Client。

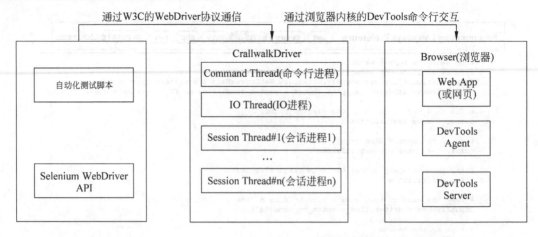

图 10-4　Crosswalk 浏览器实现 WebDriver 的方法

5. Selenium、WebDriver、浏览器之间的关系总结

（1）Selenium 的输入，需要遵循 W3C 定义的 API 格式，关于 API 定义的内容请参考本书的配套资源（详见前言中的二维码）。

（2）Selenium 的输出和 CrosswalkDriver 的输入，遵循了 Google 的协议 JsonWireProtocol，协议内容参考本书的配套资源（详见前言中的二维码）。

（3）CrosswalkDriver 的输出和 DevTools（浏览器实际接收数据的模块）的输入遵循 chrome devtools 的协议，该协议以 JSON 传输数据。

如下内容为 WebDriver 接口的具体实现，有兴趣的读者可以阅读源代码（详见前言中的二维码）。图 10-5 列出了代码结构，图 10-6 是核心代码的逻辑结构。

图 10-5　Crosswalk WebDriver 的代码结构

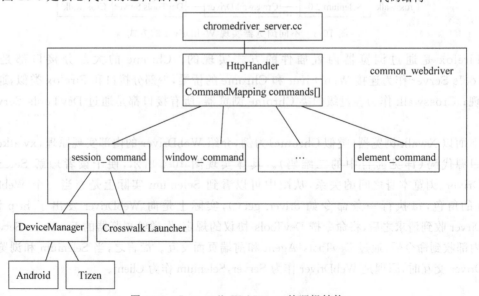

图 10-6　Crosswalk WebDriver 的逻辑结构

从 WebDriver 到浏览器的 DevTools，执行的是 DevTools Command，所有的 WebDriver 协议的 API 实现，总结起来有 4 种类型：Session commands、Element commands、Window commands、Alert commands。

至此，以 Crosswalk 浏览器的 WebDriver 为例，全方位地介绍了 W3C WebDriver 协议、Selenium、WebDriver、DevTools 协议，爬虫和自动化测试资深玩家如果想扩展现有的 Selenium WebDriver，可以通过修改源代码实现。

10.2 分析网页

下面要爬取的目标网站是网易新闻的跟帖，首先找到网易新闻详情 URL（详见前言中的二维码）。单击评论数，跳转到跟帖详情，右击浏览器调试模式，可以看到页面内容以及调试模式下元素的对应关系、跟帖详情页的 URL（详见前言中的二维码）。

接下来再分析一下如何定位正文元素，使用开发者模式查看元素发现可以使用 .tie-new 这个 class 的值定位到评论模块。

编写代码之前，需要配置环境、安装该爬虫中用到的依赖工具，该爬虫请求用到的 Selenium WebDriver，选用 ChromeDriver，解析用到了 PyQuery，持久化存储用到了 MongoDB。

下面使用 Selenium 配合 Chrome 浏览器来进行本次爬取，除了用 pip 安装 Selenium 之外，首先需要安装 ChromeDriver。可下载到本地（详见前言中的二维码）。

进入下载页面后如图 10-7 所示。根据自己系统的版本进行下载即可。

Index of /2.25/

Name	Last modified	Size	ETag
Parent Directory	–		
chromedriver_linux32.zip	2016-10-22 07:32:45	3.04MB	175ac6d5a9d7579b612809434020fd3c
chromedriver_linux64.zip	2016-10-22 02:16:44	3.00MB	16673c4a4262d0f4c01836b5b3b2b110
chromedriver_mac64.zip	2016-10-22 06:23:51	4.35MB	384031f9bb782edce149c0bea89921b6
chromedriver_win32.zip	2016-10-22 05:25:54	3.36MB	2727729883ac960c2edd63558f08f601
notes.txt	2016-10-25 22:38:18	0.01MB	3ff9054860925ff9e891d3644cf40051

图 10-7 ChromeDriver 的下载页

然后，使用 selenium.webdriver.Chrome(path_of_chromedriver) 语句可创建 Chrome 浏览器对象，其中 path_of_chromedriver 就是下载的 Chromedriver 的路径。需要提前设置环境变量，Windows 下的设置如图 10-8 所示。

除了安装 Selenium，还需要安装解析 HTML 的工具 PyQuery，可以在开发工具 PyCharm 中直接安装，或者在命令行中运行 pip install pyquery 命令安装。

最后，安装持久化存储用到的数据库 MongoDB，启动 MongoDB，从而保证后续程序正常运行。

在命令行中执行如下命令，此时 MongoDB 服务启动完成。

```
mongod.exe -- config "D:\Program Files (x86)\MongoDB\mongodb-win32-x86_64-2008plus-ssl-4.0.3\mongodb.cfg"
```

图 10-8 Windows 下设置 ChromeDriver 的环境变量

10.3 编写爬虫

在脚本中，使用评论页面 URL 进行初始化。在初始化之后，需要通过以下命令完成后续的请求、解析、存储、循环爬取等动作。

search：等待页面加载完成并得到页面的 HTML 源代码。

parse_one_page：解析一页。

save_to_mongo：将爬取到的数据保存到 MongoDB 中。

next_page：循环爬取。

思路梳理完毕后，就可以着手编写了，最终的爬虫代码见例 10-2。

【例 10-2】 网易新闻评论的爬虫程序。

```
# wangyinews.py
from selenium import webdriver
from selenium.common.exceptions import TimeoutException
from selenium.webdriver.common.by import By
from selenium.webdriver.support.ui import WebDriverWait
from selenium.webdriver.support import expected_conditions as EC
import time
from pyquery import PyQuery as pq
import pymongo

# 配置数据库信息
Mongo_URL = 'localhost'
Mongo_DB = 'wangyiNews'
MONGO_COLLECTION = 'comments_lbj'
client = pymongo.MongoClient(Mongo_URL)
db = client[Mongo_DB]
# 创建浏览器对象、等待时间对象
```

```python
driver = webdriver.Chrome()
wait = WebDriverWait(driver, 10)
# 网易新闻评论 URL
url = 'http://comment.tie.163.com/EAV6M5KC0005877U.html'

def search():
    print('正在检索')
    try:
        # 等待页面全部加载完毕
        wait.until(
            EC.presence_of_element_located(
                (By.CSS_SELECTOR, '.wrapper .main-bg.clearfix #tie-main .tie-foot .post-tips'))
        )
        html = driver.page_source         # 返回页面源代码
        return html
    except TimeoutException:              # 超时异常
        return search()

def parse_one_page(html):
    doc = pq(html)
    items = doc('.tie-new .list-bdy .trunk.clearfix').items()
    for item in items:
        comments = {
            'name': item.find('.rgt-col .tie-author.clearfix .author-info .from').text(),
            'ip': item.find('.rgt-col .tie-author.clearfix .author-info .ip').text(),
            'date': item.find('.rgt-col .tie-author.clearfix .post-time').text()[2:].replace('\n', ''),
            'comment': item.find('.rgt-col .tie-bdy .tie-cnt').text(),
            'support': item.find('.rgt-col .tie-operation.clearfix .rgt .support').text().replace('\n', '').replace('顶', ''),
            'digg': item.find('.rgt-col .tie-operation.clearfix .rgt .digg').text().replace('\n', '').replace('踩', '')
        }
        print(comments)
        save_to_mongo(comments)
    next_page()
    time.sleep(5)

def next_page():
    # 翻页操作
    try:
        '#tie-main > div.tie-new > div.list-foot.clearfix > div > ul > li:nth-child(6) > span'
        '//*[@id="tie-main"]/div[3]/div[3]/div/ul/li[6]/span'
        if wait.until(EC.presence_of_element_located((By.CSS_SELECTOR,
                                                      '.wrapper .main-bg.clearfix #tie-main .tie-new .list-foot.clearfix .page-bar .m-page .next.z-enable'))):
            next_page = wait.until(EC.presence_of_element_located((By.CSS_SELECTOR,
                                                                   '.wrapper .main-bg.clearfix #tie-main .tie-new .list-foot.clearfix .page-bar .m-page .next.z-enable')))
            next_page.click()
    except TimeoutException:
        return None

def save_to_mongo(comments):
```

```
        try:
            if db[MONGO_COLLECTION].insert(comments):
                print('存储到 MongoDB 成功')
        except Exception:
            print('存储到 MongoDB 失败')

def main():
    driver.get(url)
    time.sleep(5)
    try:
        for i in range(68):              # 观察实际的评论页数
            print(i)
            html = search()
            parse_one_page(html)
            driver.execute_script("window.scrollTo(0, document.body.scrollHeight)")
                                         # 网易新闻最后一页必须将页面下拉至底端才能输出
    finally:
        time.sleep(5)
        driver.close()

if __name__ == '__main__':
    main()
```

在判断页面是否加载完成时,用到了 Selenium 的两个高级用法:WebDriverWait 和 EC。代码如下:

```
wait.until(EC.presence_of_element_located((By.CSS_SELECTOR, '.wrapper .main-bg.clearfix #tie-main .tie-foot .post-tips')))
```

Expected Conditions 与 WebDriverWait 配合使用,动态等待页面上元素的出现或者消失将会大大提高脚本的稳定性。expected_conditions 提供了 16 种判断页面元素的方法。

(1) title_is:判断当前页面的 title 是否完全等于预期字符串,返回布尔值。

(2) title_contains:判断当前页面的 title 是否包含预期字符串,返回布尔值。

(3) presence_of_element_located:判断某个元素是否被加到 dom 树下,不代表该元素一定可见。

(4) visibility_of_element_located:判断某个元素是否可见,可见代表元素非隐藏,并且元素的宽和高都不为 0。

(5) visibility_of:与 visibility_of_element_located 是类似的,只是 visibility_of_element_located 需要传入 locator,而该方法直接传入定位到的 element 即可。

(6) presence_of_all_elements_located:判断是否至少有一个元素存在于 dom 树中,举个例子,如果页面上有 n 个元素的 class 都是 'coumn-md-3',name 只要有一个元素存在,该方法就返回 True。

(7) text_to_be_present_in_element:判断某个元素中的 text 文本是否包含预期字符串。

(8) text_to_be_present_in_element_value:判断某个元素中的 value 属性值是否包含预期字符串。

(9) frame_to_be_available_and_switch_to_it:判断该 frame 是否可以切换进去,如果可以,则返回 True 并且切换进去,否则返回 False。

(10) invisibility_of_element_located:判断某个元素是否不存在于 dom 树或不可见。

(11) element_to_be_clickable：判断某个元素中是否可见并且可单击。

(12) staleness_of：等某个元素从dom树下移除，返回True或False。

(13) element_to_be_selected：判断某个元素是否被选中，一般用于select下拉表。

(14) element_selection_state_to_be：判断某个元素的选中状态是否符合预期。

(15) element_located_selection_state_to_be：跟element_selection_state_to_be方法类似，只是element_selection_state_to_be方法传入定位到的element，而该方法传入locator。

(16) alert_is_present：判断页面上是否会存在alert。

driver.page_source是获取到请求之后网页的HTML源代码，获取到源代码之后，可以用PyQuery解析网页，当然也可以用WebDriver自带的定位HTML的方法，如driver.find_elements_by_tag_name。

使用PyQuery之前先要初始化PyQuery对象，在上述网易新闻评论的案例中，通过WebDriver获取的网页HTML源代码，事实上有三种方式可以为PyQuery传入初始参数，分别是传入字符串、传入URL、传入文件名。下面详细介绍PyQuery的常见用法。

1. 字符串初始化

```
html = '''
<div>
    <ul>
        <li class="item-0">first item</li>
        <li class="item-1"><a href="link2.html">second item</a></li>
        <li class="item-0 active"><a href="link3.html"><span class="bold">third item
</span></a></li>
        <li class="item-1 active"><a href="link4.html">fourth item</a></li>
        <li class="item-0"><a href="link5.html">fifth item</a></li>
    </ul>
</div>
'''

from pyquery import PyQuery as pq
doc = pq(html)
print(doc)
print("------------")
print(type(doc))
print("------------")
print(doc('li'))
```

输出结果如下：

```
<div>
    <ul>
        <li class="item-0">first item</li>
        <li class="item-1"><a href="link2.html">second item</a></li>
        <li class="item-0 active"><a href="link3.html"><span class="bold">third item
</span></a></li>
        <li class="item-1 active"><a href="link4.html">fourth item</a></li>
        <li class="item-0"><a href="link5.html">fifth item</a></li>
    </ul>
</div>
------------
<class 'pyquery.pyquery.PyQuery'>
```

```
            <li class = "item-0">first item</li>
                <li class = "item-1"><a href = "link2.html">second item</a></li>
                <li class = "item-0 active"><a href = "link3.html"><span class = "bold">third item
</span></a></li>
                <li class = "item-1 active"><a href = "link4.html">fourth item</a></li>
                <li class = "item-0"><a href = "link5.html">fifth item</a></li>
```

由于PyQuery写起来比较麻烦,所以导入时都会添加别名。

```
from pyquery import PyQuery as pq
```

现在可以知道上述代码中的doc其实就是一个pyquery对象,可以通过doc进行元素的选择,其实这里就是一个CSS选择器,所以CSS选择器的规则都可以用,直接使用"doc(标签名)"命令就可以获取该标签的所有的内容,如果想要获取class则使用"doc('.class_name')"命令,如果想要获取id则使用"doc('#id_name')"命令。

2. URL 初始化

```
from pyquery import PyQuery as pq
doc = pq(url = "http://www.baidu.com", encoding = 'UTF-8')
print(doc('head'))
```

输出结果如下:

```
<head><meta http-equiv = "content-type" content = "text/html;charset = utf-8"/><meta http-
equiv = "X-UA-Compatible" content = "IE = Edge"/><meta content = "always" name = "referrer"/>
<link rel = "stylesheet" type = "text/css" href = "http://s1.bdstatic.com/r/www/cache/bdorz/
baidu.min.css"/><title>百度一下,你就知道</title></head>
```

3. 文件初始化

```
from pyquery import PyQuery as pq
doc = pq(filename = 'index.html')
print(doc)
print("++++++++++++++++ +")
print(doc('head'))
```

其中,文件index.html的内容如下:

```
<!DOCTYPE html>
<html>
<head>
    This is a test head!
</head>
<div>
    This is a test div element.
</div>
</html>
```

输出结果如下:

```
<html>
<head>
    This is a test head!
</head>
<div>
    This is a test div element.
</div>
</html>
++++++++++++++++ +
<head>
    This is a test head!
</head>
```

4. 基于 CSS 选择器查找

```
from pyquery import PyQuery as pq
html = '''<div>
    <ul id = 'haha'>
        <li class = "item-0">first item</li>
        <li class = "item-1"><a href = "link2.html">second item</a></li>
        <li class = "item-0 active"><a href = "link3.html"><span class = "bold">third item</span></a></li>
        <li class = "item-1 active"><a href = "link4.html">fourth item</a></li>
        <li class = "item-0"><a href = "link5.html">fifth item</a></li>
    </ul></div>'''
doc = pq(html)
# id 等于 haha 元素的下一级,找到 class 等于 item-0 的元素,再找到下一级中的 a 标签元素,再找到
下一级的 span 标签元素(注意层级关系以空格隔开)
print(doc('#haha .item-0 a span'))
```

输出结果如下：

```
<span class = "bold">third item</span>
```

图 10-9 是常用的 CSS 选择器方法。

.class	.color	选择 class="color"的所有元素
#id	#info	选择 id="info"的所有元素
*	*	选择所有的元素
element	p	选择所有的 p 元素
element,element	div,p	选择所有的 div 元素和所有的 p 元素
element element	div p	选择 div 标签内部的所有的元素
[attribute]	[target]	选择带有 targe 属性的所有元素
[arrtibute=value]	[target=_blank]	选择 target="_blank"的所有元素

图 10-9 常用的 CSS 选择器方法

5. 以定位到标签的相对位置查找目标标签

PyQuery 可以通过已经查找的标签,查找这个标签下的子标签或者父标签,而不用从头开始查找。代码如下：

```
from pyquery import PyQuery as pq
html = '''<div class = 'content'>
    <ul id = 'haha'>
        <li class = "item-0">first item</li>
        <li class = "item-1"><a href = "link2.html">second item</a></li>
```

```
                <li class = "item-0 active"><a href = "link3.html"><span class = "bold">third item
</span></a></li>
                <li class = "item-1 active"><a href = "link4.html">fourth item</a></li>
                <li class = "item-0"><a href = "link5.html">fifth item</a></li>
    </ul></div>'''
doc = pq(html)
item = doc('div ul')
print(item)
print("+++++++++++++")
# 可以通过已经查找到的标签,在此查找这个标签下面的标签
print(item.parent())
print("+++++++++++++")
print(item.children())
```

输出结果如下:

```
<ul id = "haha">
        <li class = "item-0">first item</li>
        <li class = "item-1"><a href = "link2.html">second item</a></li>
        <li class = "item-0 active"><a href = "link3.html"><span class = "bold">third item
</span></a></li>
        <li class = "item-1 active"><a href = "link4.html">fourth item</a></li>
        <li class = "item-0"><a href = "link5.html">fifth item</a></li>
    </ul>
+++++++++++++
<div class = "&#x2018;content&#x2019;">
    <ul id = "haha">
        <li class = "item-0">first item</li>
        <li class = "item-1"><a href = "link2.html">second item</a></li>
        <li class = "item-0 active"><a href = "link3.html"><span class = "bold">third item
</span></a></li>
        <li class = "item-1 active"><a href = "link4.html">fourth item</a></li>
        <li class = "item-0"><a href = "link5.html">fifth item</a></li>
    </ul></div>
+++++++++++++
<li class = "item-0">first item</li>
        <li class = "item-1"><a href = "link2.html">second item</a></li>
        <li class = "item-0 active"><a href = "link3.html"><span class = "bold">third item
</span></a></li>
        <li class = "item-1 active"><a href = "link4.html">fourth item</a></li>
        <li class = "item-0"><a href = "link5.html">fifth item</a></li>
```

根据以上输出结果可以发现,返回结果的类型为 pyquery,并且 find()方法和 children()方法都可以获取里层标签。

6. 获取属性值

```
from pyquery import PyQuery as pq
html = '''<div class = 'content'>
    <ul id = 'haha'>
        <li class = "item-0">first item</li>
        <li class = "item-1"><a href = "link2.html">second item</a></li>
        <li class = "item-0 active"><a href = "link3.html"><span class = "bold">third item
</span></a></li>
```

```
            <li class = "item - 1 active"><a href = "link4.html">fourth item</a></li>
            <li class = "item - 0"><a href = "link5.html">fifth item</a></li>
        </ul></div>'''
doc = pq(html)
# 注意 class = item - 0 active 是一个 class 的属性,但是在 pyquery 里面要是中间也是空格隔开
# 的话,就变成了 item - 0 下的 active 标签下的 a 标签了,所以这里的空格必须改成点
item = doc(".item - 0.active a")
print(type(item))
print("++++++++++ + ")
print(item)
print("++++++++++ + ")
# 获取属性值的两种方法
print(item.attr.href)
print("++++++++++ + ")
print(item.attr('href'))
```

输出结果如下:

```
<class 'pyquery.pyquery.PyQuery'>
++++++++++ +
<a href = "link3.html"><span class = "bold">third item</span></a>
++++++++++ +
link3.html
++++++++++ +
link3.html
```

7. 获取标签的内容

```
from pyquery import PyQuery as pq
html = '''<div class = 'content'>
    <ul id = 'haha'>
        <li class = "item - 0">first item</li>
        <li class = "item - 1"><a href = "link2.html">second item</a></li>
        <li class = "item - 0 active"><a href = "link3.html"><span class = "bold">third item</span></a></li>
        <li class = "item - 1 active"><a href = "link4.html">fourth item</a></li>
        <li class = "item - 0"><a href = "link5.html">fifth item</a></li>
    </ul></div>'''
doc = pq(html)
a = doc("a").text()
print(a)
```

输出结果如下:

```
second item third item fourth item fifth item
```

8. DOM 操作

熟悉前端操作的话,通过 addClass 和 removeClass 可以添加和删除属性。

```
from pyquery import PyQuery as pq
html = '''<div class = 'content'>
    <ul id = 'haha'>
```

```
            <li class = "item-0">first item</li>
            <li class = "item-1"><a href = "link2.html">second item</a></li>
            <li class = "item-0 active"><a href = "link3.html"><span class = "bold">third item</span></a></li>
            <li class = "item-1 active"><a href = "link4.html">fourth item</a></li>
            <li class = "item-0"><a href = "link5.html">fifth item</a></li>
    </ul></div>'''
doc = pq(html)
data = doc('.content')
print(data.text())
print("++++++++++")
# 删除所有a标签
data.find('a').remove()
# 再次打印
print(data.text())
```

输出结果如下：

```
first item
second item
third item
fourth item
fifth item
++++++++++
first item
```

【提示】 PyQuery本身还有网页请求功能,支持Ajax操作,带有get()和post()方法,而且会把请求下来的网页代码转为PyQuery对象,不过不常用,一般不会用PyQuery来做网络请求,仅仅是用来解析。

到此为止,PyQuery的常见用法就介绍完了。如果想了解更多的内容,可以参考PyQuery的官方文档(详见前言中的二维码)。相信有了它,解析网页不再是难事。

10.4 运行并通过MongoDB查看数据

运行脚本之后,可以看到浏览器被Selenium控制,正在进行自动化操作,如图10-10所示(此处进行了图片模糊处理,读者请以实际获取为准)。

等待脚本执行完毕,在console中,可以看到爬取的内容和爬取完毕的提示,如图10-11所示(此处进行了图片模糊处理,读者请以实际获取为准)。

在输出的console log中看到Process finished with exit code 0,该提示表示Python代码执行完程序并退出,在自动化运行的浏览器也退出之后,说明数据爬取完毕,此时,打开MongoDB可视化工具NoSQL Manager for MongoDB,查看爬取到的数据,如图10-12所示(此处进行了图片模糊处理,读者请以实际获取为准)。在左边树状视图中执行wangyiNews→Collections→comments_lbj命令,然后在右边选择Data,并用table视图查看数据。爬取的部分数据demo可以在随书项目代码中查看(详见前言中的二维码)。

至此,圆满地完成了爬取网易新闻评论的任务,案例中所选用的方法Selenium并不是最好的选择,网页加载耗时久,并且Chrome也占用了大量的硬件资源,在这里只是演示Selenium的用法,解析用到的PyQuery,而没有用Selenium自身的解析方法,读者可以自行查阅相关知识。

图 10-10　正在用 Selenium 爬取数据的浏览器

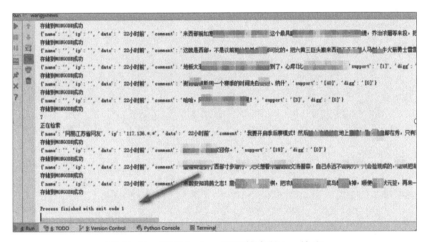

图 10-11　用 Selenium 爬取结束的 log 输出

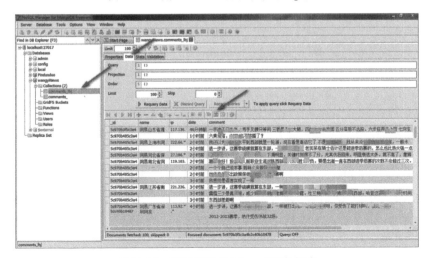

图 10-12　查看爬取的 MongoDB 数据库

10.5 本章小结

本章案例在开篇深度介绍了什么是Selenium,以及和Selenium深度相关的WebDriver的来龙去脉,使读者可以从浏览器自身特点的角度,去理解爬虫的工具Selenium,培养读者更深层次看问题的思路。在解析网页时用到了PyQuery,也是希望读者能触类旁通,在实现爬虫"解析HTML"这一步时,不要拘泥于特定的方法,选用自己习惯的工具即可。存储模块也引入了比较主流的NoSQL类型的数据库MongoDB。

第三部分 框架应用篇

　　第三部分框架应用篇介绍爬虫及数据的应用案例，目的是让读者更进一步认识到如何能更快更稳定地爬取数据。重点介绍常用的爬虫框架 Scrapy 以及如何实现爬虫的高并发；此外还介绍了存储数据层的多种方法，引导读者在爬虫选型、工具、存储等爬虫环节，能做到根据不同网站及需求的特点，定制不同的爬虫策略。

第 11 章 爬取机场航班信息

本章案例中将展示机场官网中航班信息(如机场航班的离港与进港信息)的爬取过程。有兴趣的读者可以在本案例的基础上对数据进一步分析,或是对爬虫做进一步的开发,增加更多功能。

视频讲解

请求、解析、处理数据是通用爬虫的三个步骤,在本案例中,利用机场官网的详细信息,在网页上定位各类数据的路径,通过 Scrapy 爬取得到对应的数据,最后将多个数据统筹整合进一个 JSON 文件,最终得到机场航班的相关信息。

11.1 分析网页

打开机场官网(详见前言中的二维码),以进港航班信息为例,存储航班信息的详细页面如图 11-1 所示。

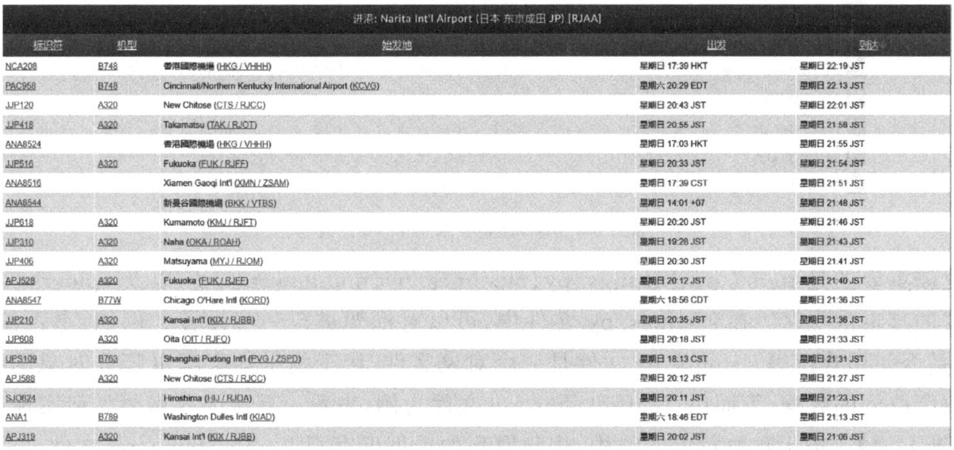
进港: Narita Int'l Airport (日本 东京成田 JP) [RJAA]

标识符	机型	始发地	出发	到达
NCA208	B748	香港國際機場 (HKG / VHHH)	星期日 17:39 HKT	星期日 22:19 JST
PAC958	B748	Cincinnati/Northern Kentucky International Airport (KCVG)	星期六 20:29 EDT	星期日 22:13 JST
JJP120	A320	New Chitose (CTS / RJCC)	星期日 20:43 JST	星期日 22:01 JST
JJP418	A320	Takamatsu (TAK / RJOT)	星期日 20:55 JST	星期日 21:58 JST
ANA8524		香港國際機場 (HKG / VHHH)	星期日 17:03 HKT	星期日 21:55 JST
JJP516	A320	Fukuoka (FUK / RJFF)	星期日 20:33 JST	星期日 21:54 JST
ANA8516		Xiamen Gaoqi Int'l (XMN / ZSAM)	星期日 17:39 CST	星期日 21:51 JST
ANA8544		新曼谷國際機場 (BKK / VTBS)	星期日 14:01 +07	星期日 21:48 JST
JJP618	A320	Kumamoto (KMJ / RJFT)	星期日 20:20 JST	星期日 21:46 JST
JJP310	A320	Naha (OKA / ROAH)	星期日 19:28 JST	星期日 21:43 JST
JJP406	A320	Matsuyama (MYJ / RJOM)	星期日 20:30 JST	星期日 21:41 JST
APJ528	A320	Fukuoka (FUK / RJFF)	星期日 20:12 JST	星期日 21:40 JST
ANA8547	B77W	Chicago O'Hare Intl (KORD)	星期六 18:56 CDT	星期日 21:36 JST
JJP210	A320	Kansai Int'l (KIX / RJBB)	星期日 20:35 JST	星期日 21:36 JST
JJP608	A320	Oita (OIT / RJFO)	星期日 20:18 JST	星期日 21:33 JST
UPS109	B763	Shanghai Pudong Int'l (PVG / ZSPD)	星期日 18:13 CST	星期日 21:31 JST
APJ588	A320	New Chitose (CTS / RJCC)	星期日 20:12 JST	星期日 21:27 JST
SJO624		Hiroshima (HIJ / RJOA)	星期日 20:11 JST	星期日 21:23 JST
ANA1	B789	Washington Dulles Intl (KIAD)	星期六 18:46 EDT	星期日 21:13 JST
APJ319	A320	Kansai Int'l (KIX / RJBB)	星期日 20:02 JST	星期日 21:06 JST

图 11-1 机场进港航班数据列表

按 F12 键打开浏览器的调试模式,可以通过 Elements 来定位当前页面中数据的存放位置,样例如图 11-2 所示。Elements 中的元素比较复杂,所以本次爬虫决定使用 Scrapy 框架直接获取网页的页面内容,通过 element 的 XPath 来精准定位需要爬取的数据。

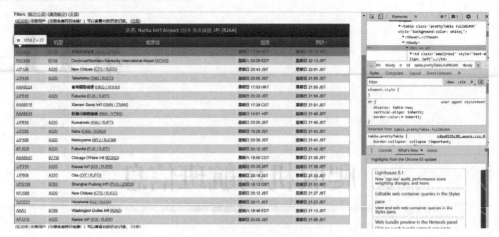

图 11-2 数据存放位置的样例图

11.2 编写爬虫

该爬虫使用了 Scrapy 框架,读者需预先安装 Python 发行版,并在终端中输入 pip install scrapy 指令来安装 Scrapy 框架。

Scrapy 框架的目录层次如图 11-3 所示。

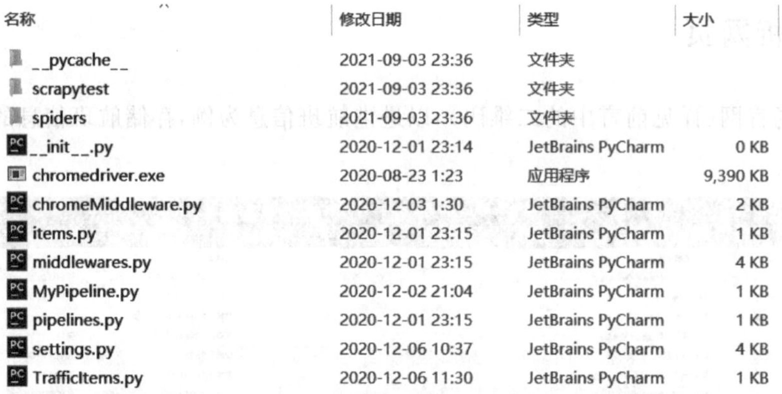

图 11-3 Scrapy 框架的目录层次

比较重要的是 items.py、settings.py、pipelines.py、middlewares.py 以及 spiders 文件夹中放置的爬虫主程序。在 settings.py 文件中,可以对框架进行一些设置。例如,是否使用中间件、是否使用管道等。items.py 文件是一个对象文件,用于指示本次爬虫爬取对象的结构,以存放爬取到的数据,下面以 TrafficItems.py 文件为例,来看一看该内容需要如何实现。

【例 11-1】 指示爬取对象的结构,将爬取到的数据保存至 TrafficItems.py 文件。

```
import scrapy
class TrafficItems(scrapy.Item):
    Symbol = scrapy.Field()             # 标识符
    model = scrapy.Field()
    leavePlace = scrapy.Field()         # 始发地
    leaveAirport = scrapy.Field()       # 出发机场
    Destination = scrapy.Field()        # 目的地
    DestinationAirport = scrapy.Field() # 到达机场
```

```
flightTime = scrapy.Field()              #起飞时间
flightTimeEx = scrapy.Field()            #起飞时间时区
arrivedTime = scrapy.Field()             #到达时间
arrivedTimeEx = scrapy.Field()           #到达时间时区
pass
```

构造对象的过程利用了 Python 面向对象写法,在这里需要引用 Scrapy 库,使用 Field 是为了以下两点。

(1) Field 对象指明了每个字段的元数据(任何元数据),Field 对象接收的值没有任何限制。

(2) 设置 Field 对象的主要目的就是在一个地方定义好所有的元数据。

MySpiders.py 文件位于文件 Spiders 下,该文件中存放了提取数据的 Spider,它用于定义初始 URL 根网址、请求初始 URL 之后的逻辑,以及从页面中爬取数据的规则(即写正则或 xpath 等)。

【例 11-2】 执行 Spider,爬虫获取数据 MySpider.py 主文件。

```
import scrapy
from yryProject.TrafficItems import TrafficItems
class MySpider(scrapy.Spider):
    name = "MySpider"
    allowed_domains = ['flightaware.com']
    start_urls = ['https://zh.flightaware.com/live/airport/RJAA/arrivals?;offset = 0;sort = ASC;order = actualarrivaltime']
    def parse(self,response):
        items = []
        targetFile = open("target.html",'w',encoding = "utf-8")
        targetFile.write(str(response.body))
        for box in response.xpath("//*[@id = 'slideOutPanel']/div[1]/table[2]/tbody/tr/td[1]/table/tbody/tr"):
            item = TrafficItems()
            Symbol = box.xpath("./td[1]/span/a/text()").extract()
            model = box.xpath("./td[2]/span/a/text()").extract()
            leavePlace = box.xpath("./td[3]/span[1]/span/text()").extract()
            #landPlace = box.xpath("./td[3]/span[1]/span/text()").extract()
            leaveAirport = b ox.xpath("./td[3]/span[2]/a/text()").extract()
            #landAirport = box.xpath("./td[3]/span[2]/a/text()").extract()
            flyTime = box.xpath("./td[4]/text()").extract()
            flyTimeEx = box.xpath("./td[4]/span/text()").extract()
            arriveTime = box.xpath("./td[5]/text()").extract()
            arriveTimeEX = box.xpath("./td[5]/span/text()").extract()
            if (Symbol != []):
                item['Symbol'] = Symbol[0]
            else:
                item['Symbol'] = 'unknown'
            if (model != []):
                item['model'] = model[0]
            else:
                item['model'] = 'unknown'
            if (leavePlace != []):
                item['leavePlace'] = leavePlace[0]
            else:
                item['leavePlace'] = 'unknown'
```

```
                if (leaveAirport != []):
                    item['leaveAirport'] = leaveAirport[0]
                else:
                    item['leaveAirport'] = 'unknown'
                if (flyTime != []):
                    item['flightTime'] = flyTime[0]
                else:
                    item['flightTime'] = 'unknown'
                if (flyTimeEx != []):
                    item['flightTimeEx'] = flyTimeEx[0]
                else:
                    item['flightTimeEx'] = 'unknown'
                if (arriveTime != []):
                    item['arrivedTime'] = arriveTime[0]
                else:
                    item['arrivedTime'] = 'unknown'
                if (arriveTimeEX != []):
                    item['arrivedTimeEx'] = arriveTimeEX[0]
                else:
                    item['arrivedTimeEx'] = 'unknown'
                yield item
        next_url = response.xpath("/html/body/div[1]/div[1]/table[2]/tbody/tr/td[1]/span[2]/a[1]/@href").extract_first()
        print(next_url)
        yield scrapy.Request(next_url, callback = self.parse)
        # return items
```

在 Spider 文件中,需要定义一个爬虫名与爬取的网址的域名(allowed_domains),首先需要给出一个起始地址(start_urls),然后 Scrapy 框架就可以根据这个起始地址获取网页源代码,通过源代码获取所需值。下面通过 XPath 定位对应数据所在的 HTML 位置,再存放至 item 中构造好的对应字段中。这样就完成了一次爬取。

此处,一次性爬取一个页面的完整内容后,对于后续页面,可以通过 next_url 存放下一页面的网址。在爬取完后通过 yield scrapy.Request(next_url,callback=self.parse)定位下一页,从而实现模拟翻页。

Mypipeline.py 文件是一个管道文件,它约定了爬虫爬取后的内容流向哪里,由于需要存储这些爬取后的文件,所以在管道中将其写入了一个 JSON 文件。Item 在 Spider 中被收集之后,它将会被传递到 Item Pipeline,Pipeline 接收到 Item 并通过它执行一些行为,同时也决定此 Item 是否能继续通过 Pipeline,或是被丢弃。例 11-3 为 Mypipeline.py 的详细代码。

【例 11-3】 约定爬取到的内容如何处理。

```
# Mypipeline.py
# 引入文件
from scrapy.exceptions import DropItem
import json
class MyPipeline(object):
    def __init__(self):
        # 打开文件
        self.file = open('data.json', 'w', encoding = 'utf-8')
    # 该方法用于处理数据
    def process_item(self, item, spider):
        # 读取 item 中的数据
```

```
            line = json.dumps(dict(item), ensure_ascii = False) + "\n"
            #写入文件
            self.file.write(line)
            #返回item
            return item
    #该方法在 spider 被开启时被调用
    def open_spider(self, spider):
        pass
    #该方法在 spider 被关闭时被调用
    def close_spider(self, spider):
        pass
```

由于案例中爬取数据所用的浏览器为 Chrome,本爬虫使用了 ChromeDriver。当编写此爬虫时,Chrome 版本为 85.0.4183.83,所使用的 ChromeDriver 需要和 Chrome 版本相匹配,则需要在 chromeMiddleware.py 中将 driver 初始化的指向路径改为本机中存放 ChromeDriver 的绝对路径。

【例 11-4】 设置 ChromeDriver 启动参数的中间件配置文件。

```
# chromeMiddleware.py
from selenium import webdriver
from selenium.webdriver.chrome.options import Options
from scrapy.http import HtmlResponse
import time
class chromeMiddleware(object):
    def process_request(self, request, spider):
        if spider.name == "MySpider":
            chrome_options = Options()
            chrome_options.add_argument('-- headless')
            chrome_options.add_argument('-- disable - gpu')
            chrome_options.add_argument('-- no - sandbox')
            chrome_options.add_argument('-- ignore - certificate - errors')
            chrome_options.add_argument('-- ignore - ssl - errors')
            driver = webdriver.Chrome("E:\scrapy_work\yryProject\yryProject\chromedriver.exe", chrome_options = chrome_options)
            driver.get(request.url)
            body = driver.page_source
            # print ("访问" + request.url)
            return HtmlResponse(driver.current_url, body = body, encoding = 'UTF - 8', request = request)
        else:
            return None
```

在爬虫运行的过程中,需要对一些细节进行设定,如设定爬虫运行的持续时间、限制爬取内容的数量,或是对爬虫延迟做出调整,这些需要调整的变量都存放于 settings.py 中,代码如例 11-5 所示。

【例 11-5】 设置爬虫通用属性的文件。

```
# settings.py
import uagent
BOT_NAME = 'yryProject'
SPIDER_MODULES = ['yryProject.spiders']
NEWSPIDER_MODULE = 'yryProject.spiders'
CLOSESPIDER_PAGECOUNT = 4
```

```
FEED_EXPORT_ENCODING = 'UTF-8'
ROBOTSTXT_OBEY = False
USER_AGENT = uagent.randomUserAgent()
DEFAULT_REQUEST_HEADERS = {
    'Accept': 'text/html,application/xhtml+xml,application/xml;q=0.9,*/*;q=0.8',
    'Accept-Language': 'en',
}
DOWNLOADER_MIDDLEWARES = {
    'yryProject.chromeMiddleware.chromeMiddleware': 543,
}
ITEM_PIPELINES = {
    'yryProject.MyPipeline.MyPipeline': 1,
}
```

11.3 爬虫的使用说明

修改完地址后,进入\yryProject 目录,执行 scrapy crawl MySpider 即可运行爬虫。爬取的结果保存在 data.json 文件中,其截图如图 11-4 所示。

图 11-4 爬取结果展示

11.4 本章小结

本章案例通过爬取机场官网的航班信息,系统性地介绍了目前最常用的 Python 爬虫框架 Scrapy 的用法,在了解了爬虫常用的基本步骤——请求、解析、存储,以及这些步骤对应的工具之后,可以尝试基于爬虫框架 Scrapy 编写爬虫程序,以更方便地实现爬虫的中间件的统一管理、爬虫程序的管理、入库的统一操作等。

第12章

爬取拼多多商品的评论数据

本章案例将为大家演示如何爬取拼多多商品的评论数据。本案例的目的是爬取大量的商品以及商品的评论,所以在程序设计上要考虑到该爬虫的高并发以及持久化存储。爬虫工具选用了 Scrapy 框架,以满足爬虫的高并发请求任务;持久化存储用了 MongoDB,对直接存储 JSON 数据比较方便。

视频讲解

12.1 分析网页

拼多多触屏版一般是为了适配手机浏览器而做的版本,尽管触屏版在 PC 端的样式不适配,但并不影响数据浏览和抓包。在 PC 端浏览器中用调试工具查看请求信息,通过线索查找,并没有发现该网站实际获取数据的请求,但是每次下拉刷新页面确实有数据更新,在浏览器调试工具中没有看到新的请求的产生,是由于这个请求是网页内的 Ajax 请求,可以通过分析网站 JavaScript 源代码的方式,找到请求地址和参数规则,这是一种方法;第二种方法就是在后面介绍到的,用专业的抓包工具抓包分析网络请求。

常用的抓包工具有 Fiddler、Charles、Wireshark 等。本案例在分析网页请求时,使用 Charles,以便更清楚地看到网络请求的过程。

Charles(Charles Web Debugging Proxy)是常用的网络封包截取工具,在移动开发中应用较多。使用 Charles 时,为了调试与服务器端的网络通信协议,经常需要截取网络封包来一并分析。Charles 通过构建代理服务,让本地请求都通过 Charles 的代理之后访问公网,从而实现了网络封包的截取和分析。除了可以在做移动开发中调试端口外,Charles 也可以用于分析第三方应用的通信协议。Charles 的 SSL 功能还可以完成 HTTPS 协议分析。

Charles 主要提供两种查看封包的视图:Structure 和 Sequence。Structure 视图能够将网络请求按访问的域名分类。例如,某个域名下如果有 n 个资源请求,则所有此域名下的请求都会被详细分类。Sequence 视图则是按照请求发生的顺序来展示的。

Charles 除了基本的抓包功能,还可以修改网络请求参数、支持模拟慢速网络、抓取手机端的请求、抓取部分 HTTPS 的包。

通过浏览网页发现,商品评论的 URL,需要传入 goods_id 这个参数,所以需要首先爬取商品 ID,商品 ID 可以在商品列表页看到,具体抓包的操作步骤如下。

(1)在浏览器输入目标网址(拼多多触频版的网址),其列表页面如图 12-1 所示。

(2)向下滑动页面,同时在 Charles 中可以看到有域名为 yangkeduo.com 的请求产生。

(3)将 Charles 视图模式切换至 Structure,输入过滤条件 yangkeduo,找到请求接口。

(4) 浏览网页,切换至详情页的评论。

(5) 在 Charles 中,找到评论接口的请求地址。

(6) 在浏览器中,测试找到的地址是否可用。

【提示】 虽然 Charles 可以支持 HTTPS 抓包,在分析移动端应用网络请求时也是一个不可或缺的工具,但是随着移动安全技术的发展,很多移动 App 用到了 SSL Pinning 技术,即 SSL 双向验证,该技术可实现在客户端和服务器端的双向验证,移动端的壳加密技术也使移动端 HTTPS 抓包越来越困难,目前对抗 SSL Pinning 的技术,可行的方案是 XPost 框架,有兴趣的读者可以进一步了解相关知识。

通过上述分析,得到了商品列表接口(该接口为分析过程中的接口地址,接口地址会改版,此处仅做参考):

```
http://apiv3.yangkeduo.com/api/alexa/v1/goods?list_update_time=true&platform=1&assist_allowed=1&page=2&size=40
```

图 12-1 拼多多列表页面

商品评论的接口地址是:

```
http://apiv3.yangkeduo.com/reviews/" + str(item['goods_id']) + "/list?&size=20",
```

12.2 环境搭建

爬虫的数据量比较大时,需要高并发且稳定的爬虫,因此使用 Scrapy 框架来进行本次爬取。由于爬取的数据是 JSON 格式,持久化存储选用 MongoDB 来完成。首先介绍环境的搭建和相关软件的安装。

1. 安装 Scrapy

在 IDE 中安装 Scrapy,IDE 应选用 PyCharm,PyCharm 可以找到大部分的第三方包,无须在网上查找和下载,就会自动查找符合之前添加的 Python 解释器的第三方模块,如图 12-2 所示。安装完成后,在使用 Scrapy 时,在 PyCharm 中需要将 scrapy.cfg 文件设置在 source root 目录中,这样才能保证程序在运行时能引入正确的文件。

2. 安装 MongoDB

首先需要安装依赖包 PyMongo,其在 Pycharm 中的安装方法和安装 Scrapy 类似,或者使用命令行方式 pip install pymongo,然后需要下载安装 MongoDB,下载的官网地址详见前言中的二维码。下载并成功安装文件后,需要开启 MongoDB 服务。在启动 MongoDB 服务之前,需要先创建配置文件和数据库存储路径以及目录存储路径,配置文件位于 MongoDB 的安装目录下,手动新建 mongodb.cfg 文件,并在文件中指定相关路径,如下所示。

```
dbpath=D:\mongodb\data\db
logpath=D:\mongodb\data\log\mongodb.log
```

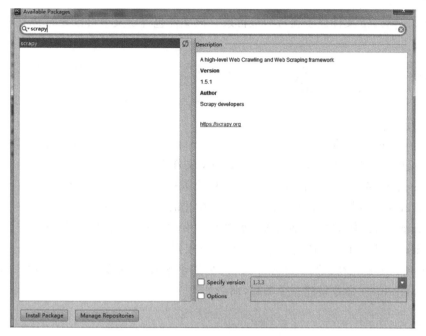

图 12-2　PyCharm 安装 Scrapy

接下来在命令行中执行如下命令，此时 MongoDB 服务启动完成。

```
mongod.exe -- config "D:\Program Files (x86)\MongoDB\mongodb-win32-x86_64-2008plus-ssl-
4.0.3\mongodb.cfg"
```

至此，基础环境安装完成，可以编写爬虫了。

12.3　编写爬虫

1. Scrapy 的概念

Scrapy 是一个为了爬取网站数据、提取结构性数据而编写的应用框架。Scrapy 使用 Twisted 异步网络库来处理网络通信，可以应用在数据挖掘、信息处理或存储历史数据等一系列的程序中。Scrapy 可以用来做网络爬取，也可以应用在获取 API 所返回的数据，除此之外，Scrapy 还可以用于数据挖掘、监测和自动化测试。

2. Scrapy 项目的目录结构及其使用方法

Scrapy 项目的目录结构虽然可以修改，但所有 Scrapy 项目默认情况下具有相同的文件结构，类似于图 12-3。

```
scrapy.cfg
myproject/
    __init__.py
    items.py
    pipelines.py
    settings.py
    spiders/
        __init__.py
        spider1.py
        spider2.py
        ...
```

图 12-3　Scrapy 框架的通用目录结构

其中，目录 scrapy.cfg 文件位于项目的根目录。该文件包含定义项目设置的 Python 模块的名称，如：

```
[settings]
default = Pinduoduo.settings
```

这些文件的介绍如下。
- scrapy.cfg：配置信息文件，主要用于为 Scrapy 命令行工具提供一个基础的配置信息（真正爬虫相关的配置信息在 settings.py 文件中）。
- items.py：数据存储模板文件，用于结构化数据，如 Django 的 Model。
- pipelines：数据处理行为文件，如一般结构化的数据持久化。
- settings.py：配置文件，如设置递归的层数和并发数、延迟下载时间等。
- spiders：爬虫目录，如创建文件、编写爬虫规则。

Scrapy 项目的初始化、执行、暂停等操作，是基于 Scrapy 命令行模式完成的。初次使用，可以使用 startproject 命令新建一个项目，命令如下：

```
scrapy startproject myproject [ project_dir ]
```

这表示在该 project_dir 目录下创建一个 Scrapy 项目。如果设置 project_dir，则其名称会和 myproject 名称一样。进入新项目的目录，就可以使用上面提示的命令管理和控制爬虫了。例如，要创建一个新的爬虫：

```
scrapy genspider baidu www.baidu.com
```

通过上述命令创建了一个 spider name 为 baidu、start_urls 为 http://www.baidu.com/ 的爬虫。

Scrapy 工具命令的用法可以通过命令 scrapy -h 获取，具体命令可以用 scrapy <command> -h 获取每个命令的详细用法。Scrapy 的命令分为全局命令和项目内部命令，如上述 genspider、startproject 属于全局命令，需要进入项目内运行的属于项目内命令。

（1）全局命令包括 startproject、genspider、settings、runspider、shell、fetch、view、version。

① settings：获取 Scrapy 设置的值。如果在项目中使用，它将显示项目设置值，否则将显示该设置的默认 Scrapy 值。语法：scrapy settings [options]。用法示例如下：

```
$ scrapy settings -- get BOT_NAME
scrapybot
$ scrapy settings -- get DOWNLOAD_DELAY
0
```

② runspider：用于运行一个自包含在 Python 文件中的爬虫，而不必创建一个项目。语法：scrapy runspider <spider_file.py>。用法示例如下：

```
$ scrapy runspider myspider.py
[…爬虫开始爬行…]
```

③ shell：如果给定 URL，则启动给定 URL 的 Scrapy shell；如果没有给定 URL，则 shell 为空。shell 支持 UNIX 样式的本地文件路径，如以"./"或"../"为前缀的相对路径或绝对文件路径。语法：scrapy shell [url]。用法示例如下：

```
$ scrapy shell http://www.example.com/some/page.html
[…scrapy shell starts…]

$ scrapy shell -- nolog http://www.example.com/ - c '(response.status, response.url)'
(200, 'http://www.example.com/')

# HTTP 重定向的用法
$ scrapy shell -- nolog http://httpbin.org/redirect - to?url = http % 3A % 2F % 2Fexample.com % 2F
- c '(response.status, response.url)'
(200, 'http://example.com/')

# 在 URL 作命令行参数时可以禁用此项,命令为 -- no - redict
$ scrapy shell -- no - redirect -- nolog http://httpbin.org/redirect - to?url = http % 3A % 2F %
2Fexample.com % 2F - c '(response.status, response.url)'
(302, 'http://httpbin.org/redirect - to?url = http % 3A % 2F % 2Fexample.com % 2F')
```

④ fetch：使用 Scrapy 下载器下载给定的 URL，并将内容写入标准输出。fetch 可以作为调试爬虫的一个重要工具，获取爬虫下载页面。例如，如果爬虫有一个 USER_AGENT 属性覆盖用户代理，则它将使用那个 UA。因此，这个命令可以用来"看"该爬虫如何获取一个页面。如果在项目外部使用，则将不应用特定的爬虫行为，只使用默认的 Scrapy 下载器设置，语法：scrapy fetch < url >。用法示例如下：

```
$ scrapy fetch -- nolog http://www.example.com/some/page.html
[ ... html content here ... ]

$ scrapy fetch -- nolog -- headers http://www.example.com/
{'Accept - Ranges': ['bytes'],
'Age': ['1263'],
'Connection': ['close'],
'Content - Length': ['596'],
'Content - Type': ['text/html; charset = UTF - 8'],
'Date': ['Wed, 18 Aug 2010 23:59:46 GMT'],
'Etag': ['"573c1 - 254 - 48c9c87349680"'],
'Last - Modified': ['Fri, 30 Jul 2010 15:30:18 GMT'],
'Server': ['Apache/2.2.3 (CentOS)']}
```

⑤ view：在浏览器中打开给定的 URL，因为用户的 Scrapy 爬虫会"看到"它。有时，爬虫会看到与普通用户不同的网页，因此可以用来检查爬虫"看到了什么"并确认它是用户期望的。语法：scrapy view < url >。用法示例如下：

```
$ scrapy view http://www.example.com/some/page.html
[…browser starts…]
```

⑥ version：用于打印 Scrapy 版本号。使用-v 也可以打印 Python、Twisted 和平台版本号，语法：scrapy version -v。使用示例如图 12-4 所示。

(2) 项目内命令包括：crawl、check、list、edit、parse、bench。

① crawl：用于使爬虫开始爬行。语法：scrapy crawl < spider >。用法示例如下：

```
$ scrapy crawl myspider
[…myspider starts crawling…]
```

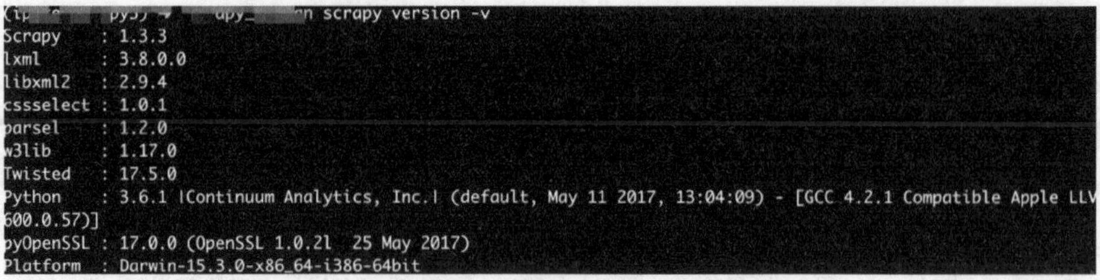

图 12-4 运行 scrapy version 命令的效果

② check：用于检查爬虫是否有错误，仅限于检查语法错误或者包引用错误，逻辑错误无法检查。语法：scrapy check [-l] < spider >。用法示例如下：

```
$ scrapy check -l
first_spider
  * parse
  * parse_item
second_spider
  * parse
  * parse_item
$ scrapy check
[FAILED] first_spider:parse_item
>>> 'RetailPricex' field is missing
[FAILED] first_spider:parse
>>> Returned 92 requests, expected 0..4
```

③ list：用于列出当前项目中的所有可用爬虫。每行输出一个爬虫。语法：scrapy list。用法示例如下：

```
$ scrapy 列表
spider1
spider2
```

④ edit：仅作为常见情况下提供的方便、快捷的方式，用来编写和调试其爬虫。语法：scrapy edit < spider >。用法示例如下：

```
$ scrapy edit spider1
```

⑤ parse：使用给定的 URL 并解析，解析方法是通过--callback 选项指定的，如果不指定 callback()方法，则默认使用 parse()方法。用法示例如下：

```
$ scrapy parse http://www.example.com/ -c parse_item
[…scrapy log lines crawling example.com spider…]
>>> STATUS DEPTH LEVEL 1 <<<
# Scraped Items ------------------------------------------------
[{'name': u'Example item',
'category': u'Furniture',
'length': u'12 cm'}]
# Requests ----------------------------------------------------
[]
```

⑥ bench：用于运行快速基准测试。语法：scrapy bench。使用示例如图 12-5 所示。

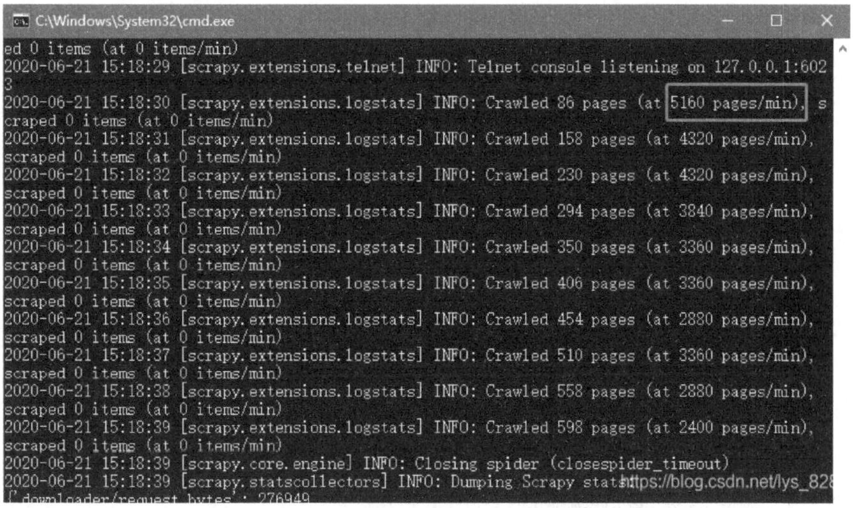

图 12-5 运行 scrapy bench 命令

3. 使用 Scrapy 框架编写的爬虫

开始编写的爬虫,使用 Scrapy 框架的核心爬虫如例 12-1 所示。

【例 12-1】 Scrapy 爬虫主程序。

```python
# pinduoduo.py
# - * - coding: UTF - 8 - * -
import json
import scrapy
from Pinduoduo.items import PinduoduoItem
class PinduoduoSpider(scrapy.Spider):
    name = 'pinduoduo'
    allowed_domains = ['yangkeduo.com']
    page = 1
    start_urls = [
        'http://apiv3.yangkeduo.com/v5/goods?page = ' + str(
            page) + '&size = 400&column = 1&platform = 1&assist_allowed = 1&list_id = single_jXnr6K&pdduid = 0']

    def parse(self, response):
        goods_list_json = json.loads(response.body)
        goods_list = goods_list_json['goods_list']
        # 判断是否是最后一页
        if not goods_list:
            return
        for each in goods_list:
            item = PinduoduoItem()
            item['goods_name'] = each['goods_name']
            item['price'] = float(each['group']['price']) / 100
            # 拼多多的价格默认乘了 100
            item['sales'] = each['cnt']
            item['normal_price'] = float(each['normal_price']) / 100
            item['goods_id'] = each['goods_id']
            yield scrapy.Request(url = "http://apiv3.yangkeduo.com/reviews/" + str(item['goods_id']) + "/list?&size = 20",
```

```python
                                callback = self.get_comments, meta = {"item": item})
            self.page += 1
            yield scrapy.Request(url = 'http://apiv3.yangkeduo.com/v5/goods?page = ' + str(
                self.page) + '&size = 400&column = 1&platform = 1&assist_allowed = 1&list_id = single_jXnr6K&pdduid = 0',
                                 callback = self.parse)

    def get_comments(self, response):
        """默认每个商品只爬取 20 条商品评论"""
        item = response.meta["item"]
        comment_list_json = json.loads(response.body)
        comment_list = comment_list_json['data']
        comments = []
        for comment in comment_list:
            if comment["comment"] == "":
                continue
            comments.append(comment["comment"])
        item["comments"] = comments
        yield item
```

在项目内根目录下执行 scrapy crawl pinduoduo 命令，log 中，开始时输出 Scrapy 初始化的一些配置，然后输出要爬的数据，表示爬取成功。

具体的爬虫代码继承了 Scrapy 爬虫框架的父类 scrapy.Spider，是整个 Scrapy 框架的核心所在，其生命周期如下。

(1) 从 start_urls 开始，框架会将 URL 放入队列，该队列可以成为 scheduler。

(2) 该队列的 URL 异步执行请求 request 操作，这一步在代码中没有体现出来，其实 request 是在父类中定义的通用方法。

(3) 得到服务器的返回的内容 response 后，如果返回状态码是 200，进入解析任务 parse；如果返回码不是 200，则该 URL 重新放入队列，即返回步骤(1)，进行下一次请求的尝试。

(4) 成功进入解析任务的请求。如果是 item pipline 中定义的数据，则通过 item pipline 中定义的数据格式进行标准化存储；如果还有进一步需要请求的 URL，则通过步骤(5)的方法，将 URL 放入队列作为新的任务，重新执行步骤(1)。

(5) 如果进入 parse 的任务，还有更深一层的请求，则通过 yield scrapy.Request()发起更深层级的请求，通过 scrapy.Request()方法的 callback 参数指定更深层次请求之后的解析函数。

上述步骤尽可能简单地描述了爬虫框架的运行过程，便于读者掌握流程，理解 Scrapy 框架的重要知识点，从而更好地分析爬虫和调试代码。

Scrapy 框架的结构如图 1-6 所示，可以清晰反应上述声明周期。

(1) 引擎(Scrapy Engine)：是 Scrapy 框架的核心，用于处理整个系统的数据流和触发事务。

(2) 调度器(Scheduler)：用于接收引擎发过来的请求，将其压入队列中，并在引擎再次请求时返回。可以想象成一个 URL(爬取网页的网址或者说是链接)的优先队列，由它来决定下一个要爬取的网址是什么，同时去除重复的网址。

(3) 下载器(Downloader)：用于下载网页内容，并将网页内容返回给蜘蛛(Scrapy 下载器是建立在 twisted 这个高效的异步模型上的)。

(4) 爬虫(Spiders)：用于从特定的网页中提取自己需要的信息，即所谓的实体(Item)。

用户也可以从中提取出链接,让 Scrapy 继续爬取下一个页面。

(5) 项目管道(Pipeline):负责处理爬虫从网页中抽取的实体,主要的功能是持久化实体,验证实体的有效性,清除不需要的信息。当页面被爬虫解析后,将被发送到项目管道,并经过几个特定的次序处理数据。

(6) 下载器中间件(Downloader Middlewares):位于 Scrapy 引擎和下载器之间的框架,主要工作是处理 Scrapy 引擎与下载器之间的请求及响应。

(7) 爬虫中间件(Spider Middlewares):介于 Scrapy 引擎和爬虫之间的框架,主要工作是处理蜘蛛的响应输入和请求输出。

(8) 调度中间件(Scheduler Middlewares):介于 Scrapy 引擎和调度之间的中间件,从 Scrapy 引擎发送到调度的请求和响应。

整个框架化繁为简,其实还是爬虫的 3 个基本步骤:请求、解析、存储。请求用到了 scrapy.Request();解析用到了 Python 的 JSON 包,这个的用法这里不再介绍。存储通过管道存到 MongoDB 中。

介绍完流程,下面说一下代码中的难点,请看如下代码:

```
yield scrapy.Request(url = 'http://apiv3.yangkeduo.com/v5/goods?page = ' + str(
            self.page) + '&size = 400&column = 1&platform = 1&assist_allowed = 1&list_id =
single_jXnr6K&pdduid = 0',
                        callback = self.parse)
```

如上代码有两个知识点:Python 的 yield 关键字和请求方法 scrapy.Request(),它们在 Scrapy 爬虫中经常组合出现。

(1) yield 关键字。

Python 的 yield 关键字可以简单地被理解成 return,但是不同之处在于它返回的是生成器,可以有效地节约系统资源,避免过多的内存占用。先看一段代码:

```
def fun():
for i in range(20):
    x = yield i
    print('good',x)
if __name__ == '__main__':
a = fun()
a.__next__()
x = a.send(5)
print(x)
```

这段代码很短,可以用来理解 yield 关键字的核心用法,即逐个生成。在这里获取了两个生成器产生的值,分别由 next() 函数和 send() 函数获得。next() 函数可以持续获取符合 fun() 函数规则的数,直到 19 结束。代码如下:

```
def fun():
for i in range(20):
    x = yield i
if __name__ == '__main__':
for x in fun():
    print(x)
```

这段代码的效果和下面这段代码的效果是完全相同的。

```
if __name__ == '__main__':
    for i in range(20):
        x = yield i
```

for…in 调用生成器算是生成器的基础用法,不过只会用 for…in 的话意义是不大的。生成器中最重要的函数是 send()和 next()。

send()函数,只能从 yield 之后开始,到下一个 yield 结束。

next()函数很好理解,就是从上一个终止点开始,到下一个 yield 表达式结束,返回值就是 yield 表达式的值。例如,在初始的那段代码中:

```
def fun():
    for i in range(20):
        x = yield i
        print('good', x)
```

第一次调用 next()函数时,从 fun()函数的起点开始,然后在 yield 表达式处结束。注意,赋值语句不可被调用,此处 yield 表达式的作用和 return 语句类似。

但是第二次调用 next()函数时,就会直接从上一个 yield 表达式的结束处开始,也就是先执行赋值语句,然后输出字符串,进入下一个循环,直到下一个 yield 表达式或者生成器结束。

再次看初始的那段代码,可以发现第二次调用时没有使用 next()函数,而是使用了一个 send()函数。send()函数最重要的作用在于它可以给 yield 表达式对应的赋值语句赋值,如上面那一段代码中的:

```
x = yield i
```

如果调用 next()函数,则 x=None;如果调用 send(5),则 x=5。除了上述两个特征以外,send()函数和 next()函数并没有什么区别,send()函数也会返回 yield 表达式对应的值。

next()函数调用次数可能有限,下面这段代码:

```
def fun():
    for i in range(20):
        x = yield i
        print('good', x)
if __name__ == '__main__':
    a = fun()
    for i in range(30):
        x = a.__next__()
        print(x)
```

生成器里的函数只循环了 20 次,但是 next()函数却调用了 30 次,这时就会触发 StopIteration 异常。

(2) scrapy.Request()。一个 request 对象表示一个 HTTP 请求,它通常是在爬虫时生成,并由 Download 中间件执行,从而生成 response。其函数原型如下:

```
class scrapy.http.Request(url[, callback, method = 'GET', headers, body, cookies, meta, encoding = 'UTF-8', priority = 0, dont_filter = False, errback])
```

下面介绍一下 request 对象所需要的参数。

① url(string):此请求的网址。

② callback(callable)：将使用此请求的响应（一旦下载）作为其第一个参数调用的函数。如果请求没有指定回调，parse()将使用 spider 的方法。请注意，如果在处理期间引发异常，则会调用 errback。

③ method(string)：此请求的 HTTP 方法。默认为'GET'。

④ meta(dict)：属性的初始值 Request.meta。如果给定，在此参数中传递的 dict 将被浅复制。

⑤ body(str 或 unicode)：请求体。如果 unicode 传递了 a，那么它被编码为 str 使用传递的编码（默认为 UTF-8）。如果 body 没有给出，则存储一个空字符串。不管这个参数的类型，存储的最终值将是一个 str(不会是 unicode 或 None)。

⑥ headers(dict)：此请求的头。dict 值可以是字符串（对于单值标头）或列表（对于多值标头）。如果 None 作为值传递，则不会发送 HTTP 头。

⑦ cookie(dict 或 list)：请求 cookie。cookie 参数可以字典和列表两种形式发送。

一是使用字典，实例如下。

```
request_with_cookies = Request(url = "http://www.example.com",
cookies = {'currency': 'USD', 'country': 'UY'})
```

二是使用列表，实例如下。

```
request_with_cookies = Request(url = "http://www.example.com",
                                cookies = [{'name': 'currency',
                                            'value': 'USD',
                                            'domain': 'example.com',
                                            'path': '/currency'}])
```

列表形式允许定制 cookie 的属性 domain 和 path 属性。这只有在保存用于以后的请求的 cookie 时才有用。当某些网站返回 cookie（在响应中）时，这些 cookie 会存储在该域的 cookie 中，并在将来的请求中再次发送。这是任何常规网络浏览器的典型行为。但是，如果由于某种原因，想要避免与现有 cookie 合并，可以通过将 dont_merge_cookies 关键字设置为 True 的方式，指示 Scrapy 框架操作 Request.meta。避免与现 cookie 合并的请求示例如下：

```
request_with_cookies = Request(url = "http://www.example.com",
                                cookies = {'currency': 'USD', 'country': 'UY'},
                                meta = {'dont_merge_cookies': True})
```

⑧ encoding(string)：此请求的编码（默认为'UTF-8'）。此编码将用于对 URL 进行百分比编码，并将正文转换为 str（如果给定 unicode）。

⑨ priority(int)：此请求的优先级（默认为 0）。调度器使用优先级来定义用于处理请求的顺序。具有较高优先级的请求将较早执行。允许为负值以指示相对低的优先级。

⑩ dont_filter(boolean)：表示此请求不应由调度程序过滤。当用户想要多次执行相同的请求时，控制过滤器是否使用。谨慎使用它，否则你会进入爬行循环。默认为 False。

⑪ errback(callable)：在处理请求时引发任何异常将调用的函数。这包括失败的 404 HTTP 错误等页面。它接收一个 Twisted Failure 实例作为第一个参数。

⑫ url：包含此请求的网址的字符串。请记住，此属性包含转义的网址，因此它可能与构造函数中传递的网址不同。此属性为只读。更改请求使用 URL replace()。

⑬ method：表示请求中的 HTTP 方法的字符串。这保证是大写的。例如，"GET"

"POST""PUT"等。

⑭ headers：包含请求标头的类似字典的对象。

⑮ body：包含请求正文的 str。此属性为只读。更改请求使用正文 replace()。

⑯ meta：包含此请求的任意元数据的字典。此 dict 对于新请求为空，通常由不同的 Scrapy 组件(扩展程序、中间件等)填充。因此，此 dict 中包含的数据取决于用户启用的扩展。

⑰ copy()：返回一个新的请求，它是该请求的副本。

⑱ replace([url, method, headers, body, cookies, meta, encoding, dont_filter, callback, errback])：返回具有相同成员的 request 对象，但通过指定的任何关键字参数赋予新值的成员除外。该属性 Request.meta 是默认复制(除非新的值是给定的 meta 参数)。

此外，还可以使用 FormRequest 通过 HTTP POST 发送数据，如果想在爬虫中模拟 HTML 表单 POST 并发送几个键值字段，可以返回一个 FormRequest 对象(从用户的爬虫)，像这样：

```
return [FormRequest(url = "http://www.example.com/post/action",
                    formdata = {'name': 'John Doe', 'age': '27'},
                    callback = self.after_post)]
```

【提示】 理解 Scrapy 框架的基本结构、执行步骤，对理解爬虫框架的设计思想非常有帮助；作为开源项目，Scrapy Project 也是一个很好的学习 Python 及爬虫系统的项目，值得读者深入学习。

如上文所述，Scrapy 爬虫项目，除了上面介绍的爬虫主文件，例 12-2～例 12-5 中的代码都是爬虫项目不可或缺的组成部分。

【例 12-2】 定义数据存储的逻辑。

```
# pipelines.py
# - * - coding: UTF - 8 - * -
# Define your item pipelines here
# Don't forget to add your pipeline to the ITEM_PIPELINES setting
# See: https://doc.scrapy.org/en/latest/topics/item-pipeline.html
import json
from Pinduoduo.items import PinduoduoItem
from pymongo import MongoClient
class PinduoduoGoodsPipeline(object):
    """将商品详情保存到 MongoDB"""
    def open_spider(self, spider):
        self.db = MongoClient(host = "127.0.0.1", port = 27017)
        self.client = self.db.Pinduoduo.pinduoduo
    def process_item(self, item, spider):
        if isinstance(item, PinduoduoItem):
            self.client.insert(dict(item))
        return item
```

如上代码称作 Item Pipeline(项目管道)，在项目被爬虫爬取后，它被发送到项目管道，通过顺序执行的几个组件来处理它。每个项目管道组件是一个实现简单方法的 Python 类。它们接收一个项目并对其执行操作，还决定该项目是否应该继续通过"流水线"或被丢弃，并且不再被处理。

项目管道的典型用途如下。

(1) 清理 HTML 数据。

(2) 验证爬取的数据(检查项目是否包含特定字段)。

(3) 检查重复(并删除)。

(4) 将爬取的项目存储在数据库中。

每个项目管道组件是一个 Python 类,必须实现 process_item(self, item, spider)方法,对于每个项目管道组件都调用此方法。process_item()方法返回一个带数据的 dict,返回一个 Item (或任何后代类)对象,返回一个 Twisted Deferred 或者 Raise DropItemexception。

另外,它们还可以实现以下方法。

(1) open_spider(self, spider),当爬虫打开时调用此方法。

(2) close_spider(self, spider),当爬虫关闭时调用此方法。

(3) from_crawler(cls, crawler)如果存在,则调用此类方法以从 a 创建流水线实例 Crawler。它必须返回管道的新实例。Crawler 对象提供对所有 Scrapy 核心组件(如设置和信号)的访问,它是管道访问它们并将其功能挂钩到 Scrapy 中的一种方式。

【例 12-3】 定义字段和数据存储中字段的映射关系。

```
# items.py
# - * - coding: utf - 8 - * -

import scrapy
class PinduoduoItem(scrapy.Item):
    goods_id = scrapy.Field()
    goods_name = scrapy.Field()
    price = scrapy.Field()           # 拼团价格,返回的字段乘了100
    sales = scrapy.Field()           # 已拼单数量
    normal_price = scrapy.Field()    # 单独购买价格
    comments = scrapy.Field()
```

例 12-3 声明了 Item,Item 的主要目标是从非结构化来源(通常是网页)提取结构化数据。Scrapy 爬虫可以将提取的数据作为 Python 语句返回。虽然使用方便且用户熟悉,但 Python dicts 缺乏结构,很容易在字段名称中输入错误或返回不一致的数据,特别是在有许多爬虫的大项目中。

要定义公共输出数据格式,Scrapy 提供了 Item 类。Item 对象是用于收集所爬取数据的简单容器。它们提供了一个类似字典的 API,具有用于声明其可用字段的方便的语法。

各种 Scrapy 组件使用项目提供的额外信息,导出器查看声明的字段以计算要导出的列,序列化可以使用项字段元数据 trackref 定制,跟踪项实例以帮助查找内存泄漏等。

Item 在例 12-1 中曾经使用两次,在 parse()方法中的使用方法如下:

```
item = PinduoduoItem()
item['goods_name'] = each['goods_name']
item['price'] = float(each['group']['price']) / 100  # 拼多多的价格默认乘了100
item['sales'] = each['cnt']
item['normal_price'] = float(each['normal_price']) / 100
item['goods_id'] = each['goods_id']
```

在 get_comments()方法中的使用方法如下:

```
item = response.meta["item"]
item["comments"] = comments
yield item
```

【提示】 熟悉 Django 的读者会注意到 Scrapy Items 被声明为类似于 Django Models，只是 Scrapy Items 比较简单，因为没有不同字段类型的概念。

【例 12-4】 爬虫通用属性的设置文件。

```python
# settings.py
# -*- coding: utf-8 -*-
BOT_NAME = 'Pinduoduo'
SPIDER_MODULES = ['Pinduoduo.spiders']
NEWSPIDER_MODULE = 'Pinduoduo.spiders'
ROBOTSTXT_OBEY = False
DOWNLOADER_MIDDLEWARES = {
    'Pinduoduo.middlewares.RandomUserAgent': 543,
}
ITEM_PIPELINES = {
    'Pinduoduo.pipelines.PinduoduoGoodsPipeline': 300,
}
```

本例中，Scrapy 设置允许用户自定义所有 Scrapy 组件的行为，包括核心、扩展、管道和爬虫本身。设置的基础结构提供了键值映射的全局命名空间，代码可以使用它从中提取配置值。可以通过不同的机制来填充设置，这些设置也是选择当前活动 Scrapy 项目的机制。其中，需要将是否采用 robots.txt 策略设置为 False（ROBOTSTXT_OBEY = False），这是因为并不想受 robot 协议的限制。

另外，DOWNLOADER_MIDDLEWARES 包含项目中启用的下载器中间件及其顺序的字典。后面的数字 543 表示优先级，例如：

```python
DOWNLOADER_MIDDLEWARES = {
    'Pinduoduo.middlewares.RandomUserAgent': 543,
}
```

大部分服务器在请求开始会首先检查 User_Agent，而 Scrapy 默认的浏览器 UserAgent 是 "scrapy1.1"，很容易被网站反爬识别到，所以自定义了随机获取 UserAgent 的中间件，如例 12-5 所示。

【例 12-5】 爬虫的中间件配置文件。

```python
# middlewares.py
# -*- coding: utf-8 -*-
import random
from scrapy import signals
from easye import user_agents
class RandomUserAgent(object):
    def __init__(self):
        self.user_agents = user_agents
    @classmethod
    def from_crawler(cls, crawler):
        s = cls()
        crawler.signals.connect(s.spider_opened, signal=signals.spider_opened)
        return s
    def process_request(self, request, spider):
        request.headers['User-Agent'] = random.choice(self.user_agents)
    def process_response(self, request, response, spider):
        pass
```

```
def spider_opened(self, spider):
    spider.logger.info('Spider opened: %s' % spider.name)
```

如上代码中,from easye import user_agents 引用的是一个 user_agent 的集合,理想情况下是 useragent 数据越多越好,区分移动端 UserAgent 和 PC 端 UserAgent,可以更方便地迷惑服务器,隐藏爬虫身份(目前本书配套代码中,只有一部分 UserAgent,建议读者可以自己尝试扩充 UserAgent 的数据)。

12.4 运行并查看数据库 MongoDB

启动 Scrapy,可以在终端 Console 中直接运行爬虫命令 scrapy crawl pinduoduo,其中 pingduoduo 为该爬虫的名字,更为方便的,可以用例 12-6 所示的代码引入 Scrapy 的 cmdline 包。

【例 12-6】 Scrapy 爬虫 middlewares。

```
# middlewares.py
from scrapy import cmdline
cmdline.execute("scrapy crawl pinduoduo".split())
```

运行脚本并输入其章节列表页面的 URL,可以看到控制台中程序成功运行时的输出,运行一段时间后,显示爬虫已经完成。接下来就要在数据库中查看爬取到的数据了。NoSQL Manager 查看数据(tree view)如图 12-6 所示。NoSQL Manager 查看数据(table view)如图 12-7 所示。

图 12-6　NoSQL Manager 查看数据(tree view)

1. MongoDB 的相关概念

在本案例中,数据库用的是 MongoDB,是一种 NoSQL 数据库,是非关系型的数据库。NoSQL 是对不同于传统的关系数据库的数据库管理系统的统称,用于超大规模数据的存储(如谷歌或 Facebook 每天为其用户收集万亿位的数据)。这些类型的数据存储不需要固定的模式,无须多余操作就可以横向扩展。

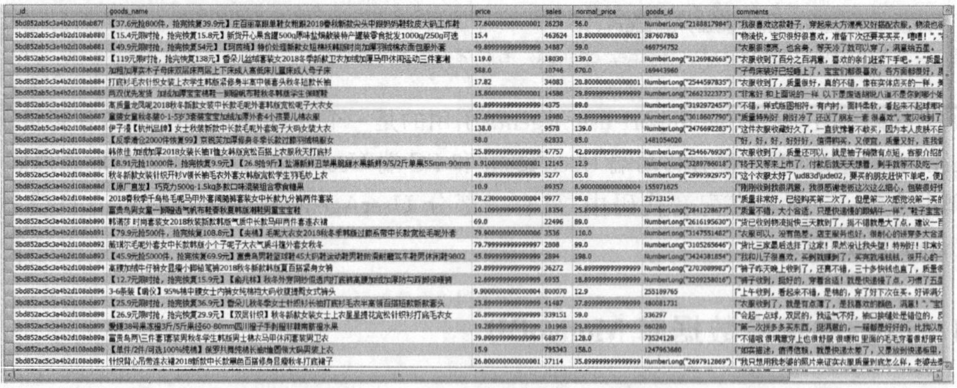

图 12-7　NoSQL Manager 查看数据（table view）

MongoDB 使用 BSON 对象来存储，与 JSON 格式类型的键值对类似，MongoDB 数据库和关系型 DB 的存储模型对应关系如表 12-1 所示。

表 12-1　MongoDB 和关系型 DB 存储模型对应关系

关系数据库（如 MySQL）	MongoDB 数据库
Database（库）	Database（库）
Table（表）	Collection（集合）
Row（行）	Document（文档）
Column（列）	Key/Value or Document（K-V 键值对或者文档）

NoSQL 数据库的理论基础是 CAP 理论，分别代表 Consistency（强一致性）、Availability（可用性）、Partition Tolerance（分区容错），分布式数据系统只能满足其中的两个特性。

（1）C：系统在执行某项操作后仍然处于一致的状态。在分布式系统中，更新操作执行成功之后，所有的用户都能读取到最新的值，这样的系统被认为具有强一致性。

（2）A：用户执行的操作在一定时间内，必须返回结果。如果超时，那么操作回滚，与操作没有发生一样。

（3）P：分布式系统是由多个分区节点组成的，每个分区节点都是一个独立的 Server，P 属性表明系统能够处理分区节点的动态加入和离开。

在构建分布式系统时，必须考虑 CAP 特性。传统的关系型 DB，注重的是 CA 特性，数据一般存储在一台 Server 上。而处理海量数据的分布式存储和处理系统更注重 AP，AP 的优先级要高于 C，但 NoSQL 并不是完全放弃一致性（Consistency），NoSQL 保留数据的最终一致性（Eventually Consistency）。最终一致性是指更新操作完成之后，用户最终会读取到数据更新之后的值，但是会存在一定的时间窗口，用户仍会读取到更新之前的旧数据；在一定的时间延迟之后，数据达到一致性。

2．MongoDB 的基本操作

为了更好地操作爬取到的数据，需要对 MongoDB 的常见操作有基本的了解。

（1）启动 MongoDB 服务。

在操作 MongoDB 数据库之前，先要启动 MongoDB 实例，服务启动之后，默认监听的 TCP 端口号是 27017。

MongoDB 同时启动一个 HTTP 服务器，监听 27017 号端口，如果 MongoDB 实例安装在本地，那么在浏览器中输入 http://localhost：27017/，效果如图 12-8 所示。

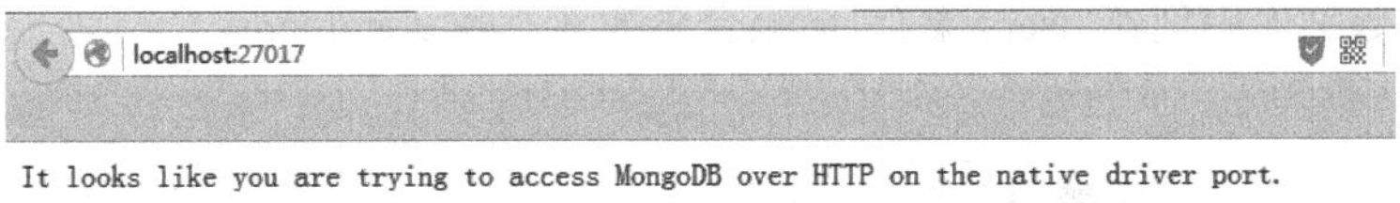

```
 localhost:27017
It looks like you are trying to access MongoDB over HTTP on the native driver port.
```

图 12-8　MongoDB 默认启动的 http 服务

MongoDB 的启动方式，除了之前操作的将参数写入配置文档的操作，还能以命令行方式启动、以 daemon 后台守护进程的方式启动，总结如下。

① 以命令方式启动，默认的 dbpath 是 C:\data\db，命令如下：

```
mongod -- dbpath = C:\data\db
```

② 以配置文档的方式启动，将 mongod 的命令参数写入配置文档，以参数-f 启动，命令如下：

```
mongod - f C:\data\db\mongodb_config.config
```

③ 以 daemon 方式启动，当启动 MongoDB 的进程关闭后，MongoDB 随之关闭，只需要使用 --fork 参数，就能使 MongoDB 以后台守护进程方式启动，命令如下：

```
mongod -- fork
```

其中，mongod 是整个 MongoDB 最核心的进程，负责数据库的创建、删除等管理操作，运行在服务器端，监听客户端的请求，提供数据服务。

【提示】　当 MongoDB 启动后，可以通过以下命令查看 mongod 的启动参数：

```
db.serverCmdLineOpts()
```

（2）连接到 MongoDB 实例。

不要关闭 MongoDB 实例，新打开一个命令行工具，输入 mongo，该命令启动 mongo shell，shell 将自动连接本地（localhost）的 MongoDB 实例，默认的端口号是 27017。

mongo 进程是构造一个 Javascript Shell，用于与 mongod 进程交互，根据 mongod 提供的接口对 MongoDB 数据库进行管理，相当于 SSMS（SQL Server Management Studio，SQL Server 管理工具集），是一个管理 MongoDB 的工具。

（3）查看当前连接的 DB。

使用命令查看正在连接的数据库名。

```
db
db.getName()
```

（4）查看 MongoDB 实例中的 db 和 collection。

```
show dbs
show collections
db.getCollectionNames()
```

（5）切换 DB。

```
use foo
```

(6) 在 foo 数据库中创建 users 集合,向集合中插入一条 document。

```
use foo
db.users.insert({"name": "name 1",age: 21})
db.users.find()
```

(7) 关闭 MongoDB 实例。

在 mongo shell 中执行以下命令,关闭 MongoDB 实例。

```
use admin
db.shutdownServer()
```

(8) 帮助命令。

```
help
```

db.help()用于查看数据库级别的帮助。

db.mycoll.help()用于查看集合级别的帮助。

3. MongoDB 的其他相关概念

(1) mongod。

mongod 是 MongoDB 系统的主要守护进程,用于处理数据请求、数据访问和执行后台管理操作,必须启动,才能访问 MongoDB 数据库。在启动 mongod 进程时,常用的参数如下。

--dbpath < db_path >:存储 MongoDB 数据文件的目录。

--directoryperdb:指定每个数据库单独存储在一个目录中(directory),该目录位于 dbpath 指定的目录下,每个子目录都对应一个数据库名字。

--logpath < log_path >:指定 mongod 记录日志的文件。

--fork:以后台 deamon 形式运行服务。

--journal:开始日志功能,通过保存操作日志来降低单机故障的恢复时间。

--config(或-f)< config_file_path >:配置文件,用于指定 runtime options。

--bind_ip < ip address >:指定对外服务的绑定 IP 地址。

--port < port >:对外服务窗口。

--auth:启用验证,验证用户权限控制。

--syncdelay < value >:系统刷新 disk 的时间,单位是秒,默认是 60s。

--replSet < setname >:以副本集方式启动 mongod,副本集的标识是 setname。

(2) Mongo Shell。

Mongo Shell 是一个交互式的 JS Shell,提供了一个强大的 JS 环境,为 DBA 管理 MongoDB,开发者查询 MongoDB 数据提供接口。通过 Mongo Shell 和 MongoDB 进行交互,查询和修改 MongoDB 数据库,管理 MongoDB 数据库,维护 MongoDB 的副本集和分片集群,是一个非常强大的工具。

在启动 Mongo Shell 时,常用的参数如下。

--nodb:阻止 mongo 在启动时连接到数据库实例。

--port < port >:指定 mongo 连接到 mongod 监听的 TCP 端口,默认的端口号是 27017。

--host < hostname >:指定 mongod 运行的 server,如果没有指定该参数,那么 mongo 尝试连接运行在本地(localhost)的 mongod 实例。

＜db address＞：指定 mongo 连接的数据库。

--username/-u ＜username＞ 和 --password/-p ＜password＞：指定访问 MongoDB 数据库的账户和密码，只有当认证通过后，用户才能访问数据库。

--authenticationDatabase ＜dbname＞：指定创建 User 的数据库，在数据库中创建 User 时，该数据库就是 User 的 Authentication Database。

（3）MongonDB 的可视化工具。

实际工作中，如果是一些简单的操作，可以用 MongonDB 的可视化工具查看数据，在这个案例中用可视化工具 NoSQL Manager for Mongo DB，NoSQL Manager 的下载页如图 12-9 所示。

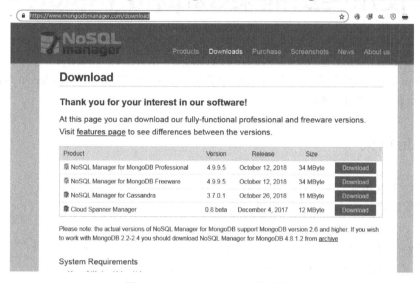

图 12-9　NoSQL Manager 的下载页

至此，已完成爬取拼多多商品评论的任务，用了主流的爬虫框架 Scrapy，功能已经比较完善，但是 Scrapy 的缺点是只能单机，没有直接支持分布式爬虫系统，和 Scrapy 同源的 Scray-redis 项目也是开源项目，可以满足分布式，可以应对一般的分布式爬虫系统。

12.5　本章小结

本章使用了 Scrapy 对拼多多的商品列表页及商品评论数据做了爬取，持久化存储用了非关系数据库 MongoDB，在分析网站时用到了抓包工具 Charles。

Scrapy 是目前主流的爬虫框架，可以满足大部分企业级爬虫需求，值得读者深度学习，作为开源系统，Scrapy 的设计思想也是很多自主研发爬虫系统的标杆，源代码的阅读价值也非常大。

MongoDB 是一个基于分布式文件存储的数据库，它支持的数据结构非常松散，是类 JSON 的 BSON 格式，和本案例爬取到的 JSON 数据天然匹配，常用于存储比较复杂的数据类型。

Charles 是爬虫和分析网络请求时经常用到的工具，开发人员掌握其用法还是很有必要的。

第13章

使用爬虫框架Gain和PySpider

在Python开发中,比较常见的爬虫框架除了Scrapy以外,还包括PySpider和Gain,本章将以这两个爬虫框架的使用为例详细介绍不同爬虫框架的特性和开发方法。

13.1 Gain 框架

Gain 是一个使用 asyncio、uvloop 和 aiohttp 等库实现的轻量级 Python 爬虫框架,其爬虫结构如图 13-1 所示。Gain 基于的 asyncio 是 Python 3.4 后引入的标准库,主要功能是支持异步的 IO 操作。另外,uvloop 是 asyncio 事件循环的替代,aiohttp 是基于 asyncio 的 HTTP 工具,两者结合能够支持更高速、高效的网络编程,因此 Gain 的主要特征就是轻量和高速。

安装 Gain 仍然可以使用 pip,运行 pip install gain 命令即可,若用户未安装 uvloop,还需要用 pip install uvloop 进行安装(uvloop 目前只能在 Linux 平台上使用)。不过 pypi 上的 Gain 有可能并非最新版本,为此,用户可以前往 GitHub 上 Gain 框架的 Repository(地址为 https://github.com/gaojiuli/gain),使用 Git Clone 下载到本地的某一路径,然后运行 pip install -e path/to/SomeProject 命令进行安装。

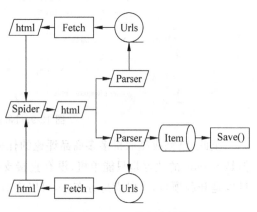

图 13-1 Gain 的爬虫结构

13.2 使用 Gain 做简单爬取

使用 Gain 编写爬虫程序,一般是编写继承 Spider 类的新爬虫类,Gain 中的 Spider 类如下:

```
class Spider:
    start_url = ''
    base_url = None
    parsers = []
    error_urls = []
    urls_count = 0
    concurrency = 5
    interval = None      # 待办事项:限制两个请求之间的间隔
```

```
        headers = {}
        proxy = None
        cookie_jar = None

        @classmethod
        def is_running(cls):
            is_running = False
            for parser in cls.parsers:
                if not parser.pre_parse_urls.empty() or len(parser.parsing_urls) > 0:
                    is_running = True
            return is_running

        @classmethod
        def parse(cls, html):
            for parser in cls.parsers:
                parser.parse_urls(html, cls.base_url)

        @classmethod
        def run(cls):
            logger.info('Spider started!')
            start_time = datetime.now()
            loop = asyncio.get_event_loop()
            ...
```

在 Spider 类的定义中,run()是爬虫运行时的执行函数,用户一般需要自定义 start_url、concurrency、parsers、proxy 等属性。这里以爬取 scrapinghub 的博客为例,使用 Gain 框架编写出这样的爬虫程序,见例 13-1。

【例 13-1】 使用 Gain 爬取 scrapinghub 的博客。

```
from gain import Css, Item, Parser, Spider
import aiofiles


class Post(Item):
    title = Css('#hs_cos_wrapper_name')
    content = Css('.post-body')
    async def save(self):
        async with aiofiles.open('scrapinghub.txt', 'a+') as f:
            await f.write('{}\n'.format(self.results['title']))


class MySpider(Spider):
    concurrency = 5
    headers = {
        'User-Agent': 'Mozilla/5.0 (Macintosh; Intel Mac OS X 10_13_3) AppleWebKit/537.36 (KHTML, like Gecko) Chrome/67.0.3396.99 Safari/537.36'}
    start_url = 'https://blog.scrapinghub.com/'
    parsers = [Parser('https://blog.scrapinghub.com/page/\d+/'),
               Parser('https://blog.scrapinghub.com/\d{4}/\d{2}/\d{2}/[a-z0-9\-]+', Post)]

MySpider.run()
```

在上面的代码中,aiofiles 是一个支持异步文件 IO 的库,该例用它实现了一个 save()(保存到 TXT 文件中)方法。另外,在 Post 类中还使用 CSS 选择器获取了网页的 title(标题)和 content(内容)。CSS 选择器表达式可以使用 Chrome 开发者工具得到,如图 13-2 所示。

MySpider 类继承了 Gain 中的 Spider 类,在这里自定义了 headers,将 UA 信息加入可以

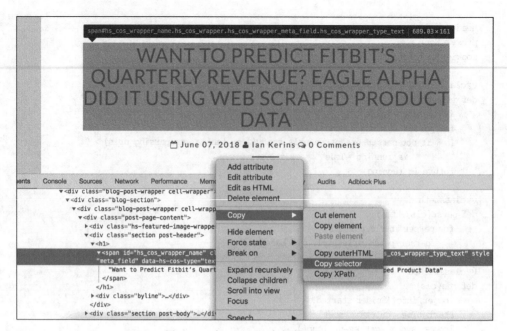

图 13-2　在 Chrome 中复制 selector

避免基本的反爬虫机制，concurrency 为并发数，parsers 则为一个 Parser 类的列表。

Parser()接收一个正则表达式形式的 rule(规则)作为参数，如果还传入了继承自 Item 的类作为参数，则对满足当前 rule 的 url 开始 Item 的定位和处理(如例 13-1 中的 save()方法)，如果没有 Item 作为参数，则对当前 rule 的 url 进行 follow，继续爬取 url 链接。

在例 13-1 中，正则表达式“https://blog.scrapinghub.com/page/\d+/”是博客页码的 URL 格式，正则表达式“https://blog.scrapinghub.com/\d{4}/\d{2}/\d{2}/[a-z0-9\-]+”则是具体的一篇博客文章的 URL 格式。

运行这个程序，用户能够看到对应的控制台输出，如图 13-3 所示。

```
Parsed(4/9): https://blog.scrapinghub.com/2017/12/31/looking-back-at-2017
Parsed(5/9): https://blog.scrapinghub.com/2017/07/07/scraping-the-steam-game-store-with-scrapy
Parsed(6/9): https://blog.scrapinghub.com/2017/01/01/looking-back-at-2016
Parsed(7/9): https://blog.scrapinghub.com/2017/06/19/do-androids-dream-of-electric-sheep
Parsed(8/9): https://blog.scrapinghub.com/2017/04/19/deploy-your-scrapy-spiders-from-github
Parsed(9/9): https://blog.scrapinghub.com/2018/06/19/a-sneak-peek-inside-what-hedge-funds-think-of-alternative-financial-data
Item "Post": 8
Requests count: 9
Error count: 0
Time usage: 0:00:16.567301
Spider finished!
```

图 13-3　使用 Gain 爬取 blog.scrapinghub.com

在本地打开 scrapinghub.txt 即可看到爬取的文章网页标题，如图 13-4 所示。

```
Looking Back at 2017
How Data Compliance Companies Are Turning To Web Crawlers To Take Advantage of the GDP
A Sneak Peek Inside What Hedge Funds Think of Alternative Financial Data
Looking Back at 2016
Scraping the Steam Game Store with Scrapy
Deploy your Scrapy Spiders from GitHub
Do Androids Dream of Electric Sheep?
```

图 13-4　爬取到 TXT 中的文章标题

除了使用正则表达式来匹配网页中的 URL 以外，Gain 还提供了 XPathParser 支持 XPath 规则的页面元素定位，这里通过爬取虎扑论坛来介绍这一方面。在虎扑论坛的学府路版面中，每个帖子元素的 XPath 格式类似于“//*[@id="ajaxtable"]/div[1]/ul/li[2]/div[1]/a”，要筛选出每个帖子，只需用“*”匹配到所有 li 元素即可，如图 13-5 和图 13-6 所示。

图 13-5 虎扑论坛上的帖子元素的 XPath 格式

图 13-6 匹配所有 li 元素

有了上面的观察,用户便可以使用 Gain 编写一个爬取该论坛版面首页所有帖子的标题信息的简单爬虫,见例 13-2。

【例 13-2】 使用 Gain 爬取论坛版面首页所有帖子的标题信息。

```
from gain import Css, Item, XPathParser, Spider


class Post(Item):
    title = Css('#j_data')

    async def save(self):
        print(self.title)
```

```
class MySpider(Spider):
  start_url = 'https://bbs.hupu.com/xuefu'
  concurrency = 5
  headers = {'User - Agent': 'Google Spider'}
  parsers = [
    XPathParser('//*[@id = "ajaxtable"]/div[1]/ul/li[*]/div[1]/a/@href', Post)
  ]

MySpider.run()
```

其中，Post 类中的 title = Css('#j_data')将会得到每个帖子页面的标题，在 save()方法中仅仅打印该标题。在 MySpider 类中使用了 Google Spider 作为 UA 信息，parsers 列表中为一个 XPathParser 的实例，这个 parser 将匹配 start_url 对应页面中所有满足其 XPath 的元素，并对其调用 Post 进行 Item 的获取。

运行上面的代码，用户将能够看到对应的输出（见图 13-7），表明爬取成功。Gain 还是一个仍在开发中的框架，灵活性和扩展性都很高，用户甚至可以自己改写其代码，编写自己喜欢的框架。最后要说明的是，Gain 的使用模式与 Scrapy 类似，但作为轻量爬虫，它们也有不少差异，想系统学习爬虫框架的逻辑和结构的读者应该以 Scrapy 的代码作为主要的参考资料。

```
[2018:07:20 23:28:57] Parsed(3/41): https://bbs.hupu.com/22960357.html
兰州大学到底怎么样呀?
[2018:07:20 23:28:58] Parsed(4/41): https://bbs.hupu.com/22957663.html
去武汉理工大学要注意什么
对不起，拖大家后腿了。考上了一所211大学
[2018:07:20 23:28:58] Parsed(5/41): https://bbs.hupu.com/22965060.html
[2018:07:20 23:28:58] Parsed(6/41): https://bbs.hupu.com/22960192.html
求问关于浙大科创的问题
压线进的西电 好绝望
[2018:07:20 23:28:58] Parsed(7/41): https://bbs.hupu.com/22957913.html
985一条街 弱问同济设创院怎么样
[2018:07:20 23:28:58] Parsed(8/41): https://bbs.hupu.com/22960810.html
[2018:07:20 23:28:58] Parsed(9/41): https://bbs.hupu.com/22965778.html
小弟班上的录取情况，大家看看什么水平。
[2018:07:20 23:28:58] Parsed(10/41): https://bbs.hupu.com/22960972.html
华中科技大学和天津大学哪个大学才是更具有实力的那个
[2018:07:20 23:28:58] Parsed(11/41): https://bbs.hupu.com/22958007.html
扬州大学怎么样? 求各位jr指点!
小弟求问 广东金融学院是什么水平的高校
[2018:07:20 23:28:59] Parsed(12/41): https://bbs.hupu.com/22965730.html
要去天大了，但对专业不太了解，求jrs帮助
[2018:07:20 23:28:59] Parsed(13/41): https://bbs.hupu.com/22966017.html
[2018:07:20 23:28:59] Parsed(14/41): https://bbs.hupu.com/22964809.html
老哥们，长三角地区有什么电信专业比较好的211吗?
```

图 13-7 基于 Gain 的爬虫在论坛版块爬取时的输出

13.3 PySpider 框架

根据官方文档的说明，PySpider 是一个支持 Web UI、JS 动态解析、多线程爬取、优先级爬取、Docker 部署的爬虫框架，可以看出，其功能是相当全面、丰富的。安装 PySpider 使用 pip install pyspider 命令即可，如果想使用 JS 页面解析，需要下载 PhantomJS 并完成相关配置。另外，PySpider 使用到很多依赖，在安装时如果出现依赖环境缺失的问题，安装相应的包即可。在安装成功后，使用 pyspider all 命令激活 PySpider 的所有组件，如图 13-8 所示。

此时访问 http://localhost:5000/即可看到 PySpider 的 Web UI 页面，如图 13-9 所示（由于刚刚安装，PySpider 不会有项目，图 13-9 为已经开发过一些爬虫的项目列表）。

在 Web UI 中单击 Create 按钮即可新建一个爬虫项目，填写 Project Name 和 Start URL（也可暂时不填）之后 PySpider 将会提供 WebDAV 模式页面，右侧为编辑器区域，左侧为实时

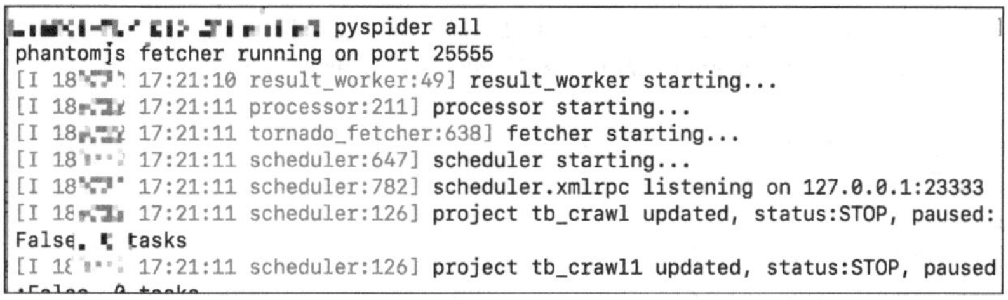

图 13-8 激活 PySpider

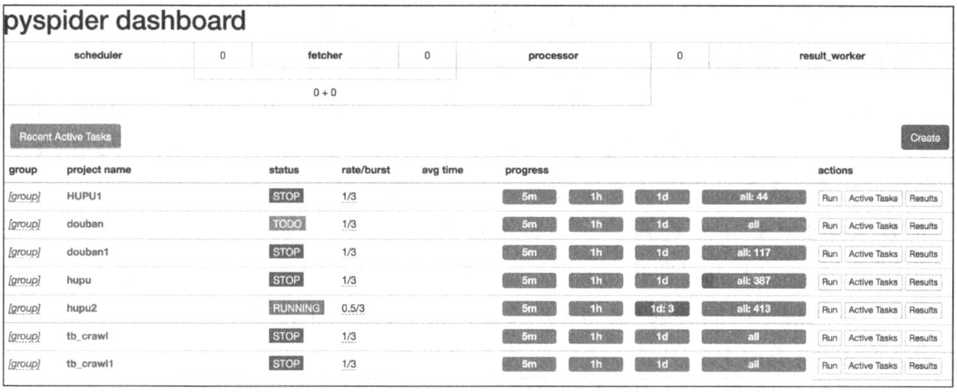

图 13-9 PySpider 的 Web UI 管理页面

运行信息与追踪区域,如图 13-10 所示。

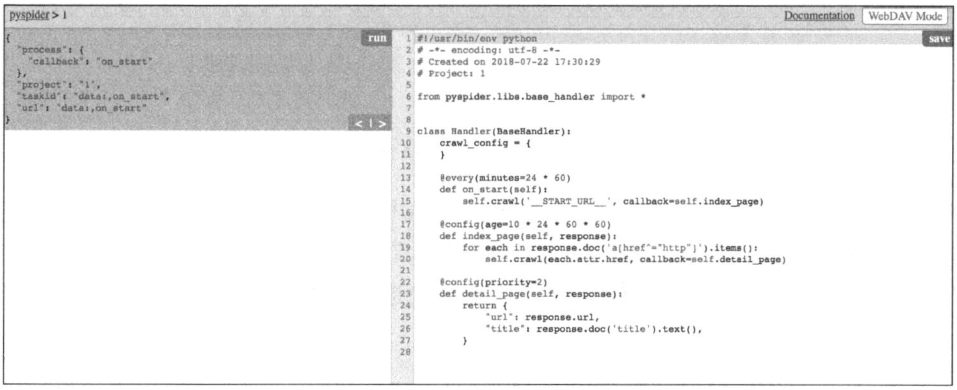

图 13-10 PySpider 的 Web 编辑器页面

PySpider 在这个名为"1"的项目中自动生成的代码如下:

```
from pyspider.libs.base_handler import *


class Handler(BaseHandler):
    crawl_config = {
    }

    @every(minutes = 24 * 60)
    def on_start(self):
        self.crawl('__START_URL__', callback = self.index_page)

    @config(age = 10 * 24 * 60 * 60)
    def index_page(self, response):
```

```
            for each in response.doc('a[href^="http"]').items():
                self.crawl(each.attr.href, callback = self.detail_page)

    @config(priority = 2)
    def detail_page(self, response):
        return {
            "url": response.url,
            "title": response.doc('title').text(),
        }
```

在上面的代码中,on_start()为主要的执行函数,在 Web 管理页面中单击 Run 按钮后将会执行该函数。其中的 self.crawl()方法将会启动一个新的爬取任务。

index_page()方法的作用是解析网页,函数中的 response.doc 是基于 pyquery 的页面元素定位方式。detail_page()方法则是另一个解析网页的方法,返回一个字典形式的数据结构作为一次爬取结果,该数据会默认被添加到 resultdb 的数据库。

另外,从上面的代码中还看到了一些装饰器语法,其中,@every(minutes=24 * 60)将会令 on_start()方法以一天为周期执行;@config(age=10 * 24 * 60 * 60)将会使 scheduler (调度器)将请求的过期时间(age)设为 10×24×60×60 秒,即 10 天;@config(priority=2)为爬取优先级设置,以类似 P0、P1、P2 这样的优先级排列。

单击左侧的 run 按钮,可以实时调试程序,并对爬取链接和结果进行跟踪。在调试完毕后单击右侧的 save 按钮,即可保存项目代码。之后,回到 Web UI 首页将项目状态改为 RUNNING,并单击 Run 按钮,这样便可以正式开始这个爬虫了,如图 13-11 所示。

图 13-11　Web UI 首页的项目操作

如果在 WebDAV 模式下单击 Run 按钮运行代码进行调试时遇到了类似"Exception: cannot run the event loop while another loop is running"的报错信息,可以尝试运行 pip3 install tornado==4.5.3 命令安装特定版本的 tornado 来解决这个问题。

13.4　使用 PySpider 进行爬取

对于一个爬虫程序而言,最核心的语句可能就是元素的定位。在 PySpider 中主要使用 CSS 选择器作为主要的元素定位方式,为了代码编写方便,在 PySpider 中还包括 CSS 选择器助手的功能,开启该功能后,单击页面上的元素即可高亮显示并生成其 CSS 选择表达式,如图 13-12 所示,单击相应的按钮可以将表达式粘贴到当前代码段。

当然,用户可以使用 Chrome 的开发者工具作为更准确的 CSS 选择器助手,在 13.2 节关于 Gain 爬虫编写的内容中已经介绍了这个功能。

在了解了 PySpider 的基本操作以后,接下来着手编写自己的第一个 PySpider 爬虫。这里将豆瓣读书首页定为爬取目标,该页面大致如图 13-13 所示。

分析这个页面,不难看出豆瓣读书页面的 URL 格式为"https://book.douban.com/subject/id/",其中 id 为一串数字。单击某一书的链接,进入其页面,通过 Chrome 开发者工具可以得到本书关键信息对应的一些 CSS selector,如作者信息对应的 CSS selector 为"#info >

第13章 使用爬虫框架Gain和PySpider

图 13-12　PySpider 的 CSS 选择器助手

图 13-13　豆瓣读书首页

span:nth-child(1) > a",本书评分对应"#interest_sectl > div > div.rating_self.clearfix > strong"。

基于上面的分析,编写最终的爬虫程序如下:

```
from pyspider.libs.base_handler import *
import re
```

```python
class Handler(BaseHandler):
    crawl_config = {
    }

    @every(minutes = 24 * 60)
    def on_start(self):
        self.crawl('https://book.douban.com/', callback = self.index_page)

    @config(age = 10 * 24 * 60 * 60)
    def index_page(self, response):
        for each in response.doc('a[href^ = "http"]').items():
            if re.match("https://book.douban.com/subject/\d+/\S+", each.attr.href, re.U):
                self.crawl(each.attr.href, callback = self.detail_page)

    @config(priority = 2)
    def detail_page(self, response):
        review_url = response.doc(
            '# content > div > div.article > div.related_info > div.mod - hd > h2 > span.pl > a').attr.href
        return {
            "url": response.url,
            "title": response.doc('title').text(),
            "author": response.doc('# info > span:nth - child(1) > a').text(),
            "rating": response.doc('# interest_sectl > div > div.rating_self.clearfix > strong').text(),
            "reviews": review_url,
        }
```

非常明显,index_page()是对豆瓣读书首页的处理函数,而 detail_page()是对图书详情页面的处理函数。在 index_page()中还使用了一次 re.match()方法,通过正则表达式在豆瓣读书首页中筛选图书页面对应的 URL。

在编辑器中编写上面的代码后就可以进行调试运行了,单击 run 按钮,可以看到"follows"上出现了"1"的数字,切换到 follows 面板,跟踪 URL,如图 13-14 所示。

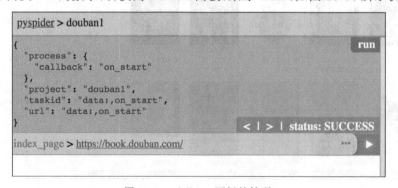

图 13-14　follows 面板的情况

然后单击绿色的播放按钮,跟踪 URL 并进入下一级,用户会看到程序将图书页面 URL 成功地筛选出来,如图 13-15 所示。

进入某一本图书详情链接(单击右侧类似播放的按钮),可以看到该图书的详细爬取结果,如图 13-16 所示。

调试到这一步,可见编写的爬虫能够顺利地进行信息的爬取。单击编辑器窗口右侧的 save 按钮,返回 Web 管理页面首页,并运行该项目。爬虫开始运行后,单击 Results 按钮便能够看到批量爬取的结果,如图 13-17 所示。

图 13-15　单击绿色的播放按钮后的 URL 筛选结果

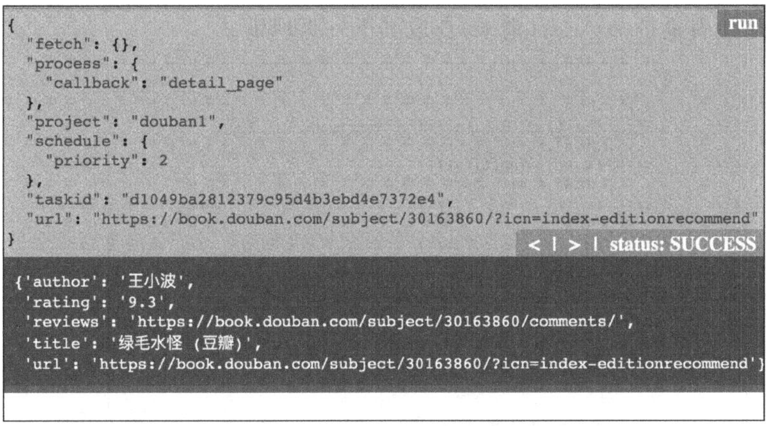

图 13-16　某书籍详情页面的信息爬取结果

单击右上角的按钮即可下载相应的爬取结果到本地文件（如单击 CSV 按钮），其效果如图 13-18 所示。

虽然爬取豆瓣读书首页的爬虫程序相对简单，但足以帮助读者对 PySpider 程序的编写和使用有一个基本的了解。其实，JavaScript 和 AJAX 技术将会给用户的爬取造成一些麻烦，幸运的是，PySpider 提供了对 PhantomJS 的整合，开启 PhantomJS 服务后（如果本地机器未安装，需要先进行安装），用户可以在 self.crawl() 方法中添加"fetch_type="js""这样的参数，从

douban1 - Results　　JSON　URL-JSON　CSV

url		author	rating	reviews	title	url	...
https://book.douban.com/subject/30199056/?icn=index-latestbook-subject		"[德]沃尔夫冈·希弗尔布施（Wolfgang Schivelbusch）"	""	"https://book.douban.com/subject/30199056/comments/"	"铁道之旅 (豆瓣)"	"https://book.douban.com/subject/30199056/?icn=index-latestbook-subject"	{}
https://book.douban.com/subject/27135764/?icn=index-latestbook-subject		"［美国］帕特里夏·麦奇利普 Patricia A. McKillip"	"7.2"	"https://book.douban.com/subject/27135764/comments/"	"御谜士三部曲（全3册）(豆瓣)"	"https://book.douban.com/subject/27135764/?icn=index-latestbook-subject"	{}
https://book.douban.com/subject/30224187/?icn=index-latestbook-subject		"张北海"	"7.7"	"https://book.douban.com/subject/30224187/comments/"	"侠隐 (豆瓣)"	"https://book.douban.com/subject/30224187/?icn=index-latestbook-subject"	{}
https://book.douban.com/subject/30239751/?icn=index-latestbook-subject		"余秀华"	"7.1"	"https://book.douban.com/subject/30239751/comments/"	"无端欢喜 (豆瓣)"	"https://book.douban.com/subject/30239751/?icn=index-latestbook-subject"	{}
https://book.douban.com/subject/25799686/?icn=index-topchart-subject		"紫金陈"	"7.3"	"https://book.douban.com/subject/25799686/comments/"	"无证之罪 (豆瓣)"	"https://book.douban.com/subject/25799686/?icn=index-topchart-subject"	{}
https://book.douban.com/subject/27662713/?icn=index-topchart-subject		"[美]沃尔特·李普曼"	"9.4"	"https://book.douban.com/subject/27662713/comments/"	"舆论 (豆瓣)"	"https://book.douban.com/subject/27662713/?icn=index-topchart-subject"	{}
https://book.douban.com/subject/30191460/?icn=index-topchart-subject		"[日] Keigo（河尻圭吾）"	"8.7"	"https://book.douban.com/subject/30191460/comments/"	"我的生活不可能那么坏 (豆瓣)"	"https://book.douban.com/subject/30191460/?icn=index-topchart-subject"	{}
https://book.douban.com/subject/30257895/?icn=index-latestbook-subject		"于洋"	"9.6"	"https://book.douban.com/subject/30257895/comments/"	"瑞士 (豆瓣)"	"https://book.douban.com/subject/30257895/?icn=index-latestbook-subject"	{}
https://book.douban.com/subject/30172069/?icn=index-topchart-subject		"[意] 埃莱娜·费兰特"	"9.4"	"https://book.douban.com/subject/30172069/comments/"	"失踪的孩子 (豆瓣)"	"https://book.douban.com/subject/30172069/?icn=index-topchart-subject"	{}
https://book.douban.com/subject/30234414/?icn=index-latestbook-subject		"[美] 库尔特·冯内古特"	"8.8"	"https://book.douban.com/subject/30234414/comments/"	"咒语 (豆瓣)"	"https://book.douban.com/subject/30234414/?icn=index-latestbook-subject"	{}
https://book.douban.com/subject/1008145/?icn=index-book250-subject		""	"8.9"	"https://book.douban.com/subject/1008145/comments/"	"围城 (豆瓣)"	"https://book.douban.com/subject/1008145/?icn=index-book250-subject"	{}

图 13-17　Results 页面的书籍数据

https://book.douban.com/subject/30239751/	余秀华	7.1	https://book.douban.com/subject/30239751/comments/	无端欢喜 (豆瓣)	https://book.douban.com/subject/30239751/?icn=index-latestbook-subject	{}
https://book.douban.com/subject/25799686/	紫金陈	7.3	https://book.douban.com/subject/25799686/comments/	无证之罪 (豆瓣)	https://book.douban.com/subject/25799686/?icn=index-topchart-subject	{}
https://book.douban.com/subject/27662713/	[美]沃尔特·李普曼	9.4	https://book.douban.com/subject/27662713/comments/	舆论 (豆瓣)	https://book.douban.com/subject/27662713/?icn=index-topchart-subject	{}
https://book.douban.com/subject/30191460/	[日] Keigo（河尻圭吾）	8.7	https://book.douban.com/subject/30191460/comments/	我的生活不可能那么坏 (豆瓣)	https://book.douban.com/subject/30191460/?icn=index-topchart-subject	{}
https://book.douban.com/subject/30257895/	于洋	9.6	https://book.douban.com/subject/30257895/comments/	瑞士 (豆瓣)	https://book.douban.com/subject/30257895/?icn=index-latestbook-subject	{}
https://book.douban.com/subject/30172069/	[意] 埃莱娜·费兰特	9.4	https://book.douban.com/subject/30172069/comments/	失踪的孩子 (豆瓣)	https://book.douban.com/subject/30172069/?icn=index-topchart-subject	{}
https://book.douban.com/subject/30234414/	[美] 库尔特·冯内古特	8.8	https://book.douban.com/subject/30234414/comments/	咒语 (豆瓣)	https://book.douban.com/subject/30234414/?icn=index-latestbook-subject	{}
https://book.douban.com/subject/1008145/?icn=index-book250-subject		8.9	https://book.douban.com/subject/1008145/comments/	围城 (豆瓣)	https://book.douban.com/subject/1008145/?icn=index-book250-subject	{}
https://book.douban.com/subject/30228730/	杉泽 梁超	9.2	https://book.douban.com/subject/30228730/comments/	观山海 (豆瓣)	https://book.douban.com/subject/30228730/?icn=index-topchart-subject	{}
https://book.douban.com/subject/30223812/	[日] 吉田修一	9.4	https://book.douban.com/subject/30223812/comments/	横道世之介 (豆瓣)	https://book.douban.com/subject/30223812/?icn=index-latestbook-subject	{}
https://book.douban.com/subject/30222208/	张大春	7.5	https://book.douban.com/subject/30222208/comments/	一叶秋 (豆瓣)	https://book.douban.com/subject/30222208/?icn=index-latestbook-subject	{}
https://book.douban.com/subject/27204781/	刘以鬯	8.2	https://book.douban.com/subject/27204781/comments/	对倒 (豆瓣)	https://book.douban.com/subject/27204781/?icn=index-latestbook-subject	{}
https://book.douban.com/subject/30128172/	[美]丽贝卡·特雷斯特	8.4	https://book.douban.com/subject/30128172/comments/	单身女性的时代 (豆瓣)	https://book.douban.com/subject/30128172/?icn=index-topchart-subject	{}
https://book.douban.com/subject/30262617/	[美] 迈克斯·泰格马克	9	https://book.douban.com/subject/30262617/comments/	生命3.0 (豆瓣)	https://book.douban.com/subject/30262617/?icn=index-editionrecommend	{}
https://book.douban.com/subject/27621504/	[美] 理查德·布劳提根	8.7	https://book.douban.com/subject/27621504/comments/	在美国钓鳟鱼 (豆瓣)	https://book.douban.com/subject/27621504/?icn=index-topchart-subject	{}

图 13-18　本地 CSV 文件中的爬取结果

而实现对动态 AJAX 页面内容的爬取，让爬虫程序的爬取实现"所见即所得"。

在 13.2 节中编写了针对虎扑论坛版块帖子的爬虫，但当时的爬虫程序较为简单，只能实现对首页帖子的爬取，无法遍历整个论坛版面(即无法实现爬取下一页的操作)，而且鉴于虎扑论坛版面的页码元素使用了 JavaScript 来动态实现(见图 13-19，该图为论坛版面的 HTML 源代码)，因此无法用普通的 request(请求)获取其下一页地址。

```
    }
}
$(".for-list li").mouseover(function(event) {
    $(this).find(".caozhuo").css("visibility","visible");
}).mouseout(function(){
    $(this).find(".caozhuo").css("visibility","hidden");
});
if(1>1){
    $(".downpage").css("margin-left","-185px");
}
if(1>=5){
    $(".downpage").css("margin-left","-194px");
}


$('.page').createPage(function(n){

},{
        pageCount:maxpage,//总页码,默认10
        current:1,//当前页码
    name:harf+'-',//标记
    hname:'xuefu',
        showNear:1,//显示当前页码前多少页和后多少页, 默认2
        pageSwap:true,
    align:'right',
        showSumNum:false,//是否显示总页码
    maxpage:100,
    is_poslist:1,
    is_read:0

});
$(".nextPage").css({
```

图 13-19　论坛版面的 HTML 源代码

不过，借助 PySpider 能够轻松地解决这一点，做到对论坛版面的全面爬取，代码如下：

```python
from pyspider.libs.base_handler import *
import re


class Handler(BaseHandler):
    crawl_config = {
    }

    @every(minutes = 24 * 60)
    def on_start(self):
        self.crawl('https://bbs.hupu.com/xuefu', fetch_type = 'js', callback = self.index_page)

    @config(age = 10 * 24 * 60 * 60)
    def index_page(self, response):
        for each in response.doc('a[href^ = http]').items():
            url = each.attr.href
            if re.match(r'^http\S*://bbs.hupu.com/\d+.html$', url):
                self.crawl(url, fetch_type = 'js', callback = self.detail_page)

        next_page_url = response.doc(
            '#container > div > div.bbsHotPit > div.showpage > div.page.downpage > div > a.nextPage')
.attr.href

        if int(next_page_url[ -1]) > 30:
            raise ValueError

        self.crawl(next_page_url,
                   fetch_type = 'js',
                   callback = self.index_page)

    @config(priority = 2)
    def detail_page(self, response):
        return {
            "url": response.url,
            "title": response.doc('#j_data').text(),
        }
```

在 index_page() 中，通过 CSS selector 获得了 next_page_url，并将其作为参数，用 self.crawl() 再创建一次 index_page() 爬取任务，这将实现持续地对当前页的"下一页"的爬取。对于符合帖子 URL 格式的链接，则调用 detail_page() 方法，获取其 URL 和帖子标题信息。同时，利用对 URL 最后一个字符（代表页码数）的判断来跳出爬取循环，本例中若爬取超过第 30 页则结束。

运行上述代码后可以在 Results 页面中看到爬取结果，如图 13-20 所示，可见爬取成功。

实际上，PySpider 中整合的 PhantomJS 服务还可以实现对爬取的页面执行 JS 脚本（如加载更多）等效果，在其他方面，PySpider 支持 MySQL 保存爬取结果，支持多线程爬取，这些特性使它能够满足用户很多网页爬取程序的需求，正如读者所见，PySpider 中的 Web UI 服务为其增色不少，从某种意义上说，这使爬取程序的开发变得更加高效且直观。

在 Python 开发社区中，除了 Scrapy、PySpider 和 Gain 以外，一些略微"小众"的爬虫框架也值得用户关注，如 Newspaper（见图 13-21）、Sasila 等，有兴趣的读者可以深入学习。

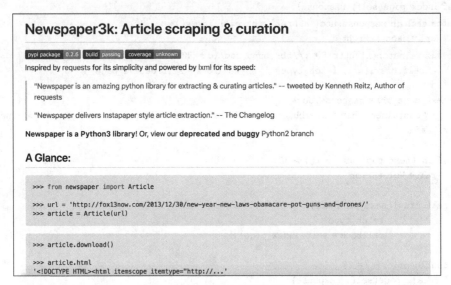

图 13-20 Results 页面中帖子的爬取结果

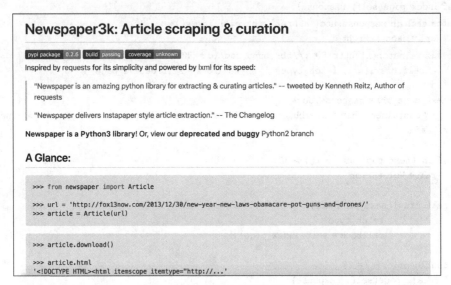

图 13-21 Newspaper 框架的介绍

13.5 本章小结

本章介绍了 PySpider 和 Gain 这两个爬虫框架，并分别用这两个爬虫框架实现了对不同网站的爬取。本章通过实际案例详细介绍了它们的用法和特性。这两个爬虫框架相对于最流行的 Scrapy，比较轻量，且都有自己的特性，但是用法、流程和 Scrapy 比较相似，读者可以以较低的学习成本对这两个框架进行学习，在实际使用中按需求做技术选型。

第 14 章

爬取新浪新闻并通过客户端展示

本章将介绍一个爬取新浪新闻并通过客户端展示的案例。本章首先进行项目分析,介绍爬虫的基本框架,以期使读者对程序有个整体认知。接下来分部分介绍各模块的具体功能及实现,并最终构成一个完整的客户端软件。

视频讲解

14.1 项目分析

本章案例主要有创建数据库、设置页面下载器、生产者-消费者模型(包括链接管理器、页面解析器)、客户端界面设计四部分。在爬取一个页面时,链接管理器需要首先向页面下载器提供一个链接。页面下载完成后,页面解析器随即开始对页面进行解析。如果解析成功,则将解析得到的新闻内容插入数据库并保存起来,这就是爬虫的基本工作原理,如图 14-1 所示。在本章案例中,数据的最终呈现形式是一个客户端,也就是应用程序。应用程序和爬虫之间仅通过数据库交换信息,因此可以将应用程序看作对数据库的一个封装与展示。

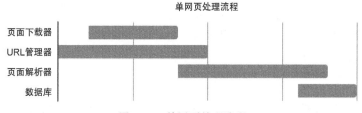

图 14-1 单网页处理流程

14.2 创建数据库

数据库是一个长期存储在计算机内的、有组织的、可共享的数据集合。因此当新闻数据的信息量超过计算机的内存容量时,数据库可以保证这些信息被合理地存储在硬盘中,而不必担心信息丢失。从另一个方面来看,数据库对数据的增、删、改、查都进行了充分的优化与封装,所以合理地使用数据库不仅可以加快程序的运行速度,还可以减轻编程人员的压力。

目前广泛使用的数据库是关系数据库。这种数据库把数据以一张二维表的形式进行存储,直观上类似 Excel 的展示方式。常见的关系数据库管理软件有 MySQL、SQL Server 以及 SQLite 等,本节选用的是 SQLite。

SQLite 是一个轻量级的数据库管理软件,同时也是 Python 原生支持的数据库之一。不同于其他一些大型的数据库,SQLite 的使用不需要专门的进程提供支持,而是以模块的形式嵌入应用程序当中执行操作。这样的嵌入式工作方式使得 SQLite 获得了更快的处理速度和灵活度。SQLite 支持 SQL(Structured Query Language,结构化查询语言)的大部分标准。

尽管 SQL 的语法十分简洁,但是将其嵌入 Python 代码中的操作始终还是很烦琐的。这是因为编程人员时常要在两种语言之间进行转换,有时还要考虑 SQL 语句处理失败的情况。不过 ORM(Object-Relational Mapping,对象关系映射)的出现扭转了这一局面。简单来说,ORM 是一项将 Python 语言映射到 SQL 语言的技术,因此编程人员只需要 Python 就可以操纵数据库了。在众多的 ORM 框架中,最常用的是 SQLAlchemy。例 14-1 展示了如何使用 SQLAlchemy 来建立 SQLite 数据库及其链接。

【例 14-1】 SQLAlchemy 连接 SQLite。

```
import os
from sqlalchemy import create_engine
from sqlalchemy.ext.declarative import declarative_base
from sqlalchemy import Column, Integer, String, DateTime
from sqlalchemy.orm import sessionmaker
Base = declarative_base()
class News(Base):
    """NEWS table template"""
    __tablename__ = 'NEWS'
    _id = Column(Integer, primary_key=True)
    title = Column(String, nullable=False)
    published_time = Column(DateTime, nullable=False)
    author = Column(String)
    __mapper_args__ = {
        'order_by': published_time.desc(),
        }
    def __repr__(self):
        return f"<News({self._id}, {self.title})>"
__pwd = os.getcwd()
_engine = create_engine(f'sqlite:///{__pwd}/news.db')
session = sessionmaker(bind=_engine)()

if __name__ == '__main__':
    Base.metadata.create_all(_engine)
```

可以看到,上述代码首先定义了一个 Base 的子类 News,这个过程被称为声明(Declaration)。News 是一个 Python 类型,与之对应的则是一个名为 NEWS 的二维表。在这个二维表中声明了四个字段,分别是主键(_id)、标题(title)、发布时间(published_time)以及作者(author)。这些信息都被保存在 Base.metadata 中。

```
>>> db.Base.metadata.tables
immutabledict({'NEWS': Table(
    'NEWS', MetaData(bind=None),
    Column('_id', Integer(), table=<NEWS>, primary_key=True, nullable=False),
    Column('title', String(), table=<NEWS>, nullable=False),
    Column('published_time', DateTime(), table=<NEWS>, nullable=False),
    Column('author', String(), table=<NEWS>), schema=None
    )})
```

桥接 Python 和 SQLite 的核心是数据库引擎(_engine),例 14-1 的代码创建了一个用于操纵 news.db 数据库文件的引擎实例。指向数据库文件的路径和 URL 具有类似的格式,因此不难猜测,路径中的 sqlite 也是一种协议的名称。事实上 sqlite:// 规定了数据库引擎需要通过 Python 内置的 sqlite3 模块来执行翻译得到的 SQL 语句。

【提示】 与其他数据库不同,SQLite 可以创建不依赖于文件的内存数据库,如下代码所示。在多进程环境中,使用这样的内存数据库可以避免频繁的文件读写。与此同时,通过定期将内存数据库写回文件,仍然可以保证数据的持久化存储。

```
_engine = create_engine(f'sqlite:///:memory:')
```

值得指出的是,例 14-1 的代码中并没有显式地定义 News 类的构造函数。在这种情况下,SQLAlchemy 提供了一个默认的构造函数,这个默认的构造函数类似于例 14-2 中所示的构造函数,也就是说 News 必须通过关键字参数进行定义。News 在构造后不会立即被插入数据库,因此数据库定义的完整性约束检查也不会在此时启动。

【例 14-2】 SQLAlchemy 构造函数。

```
def __init__(self, **kwargs):
    self._id = kwargs['_id']
    self.title = kwargs['title']
    self.published_time = kwargs['published_time']
    self.author = kwargs['author']
```

14.3 设置页面下载器

页面下载器是一个被封装在 URL 类中的 fetch() 方法。URL 类是一个对于链接的自定义封装。类中包含两个属性,分别是链接地址 URL 和过期时间 __expire。设置过期时间主要是为了给那些因为网络问题或服务器内部故障导致暂时性下载失败的链接一些额外的机会,这样设计有利于增强爬虫的稳健性,使其不易被网络等外部条件影响性能,如例 14-3 所示。

【例 14-3】 设置页面下载器。

```
class URL:
    """URL with expiration time"""
    def __init__(self, url, expire = 3):
        self.url = url
        self.__expire = expire
        assert(self.is_alive)
    def is_alive(self):
        return self.__expire > 0
    def fetch(self):
        """Download the corresponding html"""
        if self.is_alive():
            self.__expire -= 1
        else:
            raise RuntimeError("URL is no longer alive")

        print(f"Fetching url '{self.url}'")
        try:
            resp = urllib.request.urlopen(self.url, timeout = 5)
        except urllib.error.HTTPError as e:
            print(e.code)
            if e.code < 500:
                self.__expire = 0
```

```
                return
        except urllib.error.URLError as e:
            print(e.reason)
            self.__expire = 0
            return
        except:
            print("Unexpected error when requesting url")
            return

        try:
            content = resp.read()
            charset = chardet.detect(content)['encoding']
            soup = BeautifulSoup(content.decode(charset), 'lxml')
            print("Fetching succeeded")
            return soup
        except:
            print("Unable to predict charset")
            self.__expire = 0
            return
```

接下来讲解 fetch()方法的设计细节。从例 14-3 中的代码可以看到,整个函数被空行分成了三部分,分别负责刷新过期时间、请求页面以及解码页面。

(1) 负责刷新过期时间。

此部分的功能比较单一。如果当前 URL 没有过期,则刷新过期时间;否则触发运行时异常。由此可以看出,一旦一个页面过期之后就不能再次被请求。这样的防御性设计有助于在 fetch()函数被错误调用时尽快定位到漏洞,而不会陷入深不见底的调用栈中。

(2) 请求页面。

此部分使用 urllib 执行网络请求。urllib 是 Python 中最早出现的网络模块,同时也是 Python 用于网络请求的标准库。随着互联网技术的革新,网络模块也不断升级,出现了侧重 HTTP 协议的 urllib2 以及更加强大的第三方模块 urllib3。在 Python 3.x 版本中 urllib2 被并入 urllib,使 urllib 在处理 HTTP 请求时更加得心应手。本节使用的 urllib 模块中主要包括构造请求(request)、异常处理(error)、链接处理(parse)以及机器人协议解析(robotparse)这 4 个子模块,下面将简要进行介绍。

① 构造请求(request)。urllib.request 模块用于定义和发起网络请求。request.urlopen()方法可以对特定的 URL 发起 GET 请求,请求最长等待 5 秒。实际应用中,常常会用到 POST 等其他的请求方法,这时就需要构造一个 urllib.Request 对象来替代前面使用的 URL。本节不会出现 GET 方式之外的请求,有兴趣的读者可以自行深入了解。

② 异常处理(error)。error 模块包含 URLError、HTTPError 以及 ContentTooShortError 三个子类。每当 urllib 无法处理一个网络请求时,它总是会抛出一个 URLError,因此这个错误类型包含的内容最宽泛。HTTPError 是来自 urllib2 的异常类,它表示一个网络请求被成功地执行并返回,但是所返回页面的状态码暗示请求没有被成功处理。error 模块将 HTTPError 设计为 URLError 的一个子类。

③ 链接处理(parse)。parse 模块的作用是解析和生成 URL,如下代码片段所示。可以看出,urlparse 和 urlunparse 是两个互逆的操作。在 urlparse()函数的解析结果中,属性 netloc 可以用于判断 URL 所属的网站。由于本章所示的爬虫只适用于爬取新浪新闻,因此存储和请求指向新浪新闻网站以外的链接是没有意义的。通过判断链接的 netloc 是否属于新浪新

闻网站的子域名,可以很方便地实现筛选站外链接的操作。

```
>>> url = 'http://www.baidu.com/path/to/index.html?query1 = value1'
>>> parse_result = urllib.parse.urlparse(url)
>>> parse_result
ParseResult(scheme = 'http', netloc = 'www.baidu.com', path = '/path/to/index.html', params = '',
query = 'query1 = value1', fragment = '')
>>> urllib.parse.urlunparse(parse_result)
'http://www.baidu.com/path/to/index.html?query1 = value1'
```

④ 机器人协议解析(robotparse)。robotparse 模块主要用于解析网站提供的机器人协议。作为非商用的小型爬虫,这里不必关心其具体用法。不过有必要指出,机器人协议是大型爬虫设计中十分重要的一环,违反这一协议可能会造成法律上的纠纷。机器人协议一般存储在网站根目录的 robots.txt 文件中,新浪新闻网的机器人协议如下代码所示。可以看出,新浪新闻对所有访问方式限制爬取 wap 目录、iframe 目录以及 temp 目录。

```
User - agent: *
Disallow: /wap/
Disallow: /iframe/
Disallow: /temp/
```

(3) 解码页面。

此部分是对请求页面得到的 resp 对象进行解码,从而得到其对应的 HTML 文件。在网络请求的过程中 HTML 文件会被编码,并以字节流的形式进行传输。但是传输到本地之后,由于缺乏编码的信息,是没办法对其进行解码的。对于这个问题,常见的做法是使用第三方模块 chardet 猜测文件编码,如下代码所示。如果 chardet 预测出了正确的文件编码,那么就可以顺利地对 content 进行解码,解码后的 HTML 文件内容用于创建一个 BeautifulSoup 对象。目前可以简单地将这个对象看作对于 HTML 文件的一层封装。

```
>>> chardet.detect(resp.read())
{'encoding': 'ascii', 'confidence': 1.0, 'language': ''}
```

14.4 生产者-消费者模型

如果将页面下载器看作链接管理器的一部分,而将数据库操作作为页面解析器的一部分,那么整个爬虫的处理流程就是一个生产者-消费者模型。链接管理器将下载好的页面放入页面队列;页面解析器从队列中获取页面进行解析。由于页面下载和数据库操作都是 IO 型操作,因此将其并行化可以在一定程度上加快爬虫程序的执行。事实上,网络请求所需的时间是远大于数据库操作的,所以页面解析的过程可以在网络请求被阻塞的间隙完成,无须消耗更多的时间。这就是异步爬虫的基本思路。

本节使用一个第三方模块 gevent 来实现异步操作。gevent 是一个基于协程的异步网络模块,其基本思想是在当前协程被 IO 操作阻塞时,自动切换到其他协程运行。为了实现这一功能,gevent 需要在所有与 IO 相关的模块被导入前打好补丁,如下代码所示。

```
from gevent import monkey; monkey.patch_all(thread = False)
```

补丁的本质是用 gevent 模块中定义的一系列支持协程的对象去替代 Python 内置的对

象。举例来说,Python 中内置的时间模块有一个 time.sleep()方法,但这个方法的调用会使整个线程陷入阻塞;补丁的作用是用 gevent.sleep()方法来替代 time.sleep()方法,使阻塞的范围被限制在单个协程中,而其他协程还可以正常执行。

【提示】 协程是线程中一个更小的可执行单元。一个线程中可以存在多个协程,但是某一时刻只能有一个协程处在运行状态。从这个角度来看,协程与线程之间的关系类似于线程与进程之间的关系。但与进程和线程不同的是,协程的调度是非抢占式的,因此协程切换仅发生在一个协程主动放弃执行权的时候。这意味着协程对共享数据的访问不需要加锁,因此具有比线程更快的切换速度和执行速度。

1. 调度器

在生产者-消费者模型中,调度器的作用主要是初始化共享数据并启动协程,如下代码所示。前面已经提到,生产者生产的商品是一个 BeautifulSoup 类型的页面,因此这里的共享数据指的就是一个页面队列。在多线程程序设计中,常常会遇到消费者线程获得执行权而队列为空,或者生产者线程获得执行权而队列已满的情况,这些问题在协程中同样存在。为此,gevent 提供了一个异步队列(Queue)类型,以供协程使用。

【例 14-4】 gevent 创建生产者-消费者模型。

```
def control(n = 10000):
    soups = gevent.queue.Queue(maxsize = 5)
    producer = gevent.spawn(
        produce, soups = soups,
        base_url = 'https://news.sina.com.cn',
        n_product = n,
    )
    consumer = gevent.spawn(consume, soups = soups)
    gevent.joinall([producer, consumer])
```

通过 gevent.spawn()可以创建协程,例子 14-4 的代码中创建了 producer 和 consumer 两个协程,其中使用到的 produce()方法和 consume()方法回调将会在"消费者"和"生产者"中定义。协程创建完成后,调度器执行 gevent.joinall()方法陷入阻塞态。只有当生产者和消费者协程都执行完毕后,调度器才会从阻塞态中恢复并退出。

2. 消费者

本章案例中,消费者协程所对应的功能是页面解析,这就需要首先考察新浪新闻的 HTML 源文件格式。通过开发者模式可以看到,新闻的正文被存储在一个 id 为 article 的 div 元素中,如图 14-2 所示。

除了正文之外,还需要新闻的标题和发布时间等信息。这些字段可以用类似的方法从页面中获取,但另一种更好的做法是直接从页面头部获取元信息,如图 14-3 所示。通过观察可以发现,属性值为 og:title、article:published_time 以及 article:author 的 meta 标签包含了需要的信息。

从图 14-3 中可以看到一组属性值由 og 开头的 meta 标签。og 是 Open Graph 通信协议的缩写。这一协议由 Facebook 于 2010 年提出,旨在扩展社交网络的信息来源。如果一个页面遵守了 og 协议,则说明它同意被社交网络所引用,从而使自身得到推广。og:type 是 og 协议中规定的众多标签属性之一,其意义在于帮助社交网络将页面放置在正确的分区。例如,新

第14章 爬取新浪新闻并通过客户端展示

图 14-2 新闻正文元素

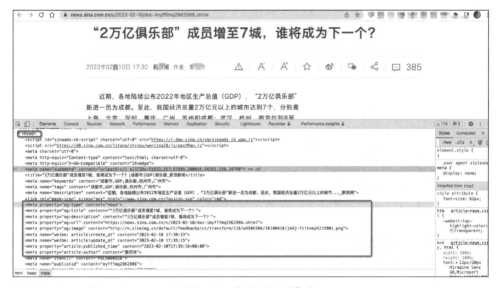

图 14-3 新闻页面元信息

浪新闻页面的 og：type 属性取值均为 news，因此社交网络会将这些页面放在其新闻专栏中，以获得最大的关注度。例 14-5 将使用这一属性判断一个页面是否属于可被爬取的新闻页。

接下来定义消费者协程的 main() 函数，如例 14-5 所示。consume() 函数中首先定义了一个 meta() 子函数，用于获取页面的元信息。函数中用到的 BeautifulSoup.find() 方法是一个经常被用来搜索页面标签的函数，它的功能是找到并返回第一个满足条件的标签。与之类似的另一个方法是 BeautifulSoup.find_all() 方法，这个函数会将所有满足条件的标签作为一个列表返回给用户。除了 find() 系的搜索方法之外，BeautifulSoup 还支持使用 CSS 选择器进行搜索，例 14-5 中使用的 BeautifulSoup.select_one() 方法就是这样的搜索方法之一。对于熟悉 CSS 语言的用户来说，这种方法是十分便捷的。

【例 14-5】 调用 gevent 消费者协程的 main() 函数，实现 md5 去重。

```
import hashlib
from pybloom import ScalableBloomFilter as Filter
```

```python
def consume(soups: gevent.queue.Queue):
    """Consumer coroutine"""
    def meta(soup: BeautifulSoup, property_name: str) -> 'content':
        """Fetch the content of meta tag with specific property"""
        tag = soup.find('meta', attrs={'property': property_name})
        if tag is None: return None
        return tag.get('content')
    filter = Filter(initial_capacity=10000)
    while True:
        soup = soups.get()
        if soup is None: return
        print("Consuming soup")
        if meta(soup, 'og:type') != 'news': continue
        title = meta(soup, 'og:title')
        md5 = hashlib.md5(title.encode('utf-8')).hexdigest()
        if md5 in filter: continue
        filter.add(md5)
        published_time = meta(soup, 'article:published_time')
        author = meta(soup, 'article:author')
        news = db.News(
            title=title,
            published_time=datetime.strptime(
                published_time[:-6],
                '%Y-%m-%dT%H:%M:%S',
            ),
            author=author,
        )
        db.session.add(news)
        db.session.commit()
        article = soup.select_one('#article')
        content = '\r\n'.join([p.get_text() for p in article.find_all('p')])
        with open(f'./news/{news._id}.txt', 'w', encoding='utf-8') as f:
            f.write(content)
```

上述代码实现的另一个主要功能是 md5 去重,其意义在于防止重复的新闻存储。一般来说,实现去重的思路是创建某个数据结构用来保存所有已爬取的新闻。对于待判重的新闻,应先在数据结构中检索其是否存在。若不存在则将其插入数据结构保存,若存在则不会插入该数据。但是无论使用数据库还是 Python 内置的集合对象作为上述的数据结构,其占用的空间大小都会随着新闻数量的增加线性增长。由于每则新闻都需要判重,当新闻数量增大到一定程度时,仅判重这一操作就会占用爬虫大量的时间。

因此本章案例选择的数据结构是布隆过滤器,这是一个常用于大数据领域的概率型数据结构。相比传统的集合、字典等数据结构,布隆过滤器最大的特点是占用空间少、运行速度快。但是布隆过滤器的缺点在于它是概率型的,也就是说其运行结果不一定正确。布隆过滤器可以保证的是,如果一个元素曾被插入其中,则下次对同一元素判重时一定会返回真值。但在某些情况下,原本不在布隆过滤器中的元素也会被误判为存在。在本章案例中,这意味着有些新闻可能被错误地判为重复新闻而没有进行存储,但不会出现已存储的新闻出现重复的现象。布隆过滤器可以通过调整其运算方式来降低错误率。例 14-5 中使用的是错误率为千分之一的布隆过滤器,这样得到的结果是可以被接受的。

md5 算法是一种信息摘要算法,常用于比对信息传输前后的一致性。信息摘要算法是哈希算法的一个子类,一般具有计算便捷、不易冲突等特点。例 14-5 中使用 md5 算法主要是为了避免存储中文字符时可能带来的一系列问题。例 14-5 的代码中首先使用 md5 算法将新闻的中文标题映射成为一个32位十六进制数,而后将这个数字作为字符串输入布隆过滤器去重,从而达到筛选重复新闻的目的。和布隆过滤器类似,md5算法也不能保证哈希冲突一定不会发生。但是相比布隆过滤器的错误率,md5算法造成冲突的概率基本可以忽略不计。

3. 生产者

生产者也就是链接管理器,即用来生产页面的协程,其中保存了全部已访问和未访问的链接。当生产者协程第一次开始工作时,只有一个未访问的链接,即新浪首页。生产者通过调用页面下载器来访问新浪首页,并将下载得到的页面放入页面队列。这时消费者已经可以开始工作了,但是由于生产者没有主动让出执行权,因此消费者还处在等待执行的阶段。随后,消费者开始对新浪首页进行解析,并将页面中出现的全部超链接加入未访问链接所在的队列以待处理。周而复始,没有被访问过的链接会依次得到访问,从而进一步扩充未访问链接队列的容量。

【例14-6】 使用BeautifulSoup解析HTML,实现广度优先搜索的过程。

```python
def produce(soups, base_url, n_product):
    queue = [URL(base_url)]
    visited = Filter(initial_capacity = 10000)
    visited.add(base_url)
    for _ in range(n_product):
        while True:
            url = queue.pop(0)
            soup = url.fetch()
            if soup is not None: break
            if url.is_alive():
                queue.append(url)
        soups.put(soup)
        hrefs = [
            anchor.attrs['href']
            for anchor in soup.select('a[href]')
        ]
        for href in hrefs:
            if href in visited:
                continue
            netloc = urllib.parse.urlparse(href).netloc
            if netloc.endswith('news.sina.com.cn'):
                queue.append(URL(href))
                visited.add(href)
    soups.put(None)
```

【提示】 当用作超链接时,链接<a>标签的href属性指定了跳转链接,也就是需要爬取的链接。但是在网页设计中,链接标签常常被用来实现超链接以外的功能,如按钮等。因此,HTML文件中可能会存在一些省略href属性的链接标签。要过滤掉这些标签,可以首先使用BeautifulSoup.find_all()方法找到所有链接标签,再通过列表推导式删去那些没有href属性的元素。例14-6中的代码使用了一种更加简洁的方法:通过a[href]这一CSS选择器直接筛选出全部带有href属性的链接标签。

应当指出的是,例14-6中的代码的最后一行向页面队列插入了一个None。这个元素并没有实际的含义,仅仅是生产者与消费者的一个约定:当生产者结束生产后,会保证页面队列的最后一个页面是None;而当消费者消费到一个None元素时,也就知道自身的工作应该结束了。

14.5 客户端界面设计

客户端界面设计的功能是将数据库中存储的信息向用户展示出来。作为一个新闻客户端，界面必须具备的功能包括：依关键词搜索和展示新闻信息、查看新闻详情等。基于这个思路，下面将客户端分为首页、搜索结果页以及新闻详情页三个页面分别实现。

1. 首页

首页是客户端启动后呈现给用户的第一页，其最主要的功能是让用户了解近期新闻的综合情况，为此可以根据所有数据库中的新闻标题制作词云。词云是一种对文本信息的可视化方式，可以帮助用户快速提取出新闻要点。生成词云的过程如例 14-7 所示。

【例 14-7】 生成词云。

```python
class HomePage(Page):
    def gen_cloud(self):
        """Generate word cloud"""
        frequencies = {}
        for title in db.session.query(db.News.title).all():
            for word in jieba.cut(title[0]):
                frequencies[word] = frequencies.get(word, 0) + 1
        cloud = WordCloud(
            font_path = './simhei.ttf',
            width = 300, height = 150,
            background_color = 'white',
        )
        cloud.generate_from_frequencies(frequencies)
        cloud.to_file('./wordcloud.png')
```

【提示】 Tk 是一个基于 TCL(Tool Command Language，工具命令语言)的图形化框架。在 Python 中，为了实现对 Tk 的封装，开发了 tkinter 标准库。本节的三个页面均使用 tkinter 进行图形化界面的开发，但在说明时只保留了核心的业务代码，有兴趣的读者可以自行尝试补全 tkinter 的设计过程。

为了制作词云，需要使用一个第三方模块 wordcloud。输入一段文字后，wordcloud 将会自动按空格分词，并统计不同词语的出现频率。在绘制词云时 wordcloud 也可以自动调整词语的排布，使出现频率更高的词语被安排在更明显的位置，并以更大的字号显示。尽管功能十分强大，但 wordcloud 适应的是英语的写作习惯，中文词语间是不会预先用空格分隔的。为了获得中文的分词信息，需要用到另一个第三方模块 jieba。这个模块会根据内置的概率模型对中文句子里的分词方式进行预测，预测结果通常具有较高的准确率。

2. 搜索结果页

搜索结果页会按照用户输入的关键词在数据库中进行检索，并展示检索结果。当用户输入多个以空格分隔的关键词时，程序需要返回所有在标题中同时包含全部关键词的新闻。使用 SQL 实现这一功能的实例如下所示。

```sql
SELECT * FROM NEWS
WHERE title LIKE '%kwd1%'
AND title LIKE '%kwd2%';
```

其中，LIKE 表示对字段进行模糊匹配，而目标字符串中的百分号则类似于正则表达式中的星号，可以匹配任意长度的字符串。为了在 Python 中实现相同的功能，需要首先创建一个查询对象。初始状态下，query 对象包含了 NEWS 表中的全部元组。为了实现检索功能，需要分条将 LIKE 条件传入 filter() 方法中。最后通过调用 all() 方法获取符合条件的全部元组用于展示即可。例 14-8 中的代码返回的 News 列表将会自动按新闻的发布时间倒序排列，也就是将最新的新闻放在页面的最顶端显示。

【例 14-8】 新闻列表页展示。

```python
class NewsList(tk.Frame):
    def __init__(self, master, text):
        super().__init__(master)
        query = db.session.query(db.News)
        if text:
            query = query.filter(*[
                db.News.title.like(f'%{kwd}%')
                for kwd in text.split()
                ])
        self._list = query.all()
        # ...
```

【提示】 和其他大部分高级语言一样，Python 支持定义变长参数和关键字参数。在定义可以接收变长参数的函数时，总是使用 *args 来指代被传入的变长参数，其中 args 可以作为一个列表在函数体内被访问。与之类似，Python 同样支持在函数调用时通过星号对列表进行解包，使列表中的元素依次作为参数传入，如例 14-8 中的代码所示。当 filter() 方法接收到多个参数时，传入的所有条件会通过 _and() 函数连接起来。因此 filter() 方法实际上默认了条件之间的合取关系，这一特点符合对搜索功能的期待。

3. 新闻详情页

新闻详情页的功能较为单一，只负责展示某条新闻的主体即可，如例 14-9 的代码所示。需要说明的是，代码中定义的 onclick_NewsSummary() 方法并不是 tkinter 的语法要求，而是自定义类 NewsSummary 的回调方法，读者不必过度纠结。

【例 14-9】 新闻详情页展示。

```python
class DetailPage(Page):
    """Display news detail"""
    def __init__(self, master, news):
        super().__init__(master)
        self._title = news.title
        NewsSummary(self, news).pack(pady=40, anchor='s')
        content = tk.scrolledtext.ScrolledText(
            master=self,
            font='宋体 14',
            relief='flat',
            padx=40,
            )
        content.pack(side='right')
        with open(f'./news/{news._id}.txt', 'r', encoding='utf-8') as f:
            content.insert('end', f.read())
        content['state'] = 'disabled'
    def title(self):
```

```
            return self._title
        def onclick_NewsSummary(self, _):
            pass
```

上述代码中定义的 App 类型继承了 tkinter.Tk，使之成为了例 14-9 中的主窗口类型。在 App 类的初始化函数中，创建了一个空的页面栈和一个返回按钮。每当一个页面需要跳转到另一个页面时，总是需要调用 App.goto()方法来确保当前页面被压入页面栈。而当页面通过返回按钮返回上一页时，则需要调用 App.navigate_back()方法来销毁当前页，同时弹出并加载页面栈的栈顶元素。这样就实现了客户端界面的基本框架。

【例 14-10】 客户端主窗口展示。

```python
class App(tk.Tk):
    """Main window"""
    def _at_home(self):
        return len(self.stack) == 0

    def _load_page(self, page):
        self.current_page = page
        self.current_page.pack(expand = 'yes', fill = 'both')
        self.title(self.current_page.title())

    def __init__(self):
        super().__init__()
        self.tk_setPalette(background = 'white')
        self.option_add('*Font', '宋体 12')
        self.geometry(f'960x540')
        self._go_back_button = tk.Button(
            master = self,
            text = "< 返回",
            command = self.navigate_back,
            font = '宋体 10',
            )
        self._go_back_button.place(relx = 0, rely = 0)
        self.stack = []
        self._load_page(HomePage(self))

    def goto(self, page, *args, **kwargs):
        assert issubclass(page, Page)
        self.current_page.pack_forget()
        self.stack.append(self.current_page)
        self._load_page(page(self, *args, **kwargs))
        self._go_back_button.tkraise()

    def navigate_back(self):
        self.current_page.destroy()
        self._load_page(self.stack.pop())
        if self._at_home():
            self.current_page.tkraise()

if __name__ == '__main__':
    App().mainloop()
```

14.6 本章小结

本章以爬取新浪新闻客户端的新闻为例，介绍了异步新闻爬虫的设计与实现方法。宏观来看，本章案例的核心是一个基于协程实现的生产者-消费者模型。作为生产者，链接管理器和页面下载器使用 urllib 构造网络请求，并将请求得到的页面加入异步队列。而作为消费者，页面解析器会使用 BeautifulSoup 对页面进行解析，并将解析结果插入 SQLite 数据库保存。爬虫运行结束后，一个基于 tkinter 实现的用户界面会被启动，用于展示爬取到的全部新闻。爬虫涉及软件工程和计算科学中的多种技术，如数据结构、数据存储、网络通信等。本章介绍的 urllib 与 BeautifulSoup 模块均为爬虫设计中常用的工具，这里建议读者通过不断实践熟练运用。如果希望加深对异步爬虫的理解，则还需要掌握 gevent 模块的使用方法。其他模块如 SQLAlchemy 及 pybloom 等，虽然不是爬虫的必要依赖工具，但在很多情况下可以为爬虫的设计与实现提供便利。

第 15 章

爬取某机场航班出发时间数据

视频讲解

本章将以爬取大兴国际机场的航班出发时间为例,学习如何使用爬虫框架 Scrapy 和 Selenium 的无界面浏览器来进行数据的爬取,并将爬取到的数据存储在 sqlite3 数据库中。作为十分优秀的爬虫框架,Scrapy 可以帮助大家更加高效地编写爬虫程序。因为各种各样的原因,很多网站会对爬虫做出重重限制,或者因为使用了动态渲染的技术所以无法使用传统方式爬取到网页的内容,这时,使用 Selenium 模拟普通用户使用浏览器访问网站的行为来进行数据爬取便成为了一个很好的选择。有兴趣的读者可以在本案例的基础上做进一步的开发,增加更多功能。

15.1 程序设计

首先需要研究目标的页面结构,接下来将对浏览器获取到的页面元素进行解析,确定所需要的数据的 XPath 路径,并使用 XPath 来批量爬取数据、处理数据。在本案例中,使用 Selenium 模拟浏览器请求到页面数据并用 Scrapy 爬取,再通过 Python 的 sqlite3 库将获取到的数据存储到数据库中。所以实现这个程序需要做以下一些工作:分析网页,确定 XPath 路径;模拟浏览器,请求数据;请求之后数据的解析(这步工作需要理解返回数据的意义);将数据存储到数据库中。

15.1.1 分析网页

目标页面请扫描前言中的二维码获取,打开页面后需要打开浏览器的调试模式,推荐使用 Edge、Chrome 或者 Firefox,在页面显示出发航班之后,可以借助开发者工具中的元素 (Elements)部分对页面的元素构成和源代码进行观察。

当打开网页之后,可以发现网站采用了"懒加载"的加载方式,网页所需要的数据并不会一次加载完毕,这需要爬虫程序进行模拟单击操作来获取完整的数据。此外,网页会被一个广告覆盖层所覆盖,如图 15-1 所示。

因此,爬虫程序需要模拟一个单击操作将其关闭,否则无法单击"加载更多"按钮,导致不能够获取到完整的数据。经过仔细地观察和审阅代码之后,可以发现如果"加载更多"按钮存在,则说明数据并未显示完全。因此,可以在代码中添加一个循环判断机制,当检测到按钮存在的情况下便进行模拟单击操作。在使用开发者工具对页面代码进行审阅之后,可以发现覆盖层的"关闭"按钮的 XPath 为//div[@class="btn"],"加载更多"按钮的 XPath 为//div[@class="selectmore"]/span。

图 15-1 网页的覆盖层

所需要爬取的数据为当天每个时间点出发航班的计划起飞时间、实际起飞时间、预计起飞时间、航空公司、航班号、目的地、值机柜台、登机口和状态这几个数据,在确定数据之后,可以发现这些数据都包裹在同一行中,而所有的行都包裹在同一个 div 块中,所以在爬取到页面请求文件之后,可以通过遍历该 div 块的方式来爬取所有的数据。这些数据相对于父级 div 块的 XPath 如例 15-1 所示。

【例 15-1】 数据相对于父级 div 块的 Xpath。

```
# 计划起飞时间 '. # span[@class = "plan - time flight - t"]/text )'
# 实际起飞时间 '. # span[@class = "actual - time flight - t"]/text )'
# 预计起飞时间 '. # span[@class = "estimate - time flight - t"]/text )'
# 航空公司 '. # div[@class = "company - name"]/span/span/text )'
# 航班号 '. # div[@class = "airline - code"]/span/text )'
# 目的地 '. # div[@class = "destination - place"]/span/text )'
# 值机柜台 '. # div[@class = "checkin - box"]/span/text )'
# 登机口 '. # div[@class = "boarding - box"]/span/text )'
# 状态 '. # div[@class = "takeoff - state block - li"]/span/text )'
```

在得知以上信息之后,对网页的分析就告一段落。

15.1.2 将数据保存到数据库

为了更好地管理爬取到的数据,相对于保存为 JSON 文件,将数据保存在数据库无疑是一个更好的选择。由于 Scrapy 需要提前创建数据库才能更好地存储数据,这里使用了知名的 NaviCat 15 数据库管理软件对数据库进行创建工作,如图 15-2 所示。

除此之外,还需要根据需要爬取的数据创建数据表,针对本系统的数据表字段如图 15-3 所示。

图 15-2 创建数据库

名	类型	大小	比例	不是 null	键
date	TEXT			☐	
plan_departure_time	text			☐	
acture_departure_time	TEXT			☐	
est_departure_time	TEXT			☐	
flight_company	TEXT			☐	
flight_number	text			☐	
flight_destination	TEXT			☐	
flight_check_in	TEXT			☐	
boarding_port	TEXT			☐	
flight_stat	TEXT			☐	

图 15-3 数据表字段

15.2 编写爬虫

15.2.1 前置准备

在安装好 Scrapy 和 Selenium 模块之后，可以先进入一个文件夹使用 scrapy startproject BdiaCrawler 命令创建一个新的爬虫项目，再进入爬虫项目使用 scrapy genspider BdiaSpider bdia.com.cn 命令完成爬虫的创建。

为了使用 Selenium 完成对浏览器的模拟，爬虫程序需要配置 ChromeDriver。下载对应 Chrome 浏览器版本以及操作系统的 ChromeDriver（网址请扫描前言中的二维码获取）之后，在爬虫项目文件夹中新建 chrome_middleware.py 中间件文件，下载器中间件是引擎和下载器之间通信的中间件，在这个中间件中可以通过设置代理、更换请求头等方式来达到所需的爬虫的目的。在中间件文件中加入一个点击事件和一个循环点击的判断来去掉上面所分析的页面中的广告并自动单击"查看更多"按钮来显示全部的航班列表。具体的代码内容请参考例 15-2 中的代码，只需对 ChromeDriver 的位置进行修改即可。

【例 15-2】 selenium 下载中间件程序。

```python
# chrome_middleware.py
from selenium import webdriver
from selenium.webdriver.chrome.options import Options
from scrapy.http import HtmlResponse
import time

class chromeMiddleware(object):
    def process_request(self, request, spider):
        if spider.name == "BdiaSpider":
            chrome_options = Options()
            chrome_options.add_argument('-- headless')
            chrome_options.add_argument('-- disable-gpu')
            chrome_options.add_argument('-- no-sandbox')
            chrome_options.add_argument('-- ignore-certificate-errors')
            chrome_options.add_argument('-- ignore-ssl-errors')
            driver = webdriver.Chrome("D:/chromedriver.exe",chrome_options = chrome_options)
            # 在这里填写你的 ChromeDriver 驱动地址
            print("Request URL:" + request.url)
            driver.get(request.url)
            time.sleep(3)

            driver.find_element_by_xpath('//div[@class = "btn"]').click()  # 清除弹窗
            while(len(driver.find_elements_by_xpath('//div[@class = "selectmore"]/span'))):
                driver.find_element_by_xpath('//div[@class = "selectmore"]/span').click()
                time.sleep(1)

            print ("Now visiting:" + request.url)
            return HtmlResponse(driver.current_url, body = driver.page_source, encoding = 'UTF-8', request = request)

        else:
            return None
```

接下来需要对 settings.py 进行修改，以让 Scrapy 真正使用到引入的下载器中间件。在 settings.py 中加入例 15-3 中的代码即可。

【例 15-3】 settings.py 中加入的代码。

```python
DOWNLOADER_MIDDLEWARES = {
    'BdiaCrawler.chrome_middleware.chromeMiddleware': 543,
}
```

15.2.2 代码编写

在这一部分，将会基于之前的分析编写爬虫代码。首先在 items.py 中对需要爬取的内容进行定义，修改后的 items.py 如例 15-4 所示。

【例 15-4】 爬取到的内容定义文件。

```python
# items.py
import scrapy
class BdiacrawlerItem(scrapy.Item):
    plan_departure_time = scrapy.Field()          # 计划起飞时间
```

```
        acture_departure_time = scrapy.Field()         # 实际起飞时间
        est_departure_time = scrapy.Field()            # 预计起飞时间
        flight_company = scrapy.Field()                # 航空公司
        flight_number = scrapy.Field()                 # 航班号
        flight_destination = scrapy.Field()            # 目的地
        flight_check_in = scrapy.Field()               # 值机柜台
        boarding_port = scrapy.Field()                 # 登机口
        flight_stat = scrapy.Field()                   # 状态

        pass
```

基于对网页的分析以及拿到的 XPath,可以完成对 BdiaSpider.py 的编写,如例 15-5 所示。

【例 15-5】 爬虫文件。

```
# BdiaSpider.py
import scrapy
import datetime
from BdiaCrawler.items import BdiacrawlerItem
class BdiaSpider(scrapy.Spider):
    name = 'BdiaSpider'
    allowed_domains = ['bdia.com.cn']
    start_urls = ['https://www.bdia.com.cn/#/flightdep']

    def parse(self, response):
        items = []
        for each in response.xpath('//div[@class = "flight-block owh"]'):
            item = BdiacrawlerItem()
            plan_departure_time = each.xpath('.//span[@class = "plan-time flight-t"]/text()').extract()
            acture_departure_time = each.xpath('.//span[@class = "actual-time flight-t"]/text()').extract()
            est_departure_time = each.xpath('.//span[@class = "estimate-time flight-t"]/text()').extract()
            flight_company = each.xpath('.//div[@class = "company-name"]/span/span/text()').extract()
            flight_number = each.xpath('.//div[@class = "airline-code"]/span/text()').extract()
            flight_destination = each.xpath('.//div[@class = "destination-place"]/span/text()').extract()
            flight_check_in = each.xpath('.//div[@class = "checkin-box"]/span/text()').extract()
            boarding_port = each.xpath('.//div[@class = "boarding-box"]/span/text()').extract()
            flight_stat = each.xpath('.//div[@class = "takeoff-state block-li"]/span/text()').extract()
            item['plan_departure_time'] = plan_departure_time[0]
            if(acture_departure_time != []):
                item['acture_departure_time'] = acture_departure_time[0]
            else:
                item['acture_departure_time'] = None
            if(est_departure_time != []):
                item['est_departure_time'] = est_departure_time[0].replace("预计\n ","")
            else:
                item['est_departure_time'] = None
            item['flight_company'] = flight_company
            item['flight_number'] = flight_number
```

```
                item['flight_destination'] = flight_destination[0]
                item['flight_check_in'] = flight_check_in[0]
                if(boarding_port != []):
                    item['boarding_port'] = boarding_port[0]
                else:
                    item['boarding_port'] = None
                item['flight_stat'] = flight_stat[0]
                items.append(item)

        return items
```

为了将爬取到的数据保存到 sqlite3 数据库中,需要编写 pipelines.py 文件来对爬取到的数据进行后处理。同时,需要在 pipelines.py 中引入新的内容,完成对爬取到的数据的后处理,修改后的 pipelines.py 如例 15-6 所示。

【**例 15-6**】 scrapy 后处理管道文件。

```
# pipelines.py
from itemadapter import ItemAdapter
import sqlite3
import time
class BdiacrawlerPipeline:
    def process_item(self, item, spider):
        return item
class SQLite3Pipeline(object):
    #打开数据库
    def open_spider(self, spider):
        db_name = spider.settings.get('SQLITE_DB_NAME', 'result.db')
        self.db_conn = sqlite3.connect(db_name)
        self.db_cur = self.db_conn.cursor()
    #关闭数据库
    def close_spider(self, spider):
        self.db_conn.commit()
        self.db_conn.close()

    #对数据进行处理
    def process_item(self, item, spider):
        self.insert_db(item)
        return item
    #插入数据
    def insert_db(self, item):
        values = (
            str(time.strftime("%Y-%m-%d", time.localtime())),
            item['plan_departure_time'],
            item['acture_departure_time'],
            item['est_departure_time'],
            str(item['flight_company']),
            str(item['flight_number']),
            item['flight_destination'],
            item['flight_check_in'],
            item['boarding_port'],
            item['flight_stat'],
        )

        sql = 'INSERT INTO depature_flight VALUES(?,?,?,?,?,?,?,?,?,?)'
        self.db_cur.execute(sql, values)
```

接下来要对 settings.py 进行配置来引入 sqlite3,最终的 settings.py 文件如例 15-7 所示。

【例 15-7】 Scrapy 配置文件。

```
# settings.py
import uagent
BOT_NAME = 'BdiaCrawler'
SPIDER_MODULES = ['BdiaCrawler.spiders']
NEWSPIDER_MODULE = 'BdiaCrawler.spiders'
FEED_EXPORT_ENCODING = 'UTF-8'    # 确保导出数据的编码正确
ROBOTSTXT_OBEY = False            # 不遵守 robots 协议,保证可以正常爬取数据
SQLITE_DB_NAME = 'result.db'      # 之前新建的数据库的位置和名称
DEFAULT_REQUEST_HEADERS = {
  'Accept': 'text/html,application/xhtml+xml,application/xml;q=0.9,*/*;q=0.8',
  'Accept-Language': 'en',
   "User-Agent": "Mozilla/5.0 (Windows NT 10.0; Win64; x64) AppleWebKit/537.36 (KHTML, like Gecko) Chrome/87.0.4280.66 Safari/537.36"
}# 伪装 Headers 和 UA,避免反爬虫机制
DOWNLOADER_MIDDLEWARES = {
    'BdiaCrawler.chrome_middleware.chromeMiddleware': 543,
}

ITEM_PIPELINES = {
    'BdiaCrawler.pipelines.SQLite3Pipeline': 400,
```

15.2.3 运行并查看数据库中的结果

进入爬虫项目文件夹中,运行 scrapy crawl BdiaSpider 命令即可对目标数据进行爬取,运行完毕之后,可以看到如图 15-4 中所示的内容。

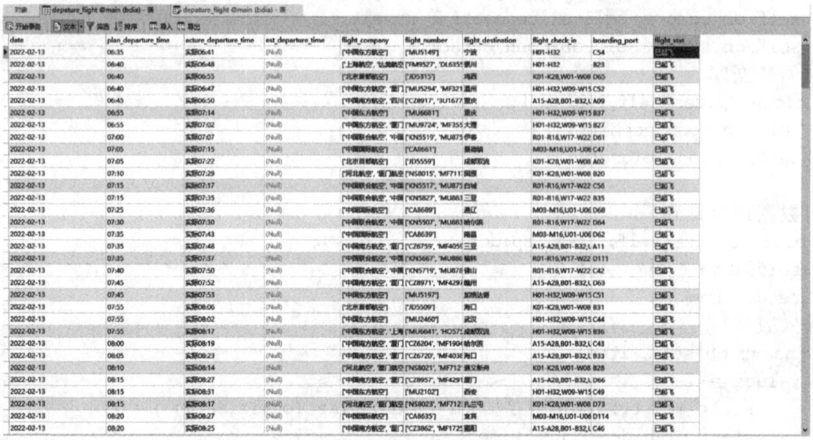

图 15-4 数据库中爬取到的内容

到此为止,爬虫程序圆满地完成了使用 Scrapy 和 Selenium 爬取大兴国际机场航班出发时间数据的任务,该爬虫针对目标网站防爬只做了简单的处理,后续还可以通过更换 UserAgent 和利用 IP 代理模拟大量不同 IP 的请求,绕过网站的防爬虫机制。

15.3 本章小结

本章案例使用了 Python 的 Scrapy 框架和 Selenium 模拟浏览器爬取大兴国际机场航班出发时间数据,并将数据存储在 sqlite3 数据库中。同时研究了网页分析的方法以及模拟浏览器的元素查询与点击事件,作为目前最流行的 Python 爬虫框架,Scrapy 需要多加学习和掌握。

第四部分 爬虫应用场景及数据处理篇

第四部分爬虫应用场景及数据处理篇主要介绍对爬取数据的进一步应用和分析处理，涉及 Python 轻量服务的搭建、数据可视化、数据分析等理论和案例的介绍，为爬虫及数据的高阶应用，案例涉及数据采集、数据加工、数据存储、数据输出、数据分析、数据可视化等流程，读者可以触类旁通，举一反三，挖掘更多的应用场景。

第16章

用爬虫和Flask搭建新闻接口服务

本章选取了一个非常实用的案例作为 Python 实践的内容——利用爬虫和 Flask 搭建新闻接口服务。在日常开发中,有这样的需求,自己开发的网站需要用到其他网站的新闻或者数据,而其他网站的数据控制权又不在自己手里,这时就需要自己开发接口了,那么数据从哪来?爬虫可以解决该问题。下面就来介绍一下这个新闻 API 服务的案例。很多网站实时爬取数据并提供数据接口服务,和本案例的实现方法类似。有兴趣的读者可以在本案例的基础上做进一步的开发,增加更多功能。

视频讲解

16.1 编写爬虫

整个任务可以拆解为爬取新闻网站的数据和提供新闻接口服务。所以本案例最终的目的是实现一个提供新闻数据的接口服务,所以有三个要素:新闻数据从哪里来、用什么搭建 Web 服务、API 用什么格式。

第一个问题,新闻数据从哪里来。在本案例中选择了通过爬虫的方法获取新闻数据。请求、解析、处理数据,是通用爬虫的三个步骤。在这个案例中,首先采用 Requests 去请求目标新闻网站,然后用 Selector 解析请求到的数据,最后将请求到的数据 JSON 化,供 Flask 服务调用。

第二个问题,用什么搭建 Web 服务。Python 中常见的 Web 服务三大框架为 Django、Flask、Tornado。

Django 是 Python 中最全能的 Web 开发框架,走大而全的方向。它最出名的是其全自动化的管理后台:只需要使用 ORM 做简单的对象定义,就能自动生成数据库结构及全功能的管理后台。不过 Django 提供的方便,也意味着 Django 内置的 ORM 与框架内的其他模块耦合程度高,深度绑定了该框架,应用程序必须使用 Django 内置的 ORM,否则就不能享受到框架内提供的种种基于其 ORM 的优秀特性。

Flask 是一个使用 Python 编写的轻量级 Web 应用框架,也被称为 microframework,支持 Python 2 和 Python 3,语法简单,环境部署很方便,简单易用,适合快速开发。Flask 自带路径映射、模板引擎(Jinja2)、简单的数据库访问等 Web 框架组件,支持 WSGI(Web 服务器网关接口)协议(采用 Werkzeug)。Flask 使用 BSD(伯克利软件套件)授权。Flask 使用 extension 增加其他功能,虽然没有默认使用的数据库、窗体验证工具,然而 Flask 保留了扩增的弹性,可以用 Flask-extension 加入 ORM、窗体验证工具、文件上传、各种开放式身份验证技术这些功能。其封装功能不及 Django 完善,性能不及 Tornado,但是 Flask 的第三方开源组件比丰富。其 WSGI 工具箱采用 Werkzeug,模板引擎则使用 Jinja2。

Tornado(全称为 Tornado Web Server)是一个用 Python 语言写成的 Web 服务器兼 Web 应用框架。Tornado 走的是少而精的路线,注重的是性能优越,它最出名的是异步非阻塞的服务器方式。Tornado 框架和服务器一起组成一个 WSGI 的全栈替代品。单独在 WSGI 容器中使用 Tornado Web 框架或者 Tornado HTTP 服务器,有一定的局限性,为了最大化地利用 Tornado 的性能,推荐同时使用 Tornado 的 Web 框架和 HTTP 服务器。

从性能上看,Tornado 与 Django、Flask 等主流 Web 服务器框架相比有着明显的区别。它是非阻塞式服务器,速度相当快。然而 Tornado 相比 Django 和 Flask 属于较为原始的框架,插件少,许多内容需要自己去处理。而 Flask 插件多,文档非常专业,有专门的公司团队维护,对于快速开发很有效率。由于 WSGI 协议的存在,可以结合 Tornado 的服务器异步特性、并发处理能力和 Flask 的文档及扩展能力为一体。虽然像 Django,Flask 框架都有自己实现的简单的 WSGI 服务器,但一般用于服务器调试,生产环境下建议用其他 WSGI 服务器,如 Nginx+uwsgi+Django 方式。总结下来,就是 Django 大而全,Flask 小而精,Tornado 性能高。

下面简要介绍 Flask 的用法,主要为以下 4 个步骤。

(1) 导入 Flask 类,这个类的实例将会是 WSGI 的应用程序。

```
from flask import Flask
```

(2) 创建一个该类的实例 app,第一个参数是应用模块或者包的名称。

```
app = Flask(__name__)
```

(3) 使用 route()函数装饰器把一个函数绑定到对应的 URL 上,告诉 Flask 什么样的 URL 能触发函数。这个函数的名字也在生成 URL 时被特定的函数采用,该函数返回想要显示在用户浏览器中的信息。

```
@app.route('/', methods = ['GET'])
def index(name = None):
    if request.method == 'GET':
        name = "WEB SERVER"
        return render_template('index.html', name = name)
```

(4) 用 run()函数让应用运行在本地服务器上。

```
if __name__ == '__main__':
    try:
        app.run(host = '0.0.0.0', port = 80, debug = False)
    except:
        pass
```

【提示】 Flask 调试模式默认为 True,如果程序部署在外部可访问的服务器上,那么,在调试模式(debug=True)下,外部用户可以在服务所在的计算机上执行任意 Python 代码。因此,在发布服务时,需要关闭调试模式(debug=False)。

16.1.1 爬取数据源网页

爬虫的四个步骤:请求、解析、清洗、存储。在本案例中只需要前三步就可以了,最后一步不存储数据,而是作为 Web 服务的结果输出。

首先来分析新闻源网页。打开新闻源网页,并打开浏览器的调试模式,浏览器推荐用 Chrome 或者 Firefox,然后找到需要的新闻列表页,借助开发调试工具,如网络抓包工具或者浏览器自带的 DevTools,观察浏览器调试窗口中的网络请求。通过多次观察新闻列表页请求,发现不是 Ajax 方式的请求,那么就可以基本排除必须用模拟浏览器的方式 Selenium 去实现了,可以用 Python 的 Requests 就能实现。

寻找查询接口。对于 Chrome 浏览器,按 F12 键打开调试模式,可以在 Network 里面看到每次请求的详细信息,如图 16-1 所示,按 F5 键刷新之后,就可以看到每一页新闻请求的请求地址和请求结果预览,可以看到,该网页为后端渲染之后以静态网页的方式返回给前端浏览器的,不能通过请求 API 的方式获取字段,所以需要用解析页面的 HTML 找到需要的字段详情。

图 16-1　开发者模式下新闻列表页的页面

在解析 HTML 时,用到的是爬虫常用的解析工具 Selector,通过 XPath 可以定位所需要的元素。在对 XPath 的语法不是很熟练的情况下,可以试试浏览器辅助生成的 XPath 路径,获取 XPath 的方式如图 16-2 所示,即打开浏览器调试模式,找到对应 item 的元素,然后通过右击找到 XPath。

图 16-2　开发者模式下获取 XPath

通过使用 Python 的 Selector 组件、利用 XPath 定位到相应的元素之后，得出了需要具体解析的字段：

```
<div onclick="window.parent.openW('/kjjh_tztg_all/20230322/5181.html')" title="关于对"十四五"国家重点研发计划先进制造与网络空间安全领域重点专项 2023 年度项目申报指南征求意见的通知">关于对"十四五"国家重点研发计划先进制造与网络空间安全领域重点专项 2023 年度项目…
</div>
```

其中，window.parent 表示返回当前窗口的父窗口，会触发 JavaScript 的 onclick()方法，对应的跳转链接作为参数传递。通过验证也可以发现新闻详情页的 URL，拼接之后的 URL 为 https://service.most.gov.cn/kjjh_tztg_all/20230322/5181.html。

所以可以得出新闻详情页 URL 的清洗规则如下：

```
website = root_url + html.xpath(
    '//*[@class="tab_list"]/table/tr[%d]/td[2]/div/@onclick' % index).extract_first()
.replace(
    'window.parent.openW(', '').replace("'", "").replace(")", "")
```

其他字段的解析用 XPath 定位即可得到。

16.1.2 搭建 Flask 服务

爬取到数据之后，按前面介绍的 Flask 的基本用法，搭建一个 Web 服务，将爬取到的数据返回给请求者。在搭建服务时，考虑到输出结果的便利性，最后输出结果时，需要将结果以 JSON 的形式作为请求返回值。Python 解析 JSON 格式的数据也非常方便。只需要分析出返回的数据的字段的实际意义，就能做下一步解析存储了。

Python 中经常用到的 json.dumps()函数，可以实现 JSON 化输出。Flask 提供了更好的工具 jsonify，可以很方便地支持中文和排序输出，用法如下：

```
return jsonify({
    'code': code,
    'data': news_result,
})
```

在服务启动时要对 config 进行设置，以让服务支持中文：

```
app.config['JSON_AS_ASCII'] = False
```

config 设置有两种属性值可以进行配置，分别是：

```
1. JSON_AS_ASCII = False       # 支持中文
2. JSON_SORT_KEYS = False      # 当用 jsonify 时输出不排序
```

至此，新闻 API 服务搭建完成，整个过程从爬取目标新闻源网站，到搭建自己的新闻服务。运行该脚本，服务就成功启动了。为了验证新闻服务的数据，在浏览器中输入 URL，http://127.0.0.1:9527/test1，可以看到成功请求接口返回的 JSON 数据。

通过配置不同的路由策略，可以对不同的 URL 进行不同的逻辑处理。在这个案例中，想要请求两个不同的新闻类型，有两种方法可以实现。第一种是通过配置 Flask 路由的方式，为不同的新闻类型配置不同的路由，如 http://127.0.0.1:9527/test1 和 http://127.0.0.1:9527/test2。第二种方法是通过对不同请求参数的判断，返回不同类型的新闻，如 http://

127.0.0.1:9527/?type=test1 和 http://127.0.0.1:9527/?type=test2。

上面这个结果展示的是一个 HTTP 的 GET 请求的接口,这也是默认情况下,路由只回应 GET 请求,但是通过 route()函数装饰器传递 methods 参数可以改变这个行为。这里有一些案例：

```
@app.route('/test_get_post', methods = ['GET', 'POST'])
def test_get_post():
    if request.method == 'POST':
        todo_post()
    else:
        todo_get()
```

如果存在 GET,那么也会替用户自动地添加 HEAD,无须干预。它会确保遵照 HTTP RFC(描述 HTTP 的文档)处理 HEAD 请求,所以可以完全忽略这部分的 HTTP 规范。HTTP 方法,除了常见的 GET 和 POST,下面一些方法也会用到。

- GET：浏览器告知服务器,只获取页面上的信息并发给我。这是最常用的方法。
- HEAD：浏览器告诉服务器,欲获取信息,但是只关心消息头。应用应像处理 GET 请求一样来处理它,但是不分发实际内容。在 Flask 中完全无须人工干预,底层的 Werkzeug 库已经替用户打点好了。
- POST：浏览器告诉服务器,想在 URL 上发布新信息,并且服务器必须确保数据已存储且仅存储一次。这是 HTML 表单通常发送数据到服务器的方法。
- PUT：类似 POST,但是服务器可能触发了存储过程多次,多次覆盖掉旧值。读者可能会问这有什么用,当然这是有原因的。考虑到传输中连接可能会丢失,在这种情况下浏览器和服务器之间的系统可能安全地第二次接收请求,而不破坏其他东西。因为 POST 只触发一次,所以用 POST 是不可能的。
- DELETE：删除给定位置的信息。
- OPTIONS：给客户端提供一个敏捷的途径来弄清这个 URL 支持哪些 HTTP 方法。从 Flask 0.6 开始,实现了自动处理。

【提示】 抓包工具在日常的开发过程中可以很容易看到网页实际的 HTTP 请求方法,在这个案例中用到了浏览器自带的 DevTools 的 Network。

此外,还可以对请求进行重定向,如请求下面的 URL：http://127.0.0.1:5000/test_redirect,返回的结果如图 16-3 所示。

图 16-3　Flask 的 URL 重定向

16.1.3 程序代码详情

通过对整个需求的分析,选定了方案,用 Request 请求目标新闻源之后,再用 Selector 解析该新闻页,然后通过 Flask 搭建 Web 服务,输出新闻数据。思路梳理完毕后,就可以着手编写了,最终的爬虫代码见例 16-1。

【例 16-1】 新闻 API Web 服务程序。

```python
# __author__ = 'hanyangang'
# -*- coding: utf-8 -*-
from flask import Flask
from flask import request
from flask import jsonify
import requests
from parsel import Selector
from flask import abort, redirect, url_for

app = Flask(__name__)
headers = {
    'Accept': 'text/html,application/xhtml+xml,application/xml;q=0.9,image/avif,image/webp,image/apng,*/*;q=0.8,application/signed-exchange;v=b3;q=0.7',
    'Accept-Language': 'zh-CN,zh;q=0.9,en-US;q=0.8,en;q=0.7',
    'Connection': 'keep-alive',
    'Referer': 'https://service.most.gov.cn/kjjh_tztg/index_2.html',
    'Sec-Fetch-Dest': 'iframe',
    'Sec-Fetch-Mode': 'navigate',
    'Sec-Fetch-Site': 'same-origin',
    'Sec-Fetch-User': '?1',
    'Upgrade-Insecure-Requests': '1',
    'User-Agent': 'Mozilla/5.0 (Macintosh; Intel Mac OS X 10_15_7) AppleWebKit/537.36 (KHTML, like Gecko) Chrome/111.0.0.0 Safari/537.36',
    'sec-ch-ua': '"Google Chrome";v="111", "Not(A:Brand";v="8", "Chromium";v="111"',
    'sec-ch-ua-mobile': '?0',
    'sec-ch-ua-platform': '"macOS"',
}
root_url = 'https://service.most.gov.cn/'

@app.route('/test1')
def get_news_test1():
    url = root_url + "kjjh_tztg/index.html"
    response = requests.get(url, headers=headers)
    response.encoding = response.apparent_encoding
    html = Selector(response.content.decode('utf-8'))
    news_result = []
    code = response.status_code
    try:
        for index in range(1, 11):
            website = root_url + html.xpath(
                '//*[@class="tab_list"]/table/tr[%d]/td[2]/div/@onclick' % index)\
                .extract_first().replace(
                'window.parent.openW(\'', '').replace("'", "").replace(")", "")
            title = html.xpath('//*[@class="tab_list"]/table/tr[%d]/td[2]/div' % index).xpath('string(.)').extract_first().strip()
            author = html.xpath('//*[@class="tab_list"]/table/tr[%d]/td[3]' % index).xpath('string(.)').extract_first().strip()
```

```python
            event_time = html.xpath('//*[@class="tab_list"]/table/tr[%d]/td[4]/text()'
% index).extract_first().strip()
            print(website + ',' + title + ',' + author + ',' + event_time)
            new_data = {
                'website': website,
                'title': title,
                'event_time': event_time
            }
            news_result.append(new_data)
    except Exception as e:
        print(e)
    return jsonify({
        'code': code,
        'data': news_result,
    })


@app.route('/test2')
def get_news_test2():
    url = root_url + "kjjh_wjfg_all/index.html"
    response = requests.get(url, headers=headers)
    response.encoding = response.apparent_encoding
    html = Selector(response.content.decode('utf-8'))
    news_result = []
    code = response.status_code
    try:
        for index in range(1, 11):
            website = root_url + html.xpath(
                '//*[@class="tab_list"]/table/tr[%d]/td[2]/div/@onclick' % index)\
.extract_first().replace(
                'window.parent.openW(', '').replace("'", "").replace(")", "")
            title = html.xpath('//*[@class="tab_list"]/table/tr[%d]/td[2]/div' %
index).xpath('string(.)').extract_first().strip()
            author = html.xpath('//*[@class="tab_list"]/table/tr[%d]/td[3]' % index)\
.xpath('string(.)').extract_first().strip()
            event_time = html.xpath(
                '//*[@class="tab_list"]/table/tr[%d]/td[4]/text()' % index).extract_
first().strip()
            print(website + ',' + title + ',' + author + ',' + event_time)
            new_data = {
                'website': website,
                'title': title,
                'event_time': event_time
            }
            news_result.append(new_data)
    except Exception as e:
        print(e)
    return jsonify({
        'code': code,
        'data': news_result,
    })


@app.route('/', methods=['GET'])
def get_news():
    type = request.args.get('type')
    url = root_url + "kjjh_tztg/index.html"
    if type == "test1":
        url = root_url + "kjjh_tztg/index.html"
```

```python
        elif type == "test2":
            url = root_url + "kjjh_wjfg_all/index.html"
    response = requests.get(url, headers=headers)
    response.encoding = response.apparent_encoding
    html = Selector(response.content.decode('utf-8'))
    news_result = []
    code = response.status_code
    try:
        for index in range(1, 11):
            website = root_url + html.xpath(
                '//*[@class="tab_list"]/table/tr[%d]/td[2]/div/@onclick' % index)
.extract_first().replace('window.parent.openW(', '').replace("'", "").replace(")", "")
            title = html.xpath('//*[@class="tab_list"]/table/tr[%d]/td[2]/div' %
index).xpath('string(.)').extract_first().strip()
            author = html.xpath('//*[@class="tab_list"]/table/tr[%d]/td[3]' % index)
.xpath('string(.)').extract_first().strip()
            event_time = html.xpath(
                '//*[@class="tab_list"]/table/tr[%d]/td[4]/text()' % index).extract_
first().strip()
            print(website + ',' + title + ',' + author + ',' + event_time)
            new_data = {
                'website': website,
                'title': title,
                'event_time': event_time
            }
            news_result.append(new_data)
    except Exception as e:
        print(e)
    return jsonify({
        'code': code,
        'data': news_result,
    })

@app.route('/test_redirect')
def index():
    return redirect(url_for('login'))

@app.route('/login')
def login():
    abort(401)

if __name__ == '__main__':
    port = 9527
    app.config['JSON_AS_ASCII'] = False
    app.run(host='0.0.0.0', port=port, debug=True)
```

代码说明如下。

(1) from flask import request：用于在爬取目标新闻源时发起请求，用以代替爬虫常用的 Requests。实际生产环境中仍然推荐常用的爬虫工具库 Requests，可以轻松实现请求网页常用的操作，如 cookies 保持、登录验证、代理设置等操作。

(2) @app.route('/', methods=['GET'])：URL 路由设置和 HTTP 方法的选择。

(3) port = 5000：端口号设置，一般 HTTP 请求设置为 80，HTTPS 请求设置为 443。

(4) app.config['JSON_AS_ASCII'] = False：用于设置输出的 JSON 支持中文。

（5）app.run(host='0.0.0.0', port=port, debug=True)：0.0.0.0 表示所有地址都可以访问；debug 为调试开关，在调试代码时可以设置为 True。

在实际生产环境中，常常使用 Nginx 和 uwsgi 配合搭建稳定且高可用的 Web 服务。这里把 WSGI、uwsgi、uWSGI 这几个概念整理下。

WSGI 是为 Python 定义的 Web 服务器和 Web 应用程序或框架之间的一种简单而通用的接口协议，主要包括服务器和应用程序两部分，是描述 Web 服务器如何与 Web 应用程序通信的规范。

uwsgi 是基于二进制的线路协议，与 WSGI 通信协议的作用相同，属于 uWSGI 服务器的独占协议，用于定义传输信息的类型（Type of Information）。

uWSGI 是一个 Web 服务器，实现了 WSGI 协议、uwsgi 协议、HTTP 协议等。

16.2 本章小结

本章使用了 Python 的 Flask 模块，用低成本的方式实现了一个简单的新闻 API 服务，本案例也是 Flask 最简单的用法，入门够用了，可以使读者初步知道 Flask 是什么以及能用来解决什么问题。实际工作中就是这样，需要对"生产工具"进行灵魂的三部曲拷问：常见的各种"生产工具"是什么，和同类型的相比有什么特性，能用来干什么。如 Flask 是一个轻量级 Web 服务框架，比 Django 部署方便、轻量，可以用最快的速度部署一个 Web 服务。当然如果要部署到生产环境，还需要考虑服务器的稳定性、并发等，可以考虑用 nginx、uwsgi、supervisor 这些常用的 Python 网络服务工具配合使用。新闻数据的获取是通过 Request 加上 Selector，用爬虫的方法获取，这种将爬虫数据快速包装成服务的方式在实际生产中会经常遇到，Python 学习中掌握这些常用模块的基本用法还是很有必要的。

第 17 章

网易云音乐评论内容的爬取与分析

视频讲解

本章将通过爬取网易云音乐的评论区内容,并进行词云分析来研究用户对音乐的看法评价,在爬虫编写的过程中,带读者熟悉 Python 的 JSON 库的使用,并了解功能强大的中文分词库 jieba 和生成词云的 wordcloud 库。

17.1 jieba 库

jieba 是 Python 的第三方库中文分词处理库,支持将文本中的中英文词汇进行切分以用于文本分析,支持三种分词模式。

(1) 精确模式,试图将句子最精确地切开,适合文本分析。

(2) 全模式,把句子中所有的可以成词的词语都扫描出来,速度非常快,但是不能解决歧义。

(3) 搜索引擎模式,在精确模式的基础上,对长词再次切分,提高召回率,适合用于搜索引擎分词。

jieba.cut()方法可传入两个参数:第一个参数为需要分词的字符串;第二个参数 cut_al 用来控制是否采用全模式。

jieba.cut_for_search()可传入一个参数:需要进行分词的字符串,适用于搜索引擎构建索引的分词。注意,待分词的字符串可以是 gbk 字符串、UTF-8 字符串或者 unicode 字符串。

jieba.cut()以及 jieba.cut_for_search()返回的结构都是一个可迭代的 generator,可以使用 for 循环来获得分词后得到的每一个词语,也可以用 list(jieba.cut(…))转换为 list 形式。

jieba 库支持使用者补充自定义词典以便包含 jieba 词库里没有的词,以保证更高的分词正确率,用法:jieba.load_userdict(file_path)。其中,file_path 即自定义词典的存储路径,自定义词典为 TXT 格式,一个词的信息占一行。每一行分三部分:第一部分为词语,第二部分为词频(即该词语在文本中出现的频率,导入后在分词时,遇到自定义的新词,根据词频,一部分进行切分,而一部分不切分,词频越高,该新词被切分下来的概率越大),最后一部分为词性(可省略),用空格隔开。

17.2 WordCloud 库

WordCloud 库通过语句 wc = WordCloud().generate(text)创建 WordCloud 类的实例,处理文本生成词云,默认用于处理每个单词有空格分隔的英文文本,可以通过 jieba 库进行分词,将每个单词用空格分隔,让 WordCloud 库能够处理中文文本。在实例化处理文本时,可以传入控制参数使词云呈现出不同的效果。

下面列举一些常用的可选参数。

- font_path：string，传入显示词云用的字体所在路径，注意如果对中文文本生成词云，必须自行设置中文字体路径，否则词云中无法显示中文汉字。
- width：int（default＝400），设置词云宽度，默认为 400 像素。
- height：int（default＝200），设置词云高度，默认为 200 像素。
- mask：NumPy 数组或 None（default＝None），如果参数为空，则默认使用二维遮罩绘制词云。如果 mask 非空，设置的宽高值将被忽略，遮罩形状被 mask 取代。除全白（＃FFFFFF）的部分将不会绘制，其余部分会用于绘制词云。
- scale：float（default＝1），按照比例进行放大画布。
- min_font_size：int（default＝4），显示词云的最小的字体大小。
- max_words：number（default＝200），词云显示的词最大个数。
- stopwords：字符串集合或 None，传入停用词汇，如果为空，则使用内置的 STOPWORDS。
- background_color：string（default＝"black"），词云背景颜色，默认为黑色。
- max_font_size：int 或 None（default＝None），显示的最大的字体大小。

生成的词云的展示方法有多种：一种是实例对象的 to_image() 函数创建新的图像再用 show() 函数展示词云，另一种则是用 Matplotlib 库的 imshow() 函数展示。保存方法用 to_file() 函数或者 to_image() 函数创建的图像用 save() 函数。

17.3　网页分析

为爬取网易云音乐的评论内容，本案例将提供思路简单的处理方式，网易云音乐一般会提供 API，以 JSON 对象返回开发者请求的内容，而获取歌曲评论的 API 格式为"http://music.163.com/api/v1/resource/comments/R_SO_4_"＋歌曲 ID，一般评论的 JSON 对象显示的评论条数有限，为了获得完整的评论内容，需要加上参数单条 JSON 加载评论条数（limit）和偏移量（offset），然后发送 GET 请求，如图 17-1 所示，JSON 会显示评论内容和评论总数，基于以上参数可以间隔发送请求以获得全部评论内容，即可编写爬虫。

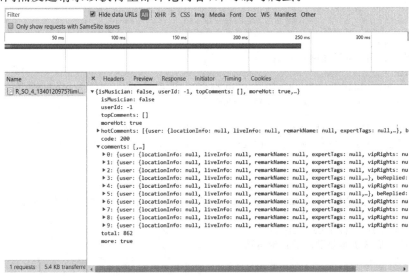

图 17-1　网页分析 JSON 对象内容

17.4 编写爬虫

```python
import requests
import json
from time import sleep
import time
import wordcloud
import re
import numpy as np
import PIL.Image as image
import jieba

def getStopList():
    # 获取停用词表,这里给出的是网易云常用的部分停用词,也可以从本地读取文件
    stopList = ['不要', '个人', '这里', '有些', '完全',
                '头像', '搜索', '还是', '那里', '看到',
                '不到', '回复', '歌手', '虽然', '网易云',
                '怎么', '曲子', '这首', '歌单', '不过',
                '专辑', '有人', '一位', '我', '哪个',
                '就让', '只有', '这么', '没有', '所以',
                '别人', '听歌', '一直', '应该', '很多',
                '那个', '果然', '然后', '你', '不用',
                '真的', '有点', '不是', 'id', '大家',
                '为何', '只是', '自己', '当时', '歌曲',
                '果然', '这个', '之后', '他们', '有没有',
                '相关', '里面', '的话', '不会', '哪里',
                '无法', '而且', '    ', '就是', '可能',
                '因为', '已经', '最后', '一点', '竟然',
                '不可', '用户', '很', '找到', '系列',
                '歌词', '一首', '还有', '其实', '是',
                '现在', '听到', '一首歌', '为什么', '翻译',
                '一样', '这首歌', '封面', '网易', '真是',
                '出来', '你们', '评论', '什么', '时候',
                '不应该', '说明', '一段', '过来', '了解',
                '这样', '东西', '想起', '需要', '作者',
                '知道', '这些', '果然']
    return stopList

if __name__ == '__main__':
    song_id = input()
    # 读取要分析词云的歌曲网易云 ID
    header = {
        'user-agent': 'Mozilla/5.0 (Windows NT 10.0; Win64; x64) AppleWebKit/537.36 (KHTML, like Gecko) Chrome/80.0.3987.116 Safari/537.36'}
    # 考虑到网易云的反爬措施,一般需要在发送请求时加 header
    url = 'http://music.163.com/api/v1/resource/comments/R_SO_4_%s' % song_id
    # 获取评论内容的 API 接口 URL
    query = {'limit': '100', 'offset': ''}
    limit = 200
    # 发送 GET 请求的参数,每条 JSON 对象的 limit 自行设定,这里考虑到歌曲热度的不同,设为 200
    r = requests.get(url, headers=header)
    total = json.loads(r.content)['total']
    # 由网页分析,先获取该歌曲的评论总数
    offset = 0
```

```python
commentStr = ""
# 定义偏移量和用于文本分析的字符串,每次将评论内容加在字符串中
    while offset < total:
        query['offset'] = offset
        req = requests.get(url, headers = header, params = query)
        comment = json.loads(req.content)['comments']
        # 由网页分析,评论内容均存储在JSON对象comments键值的子数组中
        for i in range(len(comment)):
            commentStr += comment[i]['content']
        offset += limit
        sleep(1)
    # 一般需要多次爬虫获取内容时可以让程序适当暂停,避免访问过于频繁
    pat = re.compile(
        u"([SymbolYCp\u4e00-\u9fa5\u0030-\u0039\u0041-\u005a\u0061-\u007a\u3040-\u31FF])")
commentStr = re.sub(pat, "", commentStr)
    # 采用正则表达式,给文本去除不必要的字符(具体内容下面会接着详解)
commentStr = ' '.join(jieba.cut(commentStr, cut_all = False))
# jieba库分词后,得到generator迭代器,可以用join()方法直接获得用于制作词云的文本串
stopList = getStopList()
# 获取停用词表
img_path = ""
Mask = np.array(image.open(img_path))
# 如果有需要用自定义遮罩,将图像转换成NumPy数组用于生成
Font_path = ""
    Wcloud = wordcloud.WordCloud(
        mask = Mask,
    font_path = Font_path,
        stopwords = set(stopList)).generate(commentStr)
# 传入参数与文本生成词云
    image_produce = Wcloud.to_image()
    image_produce.show()
    save_path = "%s.png" % song_id
image_produce.save(save_path)
# 将生成的词云展示并保存
```

关于正则表达式处理用于分析的文本,在文本分析中,为了提高准确率以及避免程序产生bug,需要预先去除一些不必要的字符,如标点符号以及非文字的表情等特殊字符,这些都会对文本分析造成干扰,通常采取 re.sub(pat, "", Str),pat为预先编译的正则表达式,将去除的字符替换为空字符,下面将提供一些正则表达式的思路。

(1) re.compile('\t|\n|\.|—|:|;|\)|\(|\?|(|)|\|"|\u3000'),用于去除标点符号和空格。

(2) 利用正则表达式特性,[^ **]表示不匹配此字符集中的任何一个字符,可以反选需要的字符集,除了基本的[a-zA-Z0-9]匹配,如果采取Unicode编码方式,汉字的Unicode范围为\u4e00~\u9fa5,数字的Unicode范围为\u0030~\u0039,大写字母的Unicode范围为\u0041~\u005a,小写字母的Unicode范围为\u0061~\u007a,韩文的Unicode范围为\uAC00~\uD7AF,日文的Unicode范围为\u3040~\u31FF,根据文本分析的需要,保留需要的字符。

17.5 运行结果

【例17-1】 分析著名民谣歌手赵雷的代表单曲《成都》(歌曲ID:436514312),评论数有40多万,关键词云如图17-2所示。

图 17-2　单曲《成都》词云分析结果

【例 17-2】　分析知名日本电视剧《假面骑士 Build》的主题曲 *Be the One*（歌曲 ID：530986958），评论数 2 万左右，采用自定义遮罩，关键词云如图 17-3 所示。

图 17-3　单曲 *Be the One* 词云分析结果

17.6　本章小结

通过本章，进一步熟悉了 JSON 在爬虫中的强大功能，同时通过将爬虫结果进行数据分析，理解了网络爬虫与数据分析和数据科学的紧密联系，并掌握了使用 Python 的 jieba 库进行中文文本分析，用 WordCloud 库制作过滤大量文本信息的词云这一通过形成"关键词云层"或"关键词渲染"，对网络文本中出现频率较高的"关键词"的视觉上的突出的网络时代新媒体的展示形式。

第 18 章

爬取二手房数据并绘制热力图

本章将爬取二手房数据,并通过房价数据,结合地理坐标信息,绘制城市房价关注度的热力图,通过可视化的呈现,方便读者对数据有更直观的认识。在这个案例中,爬取了某城市的房价和关注度,并绘制热力图,选取了链家网作为数据采集的来源网站,爬取的数据主要有二手房房源所在小区的名称、地理位置、户型、面积、价格、关注度这几个维度,本书所列的开发商名为虚构的,如有雷同纯属巧合,地理位置转换用到了百度的地图 API,绘制热力图用到了可视化组件 ECharts。

视频讲解

18.1 数据爬取

本节来研究一下要爬取的目标网站——链家网,主要内容包括找到数据来源的网站、抓包分析网站、选取解析方法、分析数据如何存储等。

18.1.1 分析网页

某房地产网在不同的城市用了不同的二级域名,通过首页,找到了某城市二手房对应的页面,该页面包括了在售、成交量、小区名等,按照需求,需要找到在售二手房的关注度,并通过浏览网页,最终找到需要数据的入口地址,发现目标网站。

再看翻页,有些网站的翻页可以通过变换 URL 实现;有些网站则需要找到翻页的接口,通过访问接口的方式翻页;还有些可以通过图形化的方法,模拟手动单击去完成翻页并获取下一页的数据,当然用浏览器驱动自动化单击,性能和时间上会有所损失。在这个网站中,发现通过单击按钮翻页,页面的 URL 会随着页数的不同而变化,而且该网站的页数可以通过 URL 地址的不同而受到控制,其中 pg 后面的数字表示第几页。所以访问时设置一个列表循环访问即可。再来看看链家网站的 HTML 规律,通过 Chrome 浏览器开发者模式查看元素,可以看到,二手房的信息全部保存在 li class='clear'里面,如图 18-1 所示,找到规律,以便在 Beautiful Soup 库解析网页时用到。

确定了 URL,接下来再分析如何请求和下载网页。通过上面的分析可知,需要网页响应的全部内容,以便从里面取出每条在售房源的基本信息,在本案例中,选取了功能更强大的 Python 的 Requests 库,当然也可以用 urllib 库。

为了尽可能地模拟真实请求,在本案例中请求时加了 header,header 中定制 User-Agent 信息,不过由于爬虫程序的规模不大,被 ban(封禁)的可能性很低,因此只写了一个固定的 useragent,如果要大规模地使用 useragent,可以使用 Python 的 fake-useragent 库。在请求添

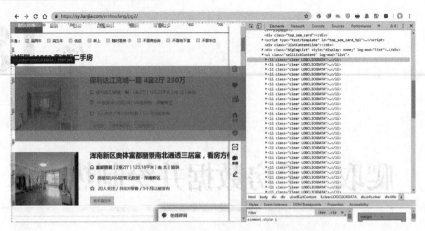

图 18-1　链家网页界面以及 html 标签特征

加 HTTP 头部，只要简单地传递一个 dict 给 headers 参数即可。需要注意的是，所有的 header 值必须是 string、bytestring 或者 unicode。尽管传递 unicode header 也是允许的，但不建议这样做。

此外，Requests 在许多方面做了优化，如字符集的解码，Requests 会自动解码来自服务器的内容。大多数 unicode 字符集都能被无缝地解码。所以在大部分情况下，都可以忽略字符集的问题。

【提示】 请求发出后，Requests 会基于 HTTP 头部对响应的编码做出有根据的推测。当访问 r.text 时，Requests 会使用其推测的文本编码。用户可以找出 Requests 使用了什么编码，并且能够使用 r.encoding 属性来改变它。如果改变了编码，每当用户访问 r.text，Request 都将会使用 r.encoding 的新值。读者可能希望在使用特殊逻辑计算出文本的编码的情况下修改编码。如 HTTP 和 XML 自身可以指定编码。这样的话，应该使用 r.content 找到编码，然后设置 r.encoding 为相应的编码。这样就能使用正确的编码解析 r.text 了。

接下来再分析一下如何定位正文元素，使用开发者模式来查看元素（见图 18-2），发现可以使用 houseInfo、priceInfo、followInfo 这几个 class 名称的值来定位房屋基本信息、价格、关注度这几个维度的数据。简单地搜索页面 HTML，发现这几个 className 没有在其他地方使用，指向很清楚，所以可以选用一个简单的 HTML 解析工具，在这里选取了 BeautifulSoup（简称 bs4），用 BeautifulSoup 的 find_all()方法。例如，soup.find_all('div',class_='priceInfo')就可以提取到需要的数据。bs4 的 find_all()方法获取到的是一个 list 类型的数据，在使用时需要注意。

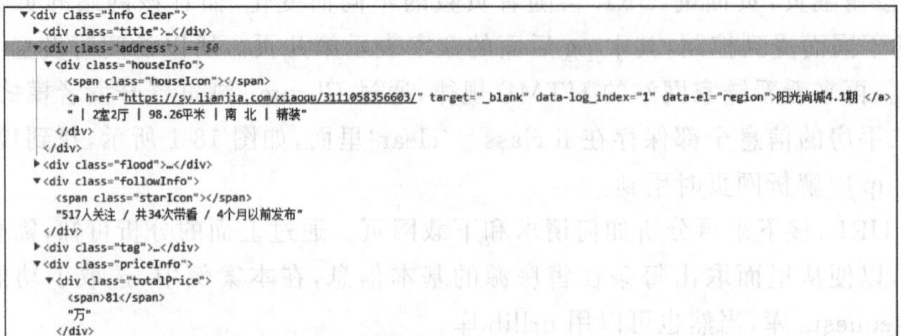

```
▼<div class="info clear">
  ▶<div class="title">…</div>
  ▼<div class="address"> == $0
    ▼<div class="houseInfo">
       <span class="houseIcon"></span>
       <a href="https://sy.lianjia.com/xiaoqu/3111058356603/" target="_blank" data-log_index="1" data-el="region">阳光尚城4.1期 </a>
       " | 2室2厅 | 98.26平米 | 南 北 | 精装"
     </div>
   </div>
  ▶<div class="flood">…</div>
  ▼<div class="followInfo">
     <span class="starIcon"></span>
     "517人关注 / 共34次带看 / 4个月以前发布"
   </div>
  ▶<div class="tag">…</div>
  ▼<div class="priceInfo">
    ▼<div class="totalPrice">
       <span>81</span>
       "万"
     </div>
    ▶<div class="unitPrice" data-hid="102100610102" data-rid="3111058356603" data-price="8244">…</div>
   </div>
   ::after
 </div>
▶<div class="listButtonContainer">…</div>
```

图 18-2　开发者模式下的二手房基本信息

18.1.2 地址转换成经纬度

由于爬虫获取到的只有小区名称,不能精确展示到地图上,因此,需要对小区名称进行转换,变成经纬度。地址转经纬度的接口,各地图厂商均有提供,使用方法也大同小异,一般也都有免费使用次数,如百度地图 API,其接口免费使用次数是 10 000 次/天,按抓到数据的量级,免费的次数已经够用。

下面介绍一下百度正地理编码服务 API 的用法,正地理编码服务提供将结构化地址数据转换为对应坐标点(经纬度)的功能,参考文档为可以通过扫描前言中的二维码获取。

百度正地理编码服务获取方法:第一步,申请百度开发者平台账号以及该应用的 ak(申请地址可通过扫描前言中的二维码获取);第二步,注册百度地图 API 以获取免费的密钥,才能完全使用该 API。

因为是按小区名称去调用地图 API 获取经纬度,而小区名称在全国其他城市也会有重名的小区,所以在调用地图接口时需要指定城市,这样才会避免获取到的坐标值分布在全国的情况。接口示例如下:

```
http://api.map.baidu.com/geocoder/v2/?address = 北京市海淀区上地十街 10 号 &output = json&ak = 您的 ak&callback = showLocation //GET 请求
```

主要包括如下请求参数。

(1) address:待解析的地址。最多支持 84 字节。可以输入两种样式的值,分别如下。
- 标准的结构化地址信息,如北京市海淀区上地十街 10 号(推荐,地址结构越完整,解析精度越高)。
- 支持"*路与*路交叉口"描述方式,如北一环路和阜阳路的交叉路口。

第二种样式并不总是有返回结果,只有当地址库中存在该地址描述时才有返回。

(2) city:地址所在的城市名。用于指定上述地址所在的城市,当多个城市都有上述地址时,该参数起到过滤作用,但不限制坐标召回城市。

(3) ak:用户申请注册的 key。自 v2 开始参数修改为 ak,之前版本参数为 key。

(4) output:输出格式为 JSON 或者 XML。

返回结果的参数如下。

(1) status:返回结果状态值。成功返回 0,其余状态可以查看官方文档。

(2) location:经纬度坐标。lat:纬度值;lng:经度值。

学习完该 API 的基本用法,就可以着手编写爬虫了,将该功能单独写成一个方法,用来把爬虫爬到的小区名称数据转换成经纬度,见例 18-1 中的 getlocation()方法。

18.1.3 编写爬虫

通过以上的分析和学习,可以编写爬虫了,如上面所说,用到的 Requests、bs4、百度地图 API 等,解析具体字段时用到了正则表达式,数据存储可以放在 CSV 文件中,方便在绘制热力图时使用。爬虫代码见例 18-1。

【例 18-1】 链家沈阳二手房信息爬取程序。

```
# lianjiasyfj.py
from bs4 import BeautifulSoup
import requests
```

```python
import csv
import re
def getlocation(name):                          #调用百度API查询位置
    bdurl = 'http://api.map.baidu.com/geocoder/v2/?address = '
    output = 'json'
    ak = '你的密匙'                              #输入你刚才申请的密匙
    ak = 'VMfQrafP4qa4VFgPsbm4SwBCoigg6ESN'
    callback = 'showLocation'
    uri = bdurl + name + '&output = t' + output + '&ak = ' + ak + '&callback = ' + callback + '&city = 沈阳'
    print (uri)
    res = requests.get(uri)
    s = BeautifulSoup(res.text)
    lng = s.find('lng')
    lat = s.find('lat')
    if lng:
        return lng.get_text() + ',' + lat.get_text()
url = 'https://sy.lianjia.com/ershoufang/pg'
header = {'User - Agent':'Mozilla/5.0 (Windows NT 6.1; Win64; x64) AppleWebKit/537.36 (KHTML, like
Gecko) Chrome/68.0.3440.106 Safari/537.36'}     #请求头,模拟浏览器登录
page = list(range(0,101,1))
p = []
hi = []
fi = []
for i in page:                                  #循环访问链家的网页
    response = requests.get(url + str(i),headers = header)
    soup = BeautifulSoup(response.text)
    #提取价格
    prices = soup.find_all('div',class_ = 'priceInfo')
    for price in prices:
        p.append(price.span.string)
    #提取房源信息
    hs = soup.find_all('div',class_ = 'houseInfo')
    for h in hs:
        hi.append(h.get_text())
    #提取关注度
    followInfo = soup.find_all('div',class_ = 'followInfo')
    for f in followInfo:
        fi.append(f.get_text())
    print(i)

print(p)
print(hi)
print(fi)
# houses = []                                   #定义列表用于存放房子的信息
n = 0
num = len(p)
file = open('syfj.csv', 'w', newline = '')
headers = ['name', 'loc', 'style', 'size', 'price', 'foc']
writers = csv.DictWriter(file, headers)
writers.writeheader()
while n < num:                                  #循环将信息存放进列表
    h0 = hi[n].split('|')
    name = h0[0]
    loc = getlocation(name)
    style = re.findall(r'\s\d.\d.\s', hi[n])    #用到了正则表达式提取户型
    if style:
        style = style[0]
    size = re.findall(r'\s\d + \.?\d + ',hi[n]) #用到了正则表达式提取房子面积
    if size:
```

```
            size = size[0]
        price = p[n]
        foc = re.findall(r'SymbolYCp\d + ',fi[n])[0]      #用到了正则表达式提取房子的关注度
        house = {
            'name': '',
            'loc': '',
            'style': '',
            'size': '',
            'price': '',
            'foc': ''
        }
        #将房子的信息放进一个 dict 中
        house['name'] = name
        house['loc'] = loc
        house['style'] = style
        house['size'] = size
        house['price'] = price
        house['foc'] = foc
        try:
            writers.writerow(house)                    #将 dict 写入 CSV 文件中
        except Exception as e:
            print(e)
            # continue
        n += 1
        print(n)
file.close()
```

  Requests 模块在本案例中使用的是最基本的 requests.get()方法,构造了一个基本的 http get 请求。

  在解析时用到的 BeautifulSoup 库是 Python 爬虫很常用的解析 HTML 的工具,官方解释如下。

  Beautiful Soup 提供一些简单的、Python 式的函数用来处理导航、搜索、修改分析树等功能。它是一个工具箱,通过解析文档为用户提供需要爬取的数据,因为简单,所以不需要多少行代码就可以写出一个完整的应用程序。Beautiful Soup 自动将输入文档转换为 Unicode 编码,输出文档转换为 UTF-8 编码。用户不需要考虑编码方式,除非文档没有指定一个编码方式,这时,Beautiful Soup 就不能自动识别编码方式了。然后,仅仅需要说明原始编码方式就可以了。Beautiful Soup 已成为和 lxml、html6lib 一样出色的 Python 解释器,为用户灵活地提供不同的解析策略或强劲的速度。

  Beautiful Soup 将复 HTML 文档转换成一个复杂的树状结构,每个节点都是 Python 对象,所有对象可以归纳为 4 种:Tag、NavigableString、BeautifulSoup、Comment。

- Tag:通俗点讲就是 HTML 中的一个个标签,像上面的 div、p。每个 Tag 有两个重要的属性 name 和 attrs,name 指标签的名字或者 tag 本身的 name,attrs 通常指一个标签的 class。
- NavigableString:获取标签内部的文字,如 soup.p.string。
- BeautifulSoup:表示一个文档的全部内容。
- Comment:Comment 对象是一个特殊类型的 NavigableString 对象,其输出的内容不包括注释符号。

  BeautifulSoup 主要用来遍历子节点及子节点的属性,通过点取属性的方式只能获得当前文档中的第一个 tag,如 soup.li。如果想要得到所有的<li>标签,或是通过名字得到比一个 tag 更多的内容的时候,就需要用到 find_all(),find_all()方法搜索当前 tag 的所有 tag 子节

点，并判断是否符合过滤器的条件 find_all()所接受的参数如下：

```
find_all(name, attrs, recursive, string, ** kwargs)
```

find_all()方法几乎是 Beautiful Soup 中最常用的搜索方法。以下是 find_all()常见的用法。

- 按 name 搜索：name 参数可以查找所有名字为 name 的 tag，字符串对象会被自动忽略掉，如 soup. find_all("li")。
- 按 id 搜索：如果包含一个名字为 id 的参数，搜索时会把该参数当作指定名字 tag 的属性来搜索，如 soup. find_all(id='link2')。
- 按 attr 搜索：有些 tag 属性在搜索时不能使用，如 HTML5 中的 data－ * 属性，但是可以通过 find_all()方法的 attrs 参数定义一个字典参数来搜索包含特殊属性的 tag，如 data_soup. find_all(attrs={"data-foo"："value"})。
- 按 CSS 搜索：按照 CSS 类名搜索 tag 的功能非常实用，但标识 CSS 类名的关键字 class 在 Python 中是保留字，使用 class 作参数会导致语法错误。从 Beautiful Soup 的 4.1.1 版本开始，可以通过 class_参数搜索有指定 CSS 类名的 tag，如 soup. find_all('li'，class_="have-img")。
- string 参数：通过 string 参数可以搜索 HTML 中的字符串内容，和 find_all()的 name 参数所传值一样，如 soup. find_all("a"，string="Elsie")。
- recursive 参数：调用 tag 的 find_all()方法时，Beautiful Soup 会检索当前 tag 的所有子孙节点。如果只想搜索 tag 的直接子节点，可以使用参数 recursive=False。如 soup. find_all("title"，recursive=False)。

【提示】

(1) find_all()方法很常用，可以使用其简写方法，soup. find_all("a")和 soup("a")等价。

(2) get_text()方法也比较常用，如果只想得到 tag 中包含的文本内容，那么可以用此方法，这个方法获取到 tag 中包含的所有文版内容包括子孙 tag 中的内容，并将结果作为 Unicode 字符串返回，用法：tag. p. a. get_text()。

18.1.4 数据下载结果

由于链家限制未登录用户查看的页数为 100 页，所以将爬虫中页数限制为 100，运行脚本，如果触发了目标网站的反爬机制，可以尝试将时间间隔设置得长一点，待爬取完成之后，在项目文件夹下看到输出文件 syfj. csv，本书所列的开发商名为虚构，如有雷同纯属巧合，部分样例见图 18-3。

	A	B	C	D	E	F
1	name	loc	style	size	price	foc
2	御泉华庭	123.469293676, 41.8217831815	4室2厅	188	235	131
3	雍熙金园	123.514657521, 41.7559905968	3室1厅	114.45	105	37
4	金地檀溪		3室2厅	123.97	168	76
5	格林生活坊一期	123.399860338, 41.7523981056	3室2厅	136.56	212	4
6	格林生活坊三期	123.403824342, 41.7530579154	3室2厅	119.94	208	12
7	沿海赛洛城	123.466932152, 41.7359842248	1室0厅	53.73	44.5	170
8	河畔花园	123.44647624, 41.7626893176	2室2厅	119.46	95	92
9	格林英郡	123.398062037, 41.7313954715	2室2厅	72.8	76	63
10	锦绣江南	123.467625065, 41.7721605513	2室1厅	74	58	108
11	越秀星汇蓝海	123.392916381, 41.7443826647	2室1厅	78.49	123	5
12	沿海赛洛城	123.466932152, 41.7359842248	1室1厅	65.29	61.5	55
13	万科鹿特丹	123.40598605, 41.735764965	2室2厅	91.99	148	14
14	第一城F组团	123.353059079, 41.8133700476	1室1厅	54.85	60	17
15	金地国际花园	123.492244161, 41.7499846845	2室1厅	97.43	115	318
16	阳光尚城4.1期	123.404506578, 41.8694649859	2室2厅	98.26	81	166
17	第一城A组团	123.353059079, 41.8133700476	3室1厅	98.59	94	97
18	格林生活坊三期	123.403824342, 41.7530579154	3室2厅	109.67	178	4
19	万科城二期	123.398145174, 41.7557053445	3室2厅	127.25	190	8
20	新世界花园朗怡居	123.427037331, 41.7630801404	4室2厅	160.26	260	20
21	SR国际新城	123.458870231, 41.738396671	2室1厅	91.08	83	23
22	锦绣江南	123.467625065, 41.7721605513	4室3厅	162.46	105	63
23	首创国际城	123.45412981, 41.7393217732	4室2厅	186.22	200	5
24	第五大道花园	123.469323482, 41.7747212688	3室2厅	134.86	140	22
25	华茂中心	123.470507089, 41.6942226532	1室1厅	42.6	42.5	11

图 18-3 链家爬虫的输出

18.2 绘制热力图

数据可视化是对于大数据渲染的一个形象表达形式,本章使用了ECharts,以房源关注度为维度绘制了热力图。百度地图制作热力图的官方文档URL可通过扫描前言中的二维码获取。通过介绍,可以发现,热力图点的数据部分为:

```
var points = [
    {"lng": 123.469293676, "lat": 41.8217831815, "count": 131},
    {"lng": 123.514657521, "lat": 41.7559905968, "count": 37},
    ...
]
```

所以要将存储在CSV文件中的数据输出成这样的格式,如例18-2所示(将二手房的关注度作为count的值)。

【例18-2】 读取CSV文件中的经纬度并转换成热力图需要的数据格式。

```
# csv2js.py
import csv
reader = csv.reader(open('syfj.csv'))
for row in reader:
    loc = row[1]
    sloc = loc.split(',')
    lng = ''
    lat = ''
    if len(sloc) == 2:  # 第一行是列名需要做判断
        lng = sloc[0]
        lat = sloc[1]
        count = row[5]
        out = '{\"lng\":' + lng + ',\"lat\":' + lat + ',\"count\":' + count + '},'
        print(out)
```

以上几行代码将爬虫输出的CSV文件中的地理坐标格式化成了热力图需要的数据格式,输出位置在console中,运行完成之后替换HTML中的points值。

运行之后,在编译器中会输出格式化好的经纬度信息,如图18-4所示。

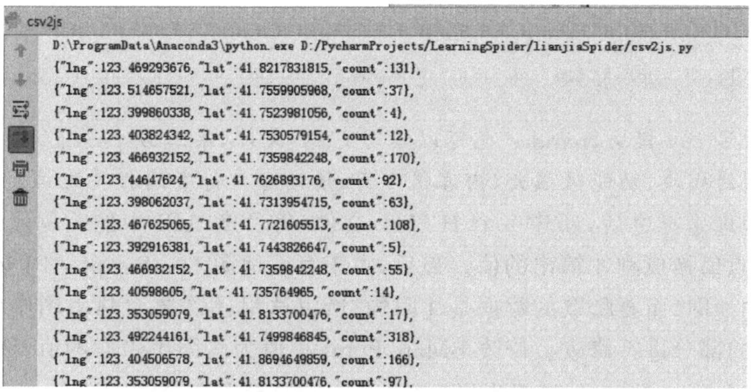

图18-4 CSV文件读取地理坐标并格式化的输出结果

在例18-1和例18-2中使用了csv模块来读写数据,CSV文件格式是一种通用的电子表格和数据库导入导出格式。Python的csv模块可以满足大部分CSV相关操作。操作步骤如下:

1. 写入 CSV 文件

```
import csv
csvfile = open("test.csv", 'w')
csvwrite = csv.writer(csvfile)
fileHeader = ["id", "score"]
d1 = ["1", "100"]
d2 = ["2", "99"]
csvwrite.writerow(fileHeader)
csvwrite.writerow(d1)
csvwrite.writerow(d1)
csvfile.close()
```

2. 续写 CSV 文件

```
import csv
add_info = ["3", "98"]
csvFile = open("test.csv", "a")
writer = csv.writer(csvFile)
writer.writerow(add_info)
csvFile.close()
```

3. 字典读入

```
import csv
data = open("test.csv",'r')
dict_reader = csv.DictReader(data)
for i in dict_reader:
    print (i)
#>>> {'score': '100', 'id': '1'}
#>>> {'score': '99', 'id': '2'}
```

4. 读某一列

```
import csv
data = open("test.csv",'r')
dict_reader = csv.DictReader(data)
col_score = [row['score'] for row in dict_reader]
```

【提示】 除了 csv 模块，pandas 也可以读写 CSV 文件，第三方 pandas 也是 Python 数据处理中经常用到的模块，功能很强大，内容很丰富，请读者自行查阅相关文档。

在格式化地理坐标之后，新建一个 HTML 文件，将百度 API 中的示例代码复制进去，将 var points 中的点值换成刚才输出的值。最后，由于百度地图 JavaScript API 热力图默认的是以北京为中心的地图，而要爬取的数据是沈阳的，所以这里还需要对热力图中"设置中心点坐标和地图级别"的部分进行修改。修改 BMap.Point 中值为沈阳市中心的值，修改级别为 12。

```
var map = new BMap.Map("container");              //创建地图实例
var point = new BMap.Point(123.48, 41.8);
map.centerAndZoom(point, 12);                     //初始化地图,设置中心点坐标和地图级别
map.setCurrentCity("沈阳");                       //设置当前显示城市
map.enableScrollWheelZoom();                      //允许滚轮缩放
```

完整的 HTML 代码见例 18-3，其中的 AK 为在 18.1.2 节申请的 key，坐标点数值显示 3 条。

【例 18-3】 绘制沈阳二手房关注度热力图。

```html
# hotdata.html
<!DOCTYPE html>
<html lang="en">
<head>
    <!DOCTYPE html>
    <html>
    <head>
        <meta http-equiv="Content-Type" content="text/html; charset=UTF-8"/>
        <meta name="viewport" content="initial-scale=1.0, user-scalable=no"/>
        <!--<script type="text/javascript" src="http://api.map.baidu.com/api?v=2.0&ak=这里是自己的AK码"></script>-->
        <script type="text/javascript" src="http://api.map.baidu.com/api?v=2.0&ak=A5ea0e9c8ffa101d2326860328b6a5dd"></script>
        <script type="text/javascript" src="http://api.map.baidu.com/library/Heatmap/2.0/src/Heatmap_min.js"></script>
        <title>热力图功能示例</title>
        <style type="text/css">
            ul, li {
                list-style: none;
                margin: 0;
                padding: 0;
                float: left;
            }
            html {
                height: 100%
            }
            body {
                height: 100%;
                margin: 0px;
                padding: 0px;
                font-family: "微软雅黑";
            }
            #container {
                height: 100%;
                width: 100%;
            }
            #r-result {
                width: 100%;
            }
        </style>
    </head>
<body>
<div id="container"></div>
<div id="r-result" style="display:none">
    <input type="button" onclick="openHeatmap();" value="显示热力图"/>
    <input type="button" onclick="closeHeatmap();" value="关闭热力图"/>
</div>
</body>
</html>
<script type="text/javascript">
    var map = new BMap.Map("container");              //创建地图实例
    var point = new BMap.Point(123.48, 41.8);
    map.centerAndZoom(point, 12);                     //初始化地图,设置中心点坐标和地图级别
    map.setCurrentCity("沈阳");                       //设置当前显示城市
```

```javascript
        map.enableScrollWheelZoom();                    //允许滚轮缩放
        var points = [
            {"lng": 123.469293676, "lat": 41.8217831815, "count": 131},
            {"lng": 123.514657521, "lat": 41.7559905968, "count": 37},
            {"lng": 123.399860338, "lat": 41.7523981056, "count": 4},
        ];                                              //添加经纬度
    if (!isSupportCanvas()) {
        alert('热力图目前只支持有canvas支持的浏览器,您所使用的浏览器不能使用热力图功能～')
    }
    //详细的参数,可以查看heatmap.js的文档 https://github.com/pa7/heatmap.js/blob/master/
    //README.md
    //参数说明如下
    /* visible 热力图是否显示,默认为true
     * opacity 热力的透明度,1～100
     * radius 热力图的每个点的半径大小
     * gradient {JSON} 热力图的渐变区间。gradient 如下所示
     * {
        .2:'rgb(0, 255, 255)',
        .5:'rgb(0, 110, 255)',
        .8:'rgb(100, 0, 255)'
      }
      其中key表示插值的位置, 0～1.
      value 为颜色值.
     */
    heatmapOverlay = new BMapLib.HeatmapOverlay({"radius": 30, "visible": true});
    map.addOverlay(heatmapOverlay);
    heatmapOverlay.setDataSet({data: points, max: 100});
    //closeHeatmap();
    //判断浏览区是否支持canvas
    function isSupportCanvas() {
        var elem = document.createElement('canvas');
        return !!(elem.getContext && elem.getContext('2d'));
    }
    function setGradient() {
        /* 格式如下所示:
          {
          0:'rgb(102, 255, 0)',
          .5:'rgb(255, 170, 0)',
          1:'rgb(255, 0, 0)'
          }*/
        var gradient = {};
        var colors = document.querySelectorAll("input[type = 'color']");
        colors = [].slice.call(colors, 0);
        colors.forEach(function (ele) {
            gradient[ele.getAttribute("data-key")] = ele.value;
        });
        heatmapOverlay.setOptions({"gradient": gradient});
    }
    function openHeatmap() {
        heatmapOverlay.show();
    }
    function closeHeatmap() {
        heatmapOverlay.hide();
    }
</script>
</body>
</html>
```

最后，用浏览器打开该 HTML 文件，可以看到热力图效果了。

18.3　本章小结

本章使用了 Requests 加上 BeautifulSoup 的组合来爬取链家二手房信息，并以关注度为维度绘制了热力图，通过数据可视化操作，使爬取到的数据能更直观的展示，同时对爬虫程序中用到的模块做了一些简单的介绍，本章中出现的 Python 库在爬虫程序中经常用到，在日常学习中掌握这些常用模块的基本用法是很有用的。

第19章

用爬虫数据搭建附近二手房价格搜索引擎

视频讲解

随着智能手机的普及,现在可以很方便地定位自己所处的准确位置,这为很多基于位置的场景提供了技术实现上的便利条件,这种基于位置的搜索场景应用得也越来越广泛。本章将讨论如何用爬虫数据搭建附近二手房价格搜索引擎。拆分任务之后发现需要实现两点:搜索功能、附近小区地理位置及房价。本案例把地理位置、全文搜索、结构化搜索和分析结合到一起。

搜索功能选择用搜索引擎实现,开源的 Elasticsearch(以下简称 ES)是目前全文搜索引擎的首选。它可以快速地存储、搜索和分析海量数据。维基百科、Stack Overflow、GitHub 都采用它。ES 对距离计算也做了比较多的支持,地理坐标(geo_point)在 ES 中是一个单独的数据类型,并提供了位置查询、距离计算、多边形范围查询等方法。

ES 是一个建立在 Apache Lucene 之上的高度可用的分布式开源搜索引擎。它是基于 Java 构建的,因此可用于许多平台。数据以 JSON 格式非结构化存储,这也使其成为一种 NoSQL 数据库。与其他 NoSQL 数据库不同,ES 还提供搜索引擎功能和其他相关功能。Lucene 可能是目前存在的,不论开源还是私有的,拥有最先进、高性能和全功能搜索引擎功能的库,但也仅仅只是一个库。要用上 Lucene,需要编写 Java 并引用 Lucene 包才可以,而且需要对信息检索有一定程度的理解才能明白 Lucene 是怎么工作的,反正用起来没那么简单。那么为了解决这个问题,ES 就诞生了。ES 也是使用 Java 编写的,它的内部使用 Lucene 作索引与搜索,但是它的目标是使全文检索变得简单,相当于 Lucene 的一层封装,它提供了一套简单一致的 RESTful API 来帮助实现存储和检索。这套简单一致的 RESTful API 为其他语言的对接提供了便利,本章介绍的就是 Python 语言实现对 ES 的操作。

19.1 编写爬虫

该任务分为三部分,分别是准备数据、ES 操作、Python 代码编写。为了更好地理解 ES,可以将 ES 中的一些概念和传统的关系数据库(MySQL)中的一些概念作类比,如下:

```
MySQL         -> 数据库 DB    -> 表 TABLE    -> 行 ROW        -> 列 Column
Elasticsearch -> 索引库 Indices -> 类型 Types  -> 文档 Documents -> 字段 Fields
```

ES 集群可以包含多个索引(indices)(数据库),每个索引库中可以包含多个类型(types)(表),每个类型包含多个文档(documents)(行),然后每个文档包含多个字段(Fields)(列)。

ES 中的"索引"类似于 MySQL 数据库中的"数据库",而将"类型"等同于"表"。这样便于初学者理解 ES 中的一些概念。有所不同的是，在 SQL 数据库中，表彼此独立。一个表中的列与另一表中具有相同名称的列无关。

对 ES 有个初步的概念之后，可以具体开始这个案例。

19.1.1 准备数据

要实现搜索地理位置和房价的功能，首先需要准备小区数据，最少包括小区名称、房价、地理位置信息，没有样例数据还是不好模拟的。这些数据在第 18 章中已详细介绍如何爬取二手房的相关数据，本章就用爬取的二手房数据作为搜索引擎的基础数据，本书所列开发商名均为虚构，如有雷同纯属巧合，如表 19-1 所示。

表 19-1 二手房爬虫数据

name	Loc	style	size	price	foc
御泉华庭	123.469293676,41.8217831815	4室2厅	188	235	131
雍熙金园	123.514657521,41.7559905968	3室1厅	114.45	105	37
格林生活坊一期	123.399860338,41.7523981056	3室2厅	136.56	212	4
格林生活坊三期	123.403824342,41.7530579154	3室2厅	119.94	208	12

可以看到，数据基本上满足构建搜索引擎的数据，由于存储进 ES 的数据必须为 JSON，将表格数据转换成 ES 标准的 JSON 格式即可，在此过程中需要注意，因为在构建搜索引擎的基本数据地理位置坐标，需要用 ES 规定的 geo_point 字段类型格式，所以还需要对地理位置坐标进行转换。

ES 提供了两种表示地理位置的方式：用纬度-经度表示的坐标点使用 geo_point；以 GeoJSON 格式定义的复杂地理形状使用 geo_shape 字段类型。

在本案例中选取第一种方式：geo_point。和使用传统的关系数据库如 MySQL 一样，在使用 ES 时，需要创建索引（类似数据库表）以及声明数据类型，将地理位置字段的类型声明为 geo_point，如下 JSON 所示，location 字段被声明为 geo_point 后，就可以索引包含了经纬度信息的文档了。经纬度信息 location 的形式可以是字符串、数组或者对象：

```
{
  "name":     "御泉华庭",
  "location": "41.8217831815, 123.469293676"
}
{
  "name":     "御泉华庭",
  "location": {
    "lat":    41.8217831815,
    "lon":    123.469293676
  }
}
{
  "name":     "Mini Munchies Pizza",
  "location": [123.469293676, 41.8217831815 ]
}
```

上述 JSON 中，location 为 geo_point，可以看到三种写法分别为：字符串形式以半角逗号分隔，如"lat,lon"；对象形式显式命名为 lat 和 lon；数组形式表示为[lon,lat]。

【提示】可能所有人都至少一次踩过这个坑：地理坐标点用字符串形式表示时是纬度在前，经度在后("latitude,longitude")，而数组形式表示时是经度在前，纬度在后（[longitude, latitude])——顺序刚好相反。其实,在 ES 内部,不管字符串形式还是数组形式,都是经度在前,纬度在后。不过早期为了适配 GeoJSON 的格式规范,调整了数组形式的表示方式。

看完了 ES 定义的格式,就需要来构造所需的 JSON 数据了。将 CSV 文件转换成 JSON 格式的代码,见例 19-1。

【例 19-1】 将 CSV 文件转换成 JSON 格式的代码。

```python
# csv2js.py
# __author__ = 'hanyangang'
# -*- coding: UTF-8 -*-
import csv,json
reader = csv.reader(open('syfj.csv'))
for row in reader:
    name = row[0]
    loc = row[1]
    style = row[2]
    size = row[3]
    price = row[4]
    count = row[5]
    sloc = loc.split(',')
    lng = ''
    lat = ''
    if len(sloc) == 2:          #第一行是列名需要做判断
        lng = sloc[0]           # 进度
        lat = sloc[1]           # 维度
    out = '{\"lng\":'+lng+',\"lat\":'+lat+',\"count\":'+count+',\"name\":\"'+name+'\",\"style\":\"'+style+'\",\"size\":'+size+',\"price\":'+price+',\"geo\":\"'+lat+','+lng+'\"},'
    print(out)
```

运行此文件,得到的结果如下:

```
{"lng":123.469293676,"lat":41.8217831815,"count":131,"name":"御泉华庭 ","style":" 4 室 2 厅 ","size": 188,"price":235,"geo":"41.8217831815,123.469293676"},
{"lng":123.514657521,"lat":41.7559905968,"count":37,"name":"雍熙金园 ","style":" 3 室 1 厅 ","size": 114.45,"price":105,"geo":"41.7559905968,123.514657521"},
{"lng":123.399860338,"lat":41.7523981056,"count":4,"name":"格林生活坊一期 ","style":" 3 室 2 厅 ","size": 136.56,"price":212,"geo":"41.7523981056,123.399860338"},
```

其中,name 的 value 对应的是字符串,price 对应的是 float 类型,这两个数据在插入 ES 时不需要声明数据类型,直接插入即可;地理位置坐标,"geo":"41.8217831815,123.469293676",符合 geo_point 的格式。

待插入数据准备完毕,接下来将讲解如何将准备好的 JSON 数据插入搜索引擎。

【提示】 在实际生产过程中,从爬虫数据到插入 ES 的过程,需要自动完成,为了方便这些自动任务的管理,可以用持续集成工具 jenkins 管理。

19.1.2 安装以及使用 ES

ES 需要 Java 8 环境,安装过程中注意要保证环境变量 JAVA_HOME 正确设置。接着下载 ES,从 ES 的官方网站上下载最新的版本即可,如图 19-1 所示。

下载完成之后,Windows 操作系统下直接下载然后解压,双击 bin 目录下的 elasticSearch.bat 启动服务即可。以路径 D:\download\elasticsearch-7.4.2-windows-x86_64\elasticsearch-7.4.2\bin 为例,进入该目录,运行文件启动 ES 后,浏览器打开 http://localhost:9200/,如果

第19章 用爬虫数据搭建附近二手房价格搜索引擎

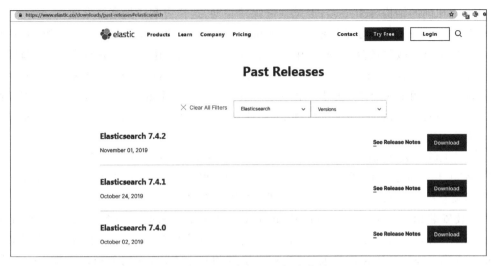

图 19-1　ES 官网最新版本截图

返回一个带有 "tagline"："You Know, for Search" 的 JSON 串说明成功。这个 JSON 对象包含当前节点、集群、版本等信息。

如图 19-2 所示，是 ES 启动成功之后，通过浏览器访问 ES 默认端口成功的截图。

修改端口号需要修改文件 config/elasticsearch.yml。

【提示】　ES 有两个默认端口。9200 用于外部通信，基于 HTTP 协议，程序与 ES 的通信使用 9200 号端口。9300 用于 ES 内部通信，jar 之间就是通过 TCP 协议通信，遵循 TCP 协议，ES 集群中的节点之间也通过 9300 号端口进行通信。

图 19-2　请求默认的 ES 服务成功的示例

ES 有几个核心概念。从一开始理解这些概念会对整个学习过程有莫大的帮助。

- Node 与 Cluster。ES 本质上是一个分布式数据库，允许多台服务器协同工作，每台服务器可以运行多个 Elastic 实例。单个 Elastic 实例称为 1 节点（node）。一组节点构成一个集群（cluster）。
- Index。Elastic 会索引所有字段，经过处理后写入一个反向索引（Inverted Index）。查找数据时直接查找该索引。所以，Elastic 数据管理的顶层单位就叫作 Index（索引）。它是单个数据库的同义词。每个 Index（即数据库）的名字必须是小写。
- Document。Index 里面单条的记录称为 Document（文档）。许多条 Document 构成了一个 Index。Document 使用 JSON 格式表示，同一个 Index 里面的 Document，不要

求有相同的结构(scheme)，但是最好保持相同，这样有利于提高搜索效率。
- Type。Document 可以分组，如 weather 这个 Index 里面，可以按城市分组(北京和上海)，也可以按气候分组(晴天和雨天)。这种分组就叫作 Type，它是虚拟的逻辑分组，用来过滤 Document。不同的 Type 应该有相似的结构(schema)，举例来说，id 字段不能在这个组是字符串，在另一个组是数值。这是与关系数据库的表的一个区别。性质完全不同的数据(如 products 和 logs)应该存成两个 Index，而不是一个 Index 里面的两个 Type(虽然可以做到)。

通过以上的安装和操作，ES 已经启动完成，接下来就是 Python 对接 Elasticsearch 了。

ES 实际上提供了一系列 Restful API 来进行存取和查询操作，提供了各种语言对接的 API，这里就直接介绍利用 Python 来对接 ES 的相关方法。

首先要安装相应的 Python 库，Python 中对接 ES 使用的就是一个同名的库，使用命令 pip3 install elasticsearch 安装。官方文档可通过扫描前言中的二维码获取，所有的用法都可以在里面查到。在完成本案例之前，主要需要了解的几个方法，它们分别是创建 Index、删除 Index、插入数据、更新数据、删除数据、查询数据。

下面就以案例中的相关操作为例，演示一下 ES 的基本操作。

先来看下怎样创建一个索引(Index)，并向里面插入数据，这里创建一个名为 lianjia 的索引，然后向其中插入两组数据，第一组是指定了 id 的一条数据，第二组为没有指定 id 的多条数据，如例 19-2 所示。

【例 19-2】 创建索引并插入数据。

```
# es_create_and_insert.py
from elasticsearch import Elasticsearch
obj = Elasticsearch()
mymapping = {
    "mappings": {
            "properties": {
                "geo": {
                    "type": "geo_point"
                }
            }
        }
}
res = obj.indices.create(index = 'lianjia', body = mymapping)
data = {"lng":123.469293676,"lat":41.8217831815,"count":131,"name":"御泉华庭","style":"4室2厅","size": 188,"geo":"41.8217831815,123.469293676"}
datas = [{"lng":123.440210001,"lat":41.742724056,"count":0,"name":"浦江御景湾","style":"3室2厅","size": 120,"price":179,"geo":"41.742724056,123.440210001"},
{"lng":123.390728305,"lat":41.7764047064,"count":1,"name":"宏发华城世界碧林一期","style":"2室1厅","size": 78.66,"price":59.8,"geo":"41.7764047064,123.390728305"},
{"lng":123.387967748,"lat":41.8771087393,"count":5,"name":"绿地老街坊","style":"2室2厅","size": 72.96,"price":43,"geo":"41.8771087393,123.387967748"},
{"lng":123.403296592,"lat":41.9052140811,"count":6,"name":"恒大雅苑","style":"3室2厅","size": 116.27,"price":90,"geo":"41.9052140811,123.403296592"},
{"lng":123.503263769,"lat":41.7550354236,"count":1,"name":"华润奉天九里","style":"3室2厅","size": 123.54,"price":245,"geo":"41.7550354236,123.503263769"},
{"lng":123.397404527,"lat":41.8188897853,"count":0,"name":"沈铁光明佳园","style":"3室2厅","size": 87.28,"price":72,"geo":"41.8188897853,123.397404527"},
{"lng":123.395153421,"lat":41.6839251239,"count":0,"name":"华府丹郡","style":"2室2厅","size": 73.06,"price":56,"geo":"41.6839251239,123.395153421"},
{"lng":123.402558492,"lat":41.889291059,"count":2,"name":"银亿格兰郡","style":"1室0厅","size": 55,"price":43,"geo":"41.889291059,123.402558492"},
```

```
{"lng":123.464260842,"lat":41.8175593922,"count":4,"name":"可久小区","style":"3室0
厅","size":68,"price":36.5,"geo":"41.8175593922,123.464260842"},
{"lng":123.40646661,"lat":41.8912208949,"count":1,"name":"银亿万万城","style":"2室1
厅","size":49,"price":41,"geo":"41.8912208949,123.40646661"},
{"lng":123.518265266,"lat":41.7599597196,"count":2,"name":"金地长青湾·丹陛","style":"3室
2厅","size":124,"price":175,"geo":"41.7599597196,123.518265266"},
{"lng":123.373038384,"lat":41.6758034265,"count":1,"name":"泰盈十里锦城","style":"2室2
厅","size":40.32,"price":30,"geo":"41.6758034265,123.373038384"},
{"lng":123.493159073,"lat":41.8394206287,"count":0,"name":"荣城花园","style":"1室2
厅","size":60,"price":54,"geo":"41.8394206287,123.493159073"},
{"lng":123.445167334,"lat":41.7701918899,"count":1,"name":"文萃小区","style":"1室1
厅","size":36.51,"price":52,"geo":"41.7701918899,123.445167334"},
{"lng":123.411565092,"lat":41.9154870942,"count":1,"name":"华强城","style":"1室1厅",
"size":52.3,"price":45,"geo":"41.9154870942,123.411565092"},
{"lng":123.351190984,"lat":41.7713159757,"count":1,"name":"宏发三千院","style":"2室1
厅","size":69.14,"price":61,"geo":"41.7713159757,123.351190984"},
{"lng":123.340815494,"lat":41.8184376743,"count":0,"name":"美好愿景","style":"1室1
厅","size":64.62,"price":52,"geo":"41.8184376743,123.340815494"},
{"lng":123.353059079,"lat":41.8133700476,"count":1,"name":"第一城D组团","style":"1室1
厅","size":60.47,"price":62,"geo":"41.8133700476,123.353059079"},
{"lng":123.398145174,"lat":41.7557053445,"count":2,"name":"万科城三期","style":"1室1
厅","size":62,"price":140,"geo":"41.7557053445,123.398145174"},
{"lng":123.447593664,"lat":41.7314358192,"count":1,"name":"锦园","style":"1室1厅",
"size":45.98,"price":46,"geo":"41.7314358192,123.447593664"},
{"lng":123.412435417,"lat":41.7583470515,"count":1,"name":"圣水苑","style":"2室2厅",
"size":126,"price":190,"geo":"41.7583470515,123.412435417"},
{"lng":123.436121569,"lat":41.7713033584,"count":1,"name":"诚大数码广场","style":"1室1
厅","size":60,"price":50,"geo":"41.7713033584,123.436121569"},
{"lng":123.3834333,"lat":41.8188636465,"count":1,"name":"鑫丰雍景豪城","style":"2室1
厅","size":60,"price":84,"geo":"41.8188636465,123.3834333"},
{"lng":123.474564463,"lat":41.7530744637,"count":4,"name":"金水花城二期","style":"1室1
厅","size":50,"price":55,"geo":"41.7530744637,123.474564463"},
{"lng":123.387186151,"lat":41.9027282133,"count":2,"name":"保利溪湖林语二期","style":"2
室1厅","size":88.26,"price":78,"geo":"41.9027282133,123.387186151"},
{"lng":123.468262596,"lat":41.8196793909,"count":0,"name":"尚品天城","style":"1室1
厅","size":64.79,"price":85,"geo":"41.8196793909,123.468262596"},
{"lng":123.39346634,"lat":41.869360057,"count":1,"name":"依云北郡D区","style":"1室1
厅","size":65,"price":47,"geo":"41.869360057,123.39346634"},
{"lng":123.439850707,"lat":41.7704189399,"count":4,"name":"昌鑫置地广场","style":"1室1
厅","size":50,"price":30,"geo":"41.7704189399,123.439850707"},
{"lng":123.509419668,"lat":41.7578939395,"count":91,"name":"在水一方西园","style":"3室2
厅","size":102.87,"price":70,"geo":"41.7578939395,123.509419668"}]
result = obj.create(index = 'lianjia', id = 1, body = data) # 插入一条
print(result)
for data in datas: # 批量插入
    result = obj.index(index = 'lianjia', body = data)
    print(result)
query = {'query': {'match_all': {}}}
allDoc = obj.search(index = 'lianjia', body = query)
print(allDoc['hits']['hits'])
```

上述代码中,首先创建 Index,语句是 res = obj.indices.create(index = 'lianjia', body = mymapping),其中指定了索引名称和索引的数据类型,数据类型在 mypapping 中声明,其他字段多是 text 和 float 类型,这种常用的字段类型,在 map 中不需要显式声明,但是如 geo 这样的字段,就必须要声明成 geo_point 类型,如:"geo":{"type":"geo_point"}。

单独添加一条数据的变量名是 data,指定 id=1,插入的数据就会指定 id,如下是添加一条

数据成功的打印信息。id 如果相同了，就会变成更新数据。

{'_index': 'lianjia', '_type': 'politics', '_id': '1', '_version': 1, 'result': 'created', '_shards': {'total': 2, 'successful': 1, 'failed': 0}, '_seq_no': 0, '_primary_term': 1}

如果不指定 id，就会随机生成个串，图 19-3 所示为批量插入数据成功之后的截图，可以看到除了第一条指定 id 的插入，其他的 id 均为随机生成。

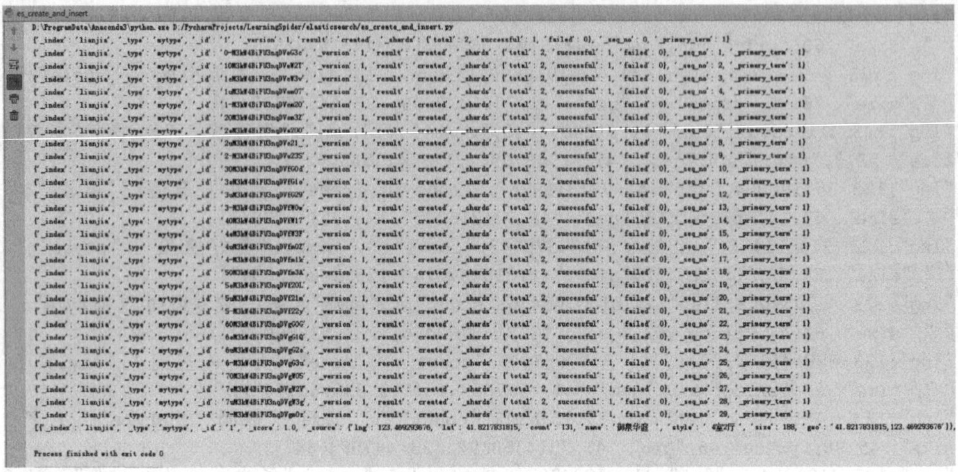

图 19-3　创建索引并插入数据运行结果

返回结果是 JSON 格式，其中的 created 字段表示创建操作执行成功。

成功创建索引并且添加数据成功之后，可以用例 19-3 的方法将插入的数据展示出来，为了确认插入的 geo 数据是否是 ES 需要的 geo_point 数据，也可以查看所有插入数据的数据类型，如例 19-3 所示。

【例 19-3】 展示所有数据。

```
# es_show_all.py
from elasticsearch import Elasticsearch
obj = Elasticsearch()
# query = {'query': {'match_all': {}},"size": 100}
query = {'query': {'match_all': {}}}              # 默认返回10条数据
allDoc = obj.search(index = 'lianjia', body = query)
for hit in allDoc['hits']['hits']:
    # print hit['_source']
    print (hit)
map_type = obj.indices.get_mapping()
print (map_type)
map_awlogs_type = obj.indices.get_mapping(index = 'lianjia')
print (map_awlogs_type)
```

通过 obj.indices.get_mapping(index='lianjia')，可以查看索引的内置映射类型，也就是数据类型，下面是一些常用的 ES 的数据类型。

- string 类型：text、keyword 两种。
  - text 类型：会进行分词，抽取词干，建立倒排索引。
  - keyword 类型：一个普通字符串，只能完全匹配才能搜索到。
- 数字类型：long、integer、short、byte、double、float。
- 日期类型：date。

- bool(布尔)类型：boolean。
- binary(二进制)类型：binary。
- 复杂类型：object，nested。
- geo(地区)类型：geo-point、geo-shape。
- 专业类型：ip、competion。

本案例中的数据类型查询结果如图19-4所示。

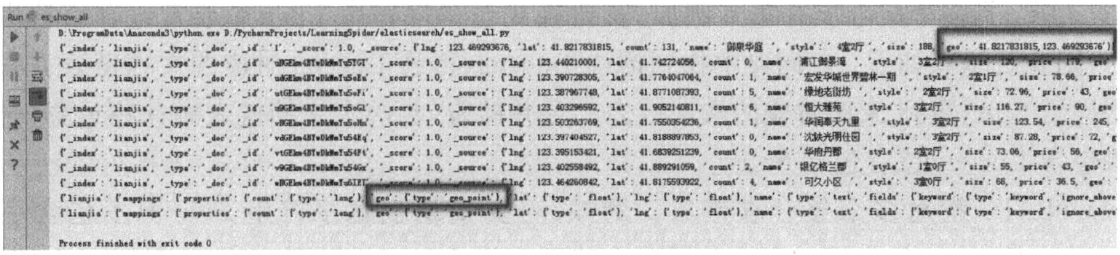

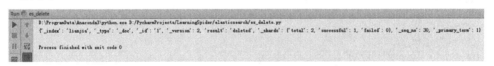

图19-4　展示数据以及数据类型

【提示】　在创建索引时一旦给字段设置了类型后就不可修改了，如果必须要修改就的重新创建索引，所以在创建索引时就必须确定好字段类型。

delete：用来删除指定index、type、id的文档，如例19-4所示。

【例19-4】　删除索引或数据。

```
# es_delete.py
from elasticsearch import Elasticsearch
obj = Elasticsearch()
result = obj.indices.delete(index = 'lianjia', ignore = [400, 404]) # 删除索引
# result = obj.delete(index = 'lianjia', id = 1,ignore = [400, 404])# 删除索引的一条记录
print(result)
```

分别运行了删除一条数据(obj.delete)和删除索引(obj.indices.delete)，如果删除一条数据，则结果如图19-5所示；如果删除索引成功，会输出如下结果：{'acknowledged'：True}，如图19-6所示。

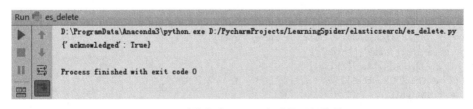

图19-5　删除单条数据的运行结果

图19-6　删除名为lianjia索引的运行结果

在例19-4的代码中，由于添加了ignore参数，忽略了400、404状态码，因此遇到问题，程序会正常执行输出JSON结果，而不是抛出异常。

上面的几个操作都是非常简单的操作，和普通的数据库操作比较类似，好像也没有看出ES的特殊之处，实际上ES更特殊的地方在于其异常强大的检索功能。

ES是基于Lucene的，所以其检索方式和Lucene一样，主要有下面几种类型。

(1) 单个词查询：指对一个 Term 进行精确查询，Term 可以理解为"词语"，为 Lucene 的专有名词。

(2) AND：指对多个集合求交集。例如，若要查找既包含字符串 Lucene 又包含字符串 Solr 的文档，则查找步骤如下：在词典中找到词语 Lucene，得到 Lucene 对应的文档链表。在词典中找到词语 Solr，得到 Solr 对应的文档链表。合并链表，对两个文档链表做交集运算，合并后的结果既包含 Lucene 也包含 Solr。

(3) OR：指多个集合求并集。例如，若要查找包含字符串 Luence 或者包含字符串 Solr 的文档，则查找步骤如下：在词典中找到词语 Lucene，得到 Lucene 对应的文档链表。在词典中找到词语 Solr，得到 Solr 对应的文档链表。合并链表，对两个文档链表做并集运算，合并后的结果包含 Lucene 或者包含 Solr。

(4) NOT：指对多个集合求差集。例如，若要查找包含字符串 Solr 但不包含字符串 Lucene 的文档，则查找步骤如下：在词典中找到词语 Lucene，得到 Lucene 对应的文档链表。在词典中找到词语 Solr，得到 Solr 对应的文档链表。合并链表，对两个文档链表做差集运算，用包含 Solr 的文档集减去包含 Lucene 的文档集，运算后的结果就是包含 Solr 但不包含 Lucene。

通过上述四种查询方式，不难发现，由于 Lucene 是以倒排表的形式存储的。所以在 Lucene 的查找过程中只需在词典中找到这些 Term，根据 Term 获得文档链表，然后根据具体的查询条件对链表进行交、并、差等操作，就可以准确地查到想要的结果。相对于在关系数据库中的 Like 查找要做全表扫描来说，这种思路是非常高效的。虽然在索引创建时要做很多工作，但这种一次生成、多次使用的思路也是很高明的。

例 19-5 展示了基本的文本检索，没有做分词。

【例 19-5】 数据检索功能示例。

```
# es_search_name.py
from elasticsearch import Elasticsearch
obj = Elasticsearch()
# 查询name包含"广场"关键字的数据
query = {
    "query":{
        "multi_match":{
            "query":"广场",
            "fields":["name"]
        }
    }
}
allDoc = obj.search(index = "lianjia",body = query)
# print(allDoc['hits']['hits'])
for hit in allDoc['hits']['hits']:
    print (hit['_source'])
    # print (hit)
```

数据检索功能用到了 search() 函数，search() 函数的常用参数如下：

- index：索引名。
- q：查询指定匹配，使用 Lucene 查询语法。
- from_：查询起始点，默认为 0。
- doc_type：文档类型。
- size：指定查询条数，默认为 10。

- field:指定字段,用逗号分隔。
- sort:排序。字段:asc/desc。
- body:使用 Query DSL(Domain Specific Language,领域特定语言)。
- scroll:滚动查询。

这里看到匹配的结果有两条,包含了"广场"这个词的记录被检索出来了。如果再加上分词查询,检索出来的结果会有关键词的相关性排序,也是一个基本的搜索引擎雏形。

运行例 19-5 的代码,搜索"广场"关键词的运行结果,如图 19-7 所示。

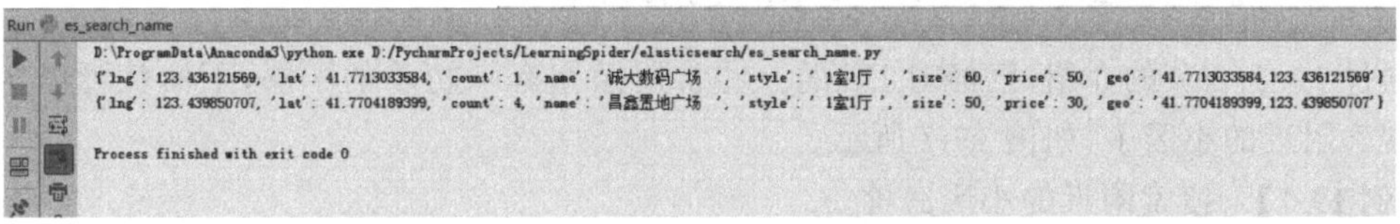

图 19-7 运行搜索"广场"关键词的结果

例 19-5 中没有对中文进行分词,在实际使用中,中文的检索通常需要一个分词插件,推荐使用 elasticsearch-analysis-ik,其 GitHub 链接可通过扫描前言中的二维码获取。

例 19-6 展示的是范围查询,查询了面积在 $80\sim120m^2$ 的数据。

【例 19-6】 范围查询。

```
# es_search_combine.py
# __author__ = 'hanyangang'
# -*- coding: UTF-8 -*-
from elasticsearch import Elasticsearch
obj = Elasticsearch()
query = {
    "query":{
        "range":{
            "size":{
                "gte":80,        # ≥80
                "lte":120        # ≤120
            }
        }
    }
}
# 查询 80≤size≤120 的所有数据
allDoc = obj.search(index = "lianjia", body = query)
for hit in allDoc['hits']['hits']:
    print(hit['_source'])
```

运行结果如图 19-8 所示。

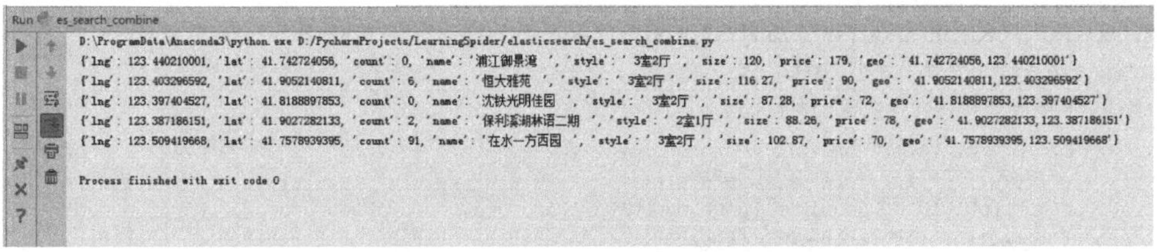

图 19-8 例 19-6 的运行结果

例 19-6 中的范围查询常用到的关键字有如下几个。
- gte:大于或等于。

- gt：大于。
- lte：小于或等于。
- lt：小于。
- boost：查询权重。

另外 ES 还支持非常多的查询方式，详情可以参考官方文档（可通过扫描前言中的二维码获取）。

19.1.3　实现房价地理位置坐标搜索的搜索引擎

通过 19.1.2 节的介绍，已经对 ES 的一些常用操作有了初步的了解，下面就可以实现按距离搜索附近的小区了，如例 19-7 所示。

【例 19-7】　搜索附近的小区房价。

```
# es_search_geo.py
from elasticsearch import Elasticsearch
obj = Elasticsearch()
# "geo": "41.7713033584,123.436121569" 沈阳诚大数码广场坐标
lat = 41.7713033584
lnt = 123.436121569
query = {
    "post_filter": {
        "geo_distance": {
            "distance": "5km",
            "geo": str(lat) + "," + str(lnt)
        }},
    # 返回距离
    "sort": [
        {
            "_geo_distance": {
                "geo": {
                    "lat": lat,
                    "lon": lnt
                },
                "order": "asc",
                "unit": "km",
                "mode": "min",
                "distance_type": "plane",
            }}],
    "from": 0,
    "size": 30
}
return_data = []
# 查询指定经纬度附近的小区
allDoc = obj.search(index = "lianjia", body = query)
for hit in allDoc['hits']['hits']:
    distance = hit['sort'][0]
    return_data.append({
        "name": hit["_source"]["name"],
        "style": hit["_source"]['style'],
        "size": hit["_source"]['size'],
        "geo": hit["_source"]['geo'],
        "price": hit["_source"]['price'],
        "distance": round(distance, 2)
    })
```

```
for item in return_data:
    print(item)
```

在上述查询的 DSL 中，geo_distance 找出指定位置在给定距离内的数据，相当于指定圆心和半径找到圆中点，然后找出指定距离范围内的数据，geo_distance 需要指定距离和圆心坐标，分别用以下两个关键词指定。

- distance：距离（单位：km）。
- location：坐标点，圆心所在位置。

所有这些过滤器的工作方式都相似：把索引中的所有文档（而不仅仅是查询中匹配到的部分文档）的经纬度信息都载入内存，然后每个过滤器执行一个轻量级的计算去判断当前点是否落在指定区域。

在上述查询的 DSL 中的 sort 部分，排序中的 geo 指的是文档中各个坐标点与该坐标点的距离。

地理距离排序可以对多个坐标点来使用，不管（这些坐标点）是在文档中还是排序参数中。使用 sort_mode 来指定是否需要使用位置集合的最小（min）最大（max）或者平均（avg）距离。

另外按距离排序还有个缺点：需要对每个匹配到的文档都进行距离计算。而 function_score 查询，在 rescore 语句中可以限制只对前 n 个结果进行计算。

有对距离计算类型的声明："distance_type"："plane"。实际上两点间的距离计算，有多种牺牲性能换取精度的算法。

（1）arc，最慢但最精确的是 arc 计算方式，这种方式把世界当作球体来处理。不过这种方式的精度有限，因为这个世界并不是完全的球体。

（2）plane，计算方式把地球当成是平坦的，这种方式快一些但是精度略逊。在赤道附近的位置精度最好，而靠近两极则变差。

（3）sloppy_arc，如此命名，是因为它使用了 Lucene 的 SloppyMath 类。这是一种用精度换取速度的计算方式，它使用 Haversine formula 来计算距离。它比 arc 计算方式快 4～5 倍，并且距离精度达 99.9%。这也是默认的计算方式。

例 19-7 的运行结果如图 19-9 所示。

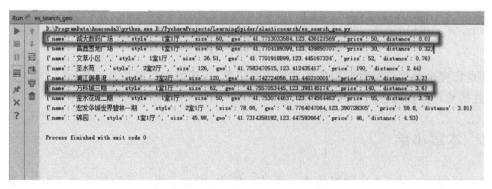

图 19-9　搜索附近小区的结果截图

为了验证搜索结果是否正确，提供了两种方法，第一种是在百度地图中标记查询位置的坐标点，然后用地图测距工具测量"城大数码广场"和"万科城三期"，发现距离是 3.6 千米，和用 ES 跑出的结果一致。

第二种验证方法是通过数据公式计算两个地理坐标点之间的距离，需要用例 19-8 所示的代码,通过公式计算。

【例 19-8】 获取两个经纬度之间的距离。

```python
# geo_distance.py
# __author__ = 'hanyangang'
# -*- coding: utf-8 -*-
import sys
from math import radians, cos, sin, asin, sqrt
# 公式计算两点间距离(m)
def geodistance(lng1,lat1,lng2,lat2):
# lng1,lat1,lng2,lat2 = (120.12802999999997,30.28708,115.86572000000001,28.7427)
    lng1, lat1, lng2, lat2 = map(radians, [float(lng1), float(lat1), float(lng2), float(lat2)])
# 经纬度转换成弧度
    dlon = lng2 - lng1
    dlat = lat2 - lat1
    a = sin(dlat/2) ** 2 + cos(lat1) * cos(lat2) * sin(dlon/2) ** 2
    distance = 2 * asin(sqrt(a)) * 6371 * 1000      # 地球平均半径,6371km
    distance = round(distance/1000,3)
    return distance
if __name__ == "__main__":
    # '诚大数码广场 ', 'style': '1室1厅 ', 'size': 60, 'price': 50, 'geo': '41.7713033584,123.436121569'}}
    lat1 = 41.7713033584
    lng1 = 123.436121569
    # '万科城三期 ', 'style': '1室1厅 ', 'size': 62, 'price': 140, 'geo': '41.7557053445,123.398145174'}}
    lat2 = 41.7557053445
    lng2 = 123.398145174
    distance = geodistance(lng1,lat1,lng2,lat2)
    print(distance)
```

运行上述代码,可以看到计算结果是 3.596,如图 19-10 所示,和用 ES 计算出来的结果非常相似。

图 19-10　计算两坐标点距离的结果

至此已完成利用现有数据构建基本的搜索引擎,实现搜索引擎的基本操作,以及完成具有 ES 特性的地理位置搜索的功能。

19.2　本章小结

本章案例通过对二手房数据的进一步加工使用,实现了将二手房数据通过 ETL 流程到 ES,进而实现了通过 ES 完成一个二手房地理位置和房价的搜索引擎,可以对爬虫数据的应用场景有更多的认识。

第20章

爬取豆瓣电影影评并简单分析数据

本章以爬取并分析网站上的电影评论为例展开介绍,目标网站是豆瓣网(www.douban.com)。同时,在爬虫编写中引入多线程编程,并借用一些文本分析工具对数据进行进一步的处理和分析,最后对爬虫代理这一主题进行简单的回顾。

视频讲解

20.1 需求分析与爬虫设计

20.1.1 网页分析

从最基本的需求出发,在豆瓣的某个电影页面爬取网友给出的电影影评,首先应该分析一下网页源代码。不难发现,豆瓣网站的电影条目都具有一个独特的 ID,如《黑客帝国》的页面地址为"https://movie.douban.com/subject/1291843/",其影评对应的地址为"https://movie.douban.com/subject/1291843/comments?status=P"(这实际上是一个带参数的 URL),而电影《我是传奇》的页面地址为"https://movie.douban.com/subject/1820156/",其影评对应的地址为"https://movie.douban.com/subject/1820156/comments"。换句话说,只需要某部电影的页面地址,就能直接构造出其影评地址的 URL 字符串。接下来分析其影评页面结构,如图 20-1 所示。

可以发现,每条评论内容是在 div 标签的 comment 类下面,因此用户只需要通过 BeautifulSoup 找到所有这样的元素,获取其文本内容即可,代码如下:

图 20-1 豆瓣影评页面结构(部分)

```
bs = BeautifulSoup(html, 'html.parser')
div_list = bs.find_all('div', class_ = 'comment')

for item in div_list:
    if item.find_all('p')[0].string is not None:
        result_list.append(item.find_all('p')[0].string)
```

20.1.2 函数设计

在网页分析完毕后,需要考虑一下爬取到电影影评后的任务。首先可以将所有影评放在一个字符串中,然后对其进行数据清洗,主要是筛掉很多不必要的标点符号。为了完成这个任务,可以使用 re.sub() 方法。

在影评分析方面,使用 jieba 和 SnowNLP 配合处理。另外,要进行词频统计,先要进行中文分词操作,用户需要有自己的停用词库。所谓的停用词,就是为节省存储空间和提高搜索效率,在处理自然语言数据时会自动忽略(过滤)掉的词。一般会把停用词放在一个名为 StopWords.txt 的文件中,在网络上有很多现成的停用词表可供用户下载,读者可以通过扫描前言中的二维码获取。

最后还需要一个核心的负责爬取业务的函数,很显然,它应该接收最大爬取页数、线程数、电影 ID 等参数,返回影评词频分析的结果。为了实现多线程,可以定义一个工作线程,它从一个线程安全的队列中取得爬取任务,并将爬取影评的结果存储在一个类变量中。这个线程类可以是这样的:

```python
class MyThread(threading.Thread):
    CommentList = []
    Que = Queue()

    def __init__(self, i, MovieID):
        super(MyThread, self).__init__()
        self.name = '{}th thread'.format(i)
        self.movie = MovieID

    def run(self):
        logging.debug('Now running:\t{}'.format(self.name))
        while not MyThread.Que.empty():
            page = MyThread.Que.get()
            commentList_temp = GetCommentsByID(self.movie, page + 1)
            MyThread.CommentList.append(commentList_temp)
            MyThread.Que.task_done()
```

20.2 编写爬虫

20.2.1 编写程序

在分析网页结构之后,下面以《玩具总动员》的电影影评为例着手编写程序。大家可以先大概思考一下代码中主要的类与函数。

- MyThread():自定义的线程类(在继承 threading.Thread 的基础上),负责执行爬取函数。
- MovieURLtoID():负责把 URL 中的电影 ID 筛选出来,返回 ID 值。
- GetCommentsByID():接收 MovieID 和 PageNum 两个参数,即电影 ID 和最大爬取页码数,返回一个爬取结果的列表。
- DFGraphBar():负责将 DataFrame 中的词频数据绘制为柱状图。
- WordFrequence():主爬取函数,返回一个词频分析的结果。
- SumOfComment():利用 SnowNLP 模块中的 summary() 方法对评论进行简单的摘要,返回摘要结果。

最终代码见例 20-1。

【例 20-1】 豆瓣电影影评的爬取与分析代码。

```python
import jieba, numpy, re, time, matplotlib, requests, logging, snownlp, threading
import pandas as pd
from pprint import pprint
from bs4 import BeautifulSoup
from matplotlib import pyplot as plt
from queue import Queue

matplotlib.rcParams['font.sans-serif'] = ['KaiTi']
matplotlib.rcParams['font.serif'] = ['KaiTi']

HEADERS = {'Accept': 'text/html,application/xhtml+xml,application/xml;q=0.9,image/webp,*/*;q=0.8',
           'Accept-Encoding': 'gzip, deflate, sdch, br',
           'Accept-Language': 'zh-CN,zh;q=0.8',
           'Connection': 'keep-alive',
           'Cache-Control': 'max-age=0',
           'Upgrade-Insecure-Requests': '1',
           'User-Agent': 'Mozilla/5.0 (Windows NT 6.1; WOW64) AppleWebKit/537.36 (KHTML, like Gecko) Chrome/36.0.1985.125 Safari/537.36',
           }
NOW_PLAYING_URL = 'https://movie.douban.com/nowplaying/beijing/'
logging.basicConfig(level=logging.DEBUG)


class MyThread(threading.Thread):
    CommentList = []
    Que = Queue()

    def __init__(self, i, MovieID):
        super(MyThread, self).__init__()
        self.name = '{}th thread'.format(i)
        self.movie = MovieID

    def run(self):
        logging.debug('Now running:\t{}'.format(self.name))
        while not MyThread.Que.empty():
            page = MyThread.Que.get()
            commentList_temp = GetCommentsByID(self.movie, page + 1)
            MyThread.CommentList.append(commentList_temp)
            MyThread.Que.task_done()


def MovieURLtoID(url):
    res = int(re.search('(\D+)(\d+)(\/)', url).group(2))
    return res

def GetCommentsByID(MovieID, PageNum):
    result_list = []
    if PageNum > 0:
        start = (PageNum - 1) * 20
    else:
        logging.error('PageNum illegal!')
        return False

    url = 'https://movie.douban.com/subject/{}/comments?start={}&limit=20'.format(MovieID, str(start))
    logging.debug('Handling:\t{}'.format(url))
    resp = requests.get(url, headers=HEADERS)
    html = resp.content.decode('UTF-8')
```

```python
        bs = BeautifulSoup(html, 'html.parser')
        div_list = bs.find_all('div', class_ = 'comment')

        for item in div_list:
            if item.find_all('p')[0].string is not None:
                result_list.append(item.find_all('p')[0].string)
        time.sleep(2)                                              # Pause for several seconds
        return result_list


def DFGraphBar(df):
    df.plot(kind = "bar", title = 'Words Freq', x = 'seg', y = 'freq')
    plt.show()


def WordFrequence(MaxPage = 15, ThreadNum = 8, movie = None):
    # 循环获取电影的影评
    if not movie:
        logging.error('No movie here')
        return
    else:
        MovieID = movie

    for page in range(MaxPage):
        MyThread.Que.put(page)

    threads = []
    for i in range(ThreadNum):
        work_thread = MyThread(i, MovieID)
        work_thread.setDaemon(True)
        threads.append(work_thread)
    for thread in threads:
        thread.start()

    MyThread.Que.join()
    CommentList = MyThread.CommentList

    comments = ''
    for one in range(len(CommentList)):
        new_comment = (str(CommentList[one])).strip()
        new_comment = re.sub('[ - \\ \',\.n()#…/\n\[\]!~]', '', new_comment)
        # 使用正则表达式清洗文本,主要是去除一些标点
        comments = comments + new_comment

    pprint(SumOfComment(comments))                                 # 输出文本摘要
    # 中文分词
    segments = jieba.lcut(comments)
    WordDF = pd.DataFrame({'seg': segments})

    # 去除停用词
    stopwords = pd.read_csv("stopwordsChinese.txt",
                            index_col = False,
                            names = ['stopword'],
                            encoding = 'UTF - 8')

    WordDF = WordDF[~WordDF.seg.isin(stopwords.stopword)]          # 取反

    # 统计词频
    WordAnal = WordDF.groupby(by = ['seg'])['seg'].agg({'freq': numpy.size})
```

```
    WordAnal = WordAnal.reset_index().sort_values(by = ['freq'], ascending = False)
    WordAnal = WordAnal[0:40]    # 仅取前 40 个高频词

    print(WordAnal)
    return WordAnal


def SumOfComment(comment):
    s = snownlp.SnowNLP(comment)
    sum = s.summary(5)
    return sum

# 执行函数
if __name__ == '__main__':
    DFGraphBar(WordFrequence(movie = MovieURLtoID('https://movie.douban.com/subject/1291575/')))
```

程序运行后，文本摘要结果的输出见图 20-2。

```
['让我想起我小时候的那些玩具不知道现在都哪去了\\看过的第一部3D动画片',
Building prefix dict from the default dictionary ...
 '我们不想长大不是因为大人的世界不精彩而是因为大人的世界太复杂我们需要童真让心灵净化\\第一次接触《玩具总动员》是96年左右高中时玩的电子游戏十年
DEBUG:jieba:Building prefix dict from the default dictionary ...
 '可惜小时候很少有玩具\\因为是小时候看的因为是在电影院看得因为看完以后在同学家混了一个暑假\\看过好多遍的优质动画片最早是在小学还写下了估计是人
 '\\第一部3D动画人物建模上或多或少没有后来的作品那么生动不过还好剧情也不差\\看这个的时候',
 '\\传说中的toystory终于看了\\看的时候我比班里的孩子还来劲儿\\看了后两部之后对第一部有了不一样的感情这是最美好的时光\\挺有意思的']
```

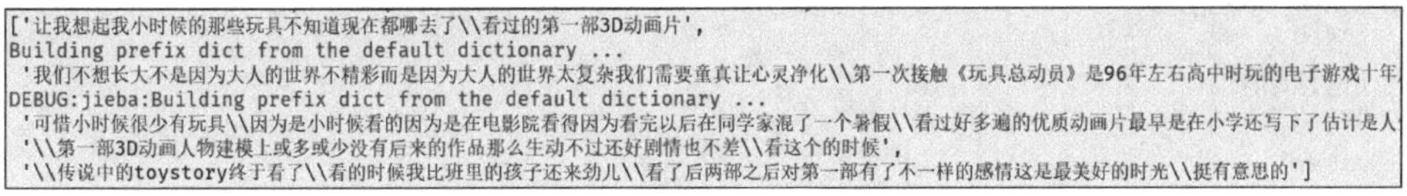

图 20-2　文本摘要的结果

对词频分析结果绘制的图表类似图 20-3 所示的效果。

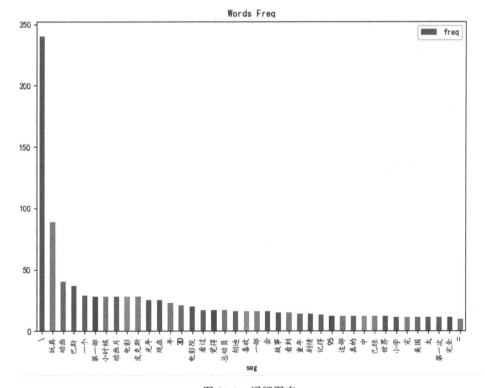

图 20-3　词频图表

另外，由于上面的程序有一定的普适性（可以在其他类似的爬虫任务中使用类似的结构），用户也可以将上面的程序抽象一下，编写一个简单的多线程爬虫模板，见例 20-2。

【例 20-2】　多线程爬虫模板。

```python
import threading
import time
from queue import Queue

que = Queue()
THREAD_NUM = 8                                   # 线程的个数

class WorkThread(threading.Thread):
    def __init__(self, func):
        super(WorkThread, self).__init__()       # 调用父类的构造函数
        self.func = func                         # 设置工作函数

    def run(self):
        """
        重写基类的 run()方法
        """
        self.func()

def crawl(item):
    """
    运行爬取
    """
    pass

def worker():
    """
    只要队列不空则持续处理
    """
    global que
    while not que.empty():
        item = que.get()                         # 获得任务
        crawl(item)                              # 爬取
        time.sleep(1)                            # 等待
        que.task_done()

def main():
    global que
    threads = []
    tasklist = []
    # 队列中添加任务
    for task in tasklist:
        que.put(task)

    for i in range(THREAD_NUM):
        thread = WorkThread(worker)
        threads.append(thread)
    for thread in threads:
        thread.start()                           # 线程开始处理任务
        thread.join()
    # 等待所有任务完成
    que.join()

if __name__ == '__main__':
    main()
```

20.2.2 可能的改进

在网络爬虫爬取信息的过程中如果爬取强度(一般而言就是频率)过高,很有可能被网站禁止访问。通常,网站的反爬虫机制会依据 IP 来识别爬虫访问,为了躲避网站的封禁,用户要

么选择放慢爬取速度,减小对目标网站造成的压力;要么选择"伪装"爬虫,通过设置代理 IP 等手段突破反爬虫机制继续进行高频率爬取。一般为爬虫构建一个代理池,在访问时按照一定的规则(如随机地)更换代理,通过这种方式躲开封禁,让目标网站认为这是普通的访问。

使用 requests 能很轻松地实现代理访问,用户需要先获得代理 IP,可以通过一些提供代理的网站(如国内的一个代理网站"http://www.xicidaili.com")获得。一些网站还提供了代理列表下载,如将代理地址下载到本地 TXT 文件中。这里使用一段小程序来演示这个过程,见例 20-3。

【例 20-3】 在 requests 中使用代理。

```
import requests,time

fp = open("proxylist.txt", 'r')
lines = fp.readlines()
print(lines)
for ip in lines[0:]:
    ip = ip.strip('\n')
    print("当前代理 IP :\t" + ip)
    proxy = {'http':'http://{}'.format(ip)}

    url = "http://icanhazip.com"
    res = requests.get(url, proxies = proxy)
    print(res.status_code)
    print(res.text)
    print("通过")
    time.sleep(2)
```

icanhazip.com 这个网站将提供当前访问的 IP 信息,因此用户通过输出 response 的 text 就能获知代理访问是否成功。注意,requests 在使用代理时需要使用一个 dict 作为参数传入,dict 的键值对包括协议(http 或 https)和代理(地址与端口)。这里使用 61.160.190.146:8090 和 39.134.68.24:80 这两个在代理网站上获得的代理来进行测试,程序的输出结果如下:

```
['61.160.190.146:8090\n', '39.134.68.24:80']
当前代理 IP :61.160.190.146:8090
200
61.160.190.146
通过
当前代理 IP :39.134.68.24:80
200
39.134.68.17
通过
```

另外值得一提的是,豆瓣提供了本地热映页面。

用户可以在浏览器中输入本地热映页面的网址查看网页结构。不难发现,< div id >= "nowplaying"标签中包含了用户感兴趣的文本数据,其中有电影的名称、上映时间等信息。由此,用户还可以编写一个 GetNowPlayingMovies()函数,获取当前热映榜单,配合上面的影评爬取脚本,可以对当前热映影片的观众评价有一个比较简洁、直观的认识:

```
def GetNowPlayingMovies():
    resp = requests.get(NOW_PLAYING_URL,headers = HEADERS)
    html = resp.content.decode('UTF - 8')
    soup = BeautifulSoup(html, 'html.parser')
```

```
playing_items = soup.find_all('div', id = 'nowplaying')
palying_list = playing_items[0].find_all('li', class_ = 'list-item')

result_list = []
for item in palying_list:
    dict = {}
    dict['id'] = item['data-subject']
    for tag in item.find_all('img'):
        dict['name'] = tag['alt']
        result_list.append(dict)

return result_list
```

在 result_list 中保存了热映电影的信息(一个元素为 dict 的 list),如果用户想遍历这些信息,只要如下代码即可:

```
for movie_item in result_list:
    print(movie_item['id'])          # 输出电影的 ID
```

当然,同样的爬取逻辑通过 XPath 和正则匹配等也能够实现,这里使用了 BeautifulSoup 自带的方法,相对简单一些。

20.3 本章小结

本章从爬取网页文本并进行简单的文本分析和挖掘这个角度出发,完成了一次有一定综合应用价值的爬虫任务。用到了多线程爬虫、jieba 分词、SnowNLP 等数据处理和分析的工具包,读者可以通过互联网进一步学习。

第 21 章

爬取用户影评数据并通过推荐算法推荐电影

本章将提供一个利用机器学习进行的影评数据分析案例,并结合分析结果实现对用户进行电影推荐。数据分析是信息时代的一个基础而又重要的工作,面对飞速增长的数据,如何从这些数据中挖掘到更有价值的信息成为一个重要的研究方向。机器学习在各个领域的应用也逐渐成熟,已成为数据分析和人工智能的重要工具。而数据分析和挖掘的很重要的一个应用领域就是推荐。推荐已经开始渐渐影响人们的日常生活,从饮食到住宿、从购物到娱乐,都可以看到不同类型的推荐服务。而本章就是利用机器学习,从影评数据的分析开始,实现电影推荐,从而展示数据分析的整个过程。

视频讲解

一般来说,数据分析可以简单划分为几个步骤:明确分析目标,数据采集、清洗和整理,数据建模和分析,结果展示或服务部署。在本章的实践中,这些步骤都会有所体现。

21.1 明确目标与数据准备

明确分析目标往往是根据实际的研究或者业务需要提出的,可以分为阶段性目标和总目标。而数据准备就是根据实现的目标的要求,收集、积累、清洗和整理所需要的数据。在实际操作时,有时明确目标和数据准备并没有完全严格的时间界限。例如,在建立分析目标时,数据已经有所积累,而所确定的目标往往就会基于当前已有的数据进行制定或细化,如果数据不够充分或无法完全满足需求,则需要对数据进行补充、整理。

21.1.1 明确目标

本案例的目标相对来说比较明确,最终就是要根据用户对不同电影的评分情况实现新的电影推荐,而要实现这个目标,其阶段性的目标就可能要包含"找出和某用户有类似观影爱好的用户""找出和某一个电影有相似的观众群的电影"等阶段性目标。而要完成这些目标,接下来要做的就是准备分析所需要的数据。

21.1.2 数据采集与处理

在进行数据采集时,需要根据实际的业务环境来采用不同的方式,例如,使用爬虫、对接数据库、使用接口等。有时候,在进行监督学习时需要对采集的数据进行手工标记。

本案例根据实现目标,需要的是用户的对电影的评分数据,所以可以使用爬虫获取豆瓣电影影评数据。需要注意的是,用户信息相关的数据需要进行脱敏处理。本案例使用的是开源的数据,而且爬虫不是本章的重点,所以在此不再进行说明。

获取的数据有两个文件：包含加密的用户 ID、电影 ID、评分值的用户评分文件 ratings. csv 和 包含电影 ID 和电影名称的电影信息文件 movies.csv。本案例的数据较为简单，所以基本上可以省去特征方面的复杂处理过程。

【提示】 实际操作中，如果获取的数据质量无法保证，就需要对数据进行清洗，包括对数据格式的统一、缺失数据的补充等。在数据清洗完成后还需要对数据进行整理，例如，根据业务逻辑进行分类、去除冗余数据等。而且在数据整理完成之后需要选择合适的特征，而且特征的选择也会根据后续的分析进行变化。而关于特征的处理有一个专门的研究方向，就是特征工程，也是数据分析过程中很重要而且耗时的部分。

21.1.3 工具选择

在实现目标之前，需要对数据进行统计分析，从而了解数据的分布情况，判断数据的质量是否能够支撑的目标。而很适合来完成这个工作的一个工具就是 Pandas。

Pandas（Python 数据分析库）是一个强大的分析结构化数据的工具集，它的使用基础是 NumPy（提供高性能的矩阵运算），用于数据挖掘和数据分析，同时也提供数据清洗功能。Pandas 的主要数据结构是 Series（一维数据）与 DataFrame（二维数据），这两种数据结构足以处理金融、统计、社会科学、工程等领域里的大多数典型用例。本案例中使用的是二维数据，所以更多操作是与 DataFrame 相关的。DataFrame 是 Pandas 中的一个表格型的数据结构，包含一组有序的列，每列可以是不同的值类型（数值、字符串、布尔型等），DataFrame 既有行索引也有列索引，可以被看作由 Series 组成的字典。

开发工具选择 Jupyter Notebook（此前被称为 IPython notebook），是一个交互式代码编辑工具，支持 40 多种编程语言。Jupyter Notebook 的本质是一个 Web 应用程序，可以很方便地创建和共享程序代码及文档，支持实时代码、数学方程、可视化和 markdown。由于其灵活交互的优势，所以很适合探索性质的开发工作。其安装和使用比较简单，这里就不做详细介绍，而是推荐使用很方便的使用方式，就是使用 VSCode 开发工具，可以直接支持 Jupyter，不需要手动启动服务，其界面如图 21-1 所示。

图 21-1　VS Code Jupyter Notebook 界面展示

21.2 初步分析

准备好环境和数据之后先需要对数据进行初步的分析，一方面可以初步了解数据的构成，另一方面可以判断数据的质量。数据初步分析往往是统计性的、多角度的、带有很大的尝试性。然后再根据得到的结果进行深入的挖掘，得到更有价值的结果。对于当前的数据，可以分别从用户和电影两个角度入手。而在进入初步分析之前，需要先导入基础的用户评分数据和电影信息数据。

```python
import pandas as pd
# 读入 CSV 文件中的数据，sep 代表 csv 的分隔符，name 则是代表每一列的字段名
# 返回的是类似二维表的 DataFrame 类型数据
ratings = pd.read_csv("./ratings.csv",sep=",",names=["user","movie_id","rating"])
movies = pd.read_csv("./movies.csv",sep=",",names=["movie_id","movie_name"])
```

21.2.1 用户角度分析

首先，可以先使用 Pandas 的 head() 函数来看一下 rating 数据的结构。

```python
# head 是 DataFrame 的成员函数，用于返回前 n 行数据，n 是参数，代表选择的行数，默认是 5
ratings.head()
```

输入如下：

```
        user                              movie_id  rating
0  0ab7e3efacd56983f16503572d2b9915       5113101    2
1  84dfd3f91dd85ea105bc74a4f0d7a067       5113101    1
2  c9a47fd59b55967ceac07cac6d5f270c       3718526    3
3  18cbf971bdf17336056674bb8fad7ea2       3718526    4
4  47e69de0d68e6a4db159bc29301caece       3718526    4
```

可以看到，用户 ID 是经过长度一致的字符串（实际是经过 MD5 处理的字符串），影片 ID 是数字，所以在之后的分析过程中影片 ID 可能会被当作数字来进行运算。如果想看一下共有多少条数据，可以查看 rating.shape，输出的 (1048575, 3) 代表共有将近 105 万条数据，3 则是对应的上面提到的 3 列。

然后读者可以看一下用户的评论情况，例如数据中共有多少人参与评论，每个人评论的次数。

```python
# 按照用户进行分组统计用户评分的次数
# groupby 按参数指定的字段进行分组，可以是多个字段
# count 是对分组后的数据进行计数
# sort_values 则是按照某些字段的值进行排序的，ascending = False 代表逆序
ratings_gb_user = ratings.groupby('user').count().sort_values(by='movie_id', ascending=False)
```

由于 ratings 数据中每个用户可以对多部影片进行评分，所以可以按用户进行分组，然后使用 count() 函数来统计数量。而为了查看方便，可以对分组计数后的数据进行排序。再使用 head() 函数查看排序后的情况如下：

```
ratings_gb_user.head()
# 以下为输出
user                              movie_id  rating
535e6f7ef1626bedd166e4dfa49bc0b4   1149      1149
425889580eb67241e5ebcd9f9ae8a465   1083      1083
3917c1b1b030c6d249e1a798b3154c43   1062      1062
b076f6c5d5aa95d016a9597ee96d4600   864       864
b05ae0036abc8f113d7e491f502a7fa8   844       844
```

可以看出评分最多的用户 ID 是 535e6f7ef1626bedd166e4dfa49bc0b4，共评论了 1149 次。这里 movie_id 和 rating 的数据是相同的，是由于其计数规则是一致的，所以属于冗余数据。但是 head() 函数能看到的数据太少，所以可以使用 describe() 函数来查看统计信息。

```
ratings_gb_user.describe()
# 以下为输出
            movie_id        rating
count     273826.000000   273826.000000
mean           3.829348        3.829348
std           14.087626       14.087626
min            1.000000        1.000000
25%            1.000000        1.000000
50%            1.000000        1.000000
75%            3.000000        3.000000
max         1149.000000     1149.000000
```

从输出的信息中可以看出，共有 273 826 个用户参与评分，用户评分的平均次数是 3.829 348 次。标准差是 14.087 626，相对来说还是比较大的。而从最大值、最小值和中位数可以看出大部分用户对影片进行评分的次数还是很少的。

如果想更直观地看数据的分布情况，则可以查看直方图。

```
# hist()函数用户绘制直方图,参数可以包含字段名称
ratings_gb_user.movie_id.hist(bins = 50)
```

输出的直方图如图 21-2 所示。

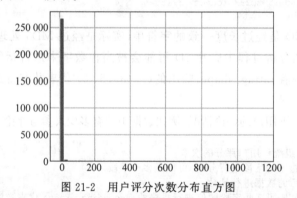

图 21-2　用户评分次数分布直方图

从图 12-2 中可以看出大部分用户都还是集中在评分次数很少的区域，大于 100 的数据基本上看不到。而如果想看某一个区间的数据就可以使用 range 参数，例如，想查看评论次数在 1~10 的用户分布情况。

```
# range 代表需要显示的横坐标的取值范围
ratings_gb_user.movie_id.hist(bins = 50,range = [1,10])
```

直方图显示如图 21-3 所示。

可以看到，无论是整体还是局部，评论次数多的用户数越来越少，而且结合之前的分析，大部分用户(75%)的评分次数都是小于 4 次的。这基本上符合对常规的认知。

除了从评论次数上进行分析，也可以从评分值上进行统计。

```
# 按照用户进行分组统计用户评分的平均值
# groupby 按参数指定的字段进行分组,可以是多个字段
```

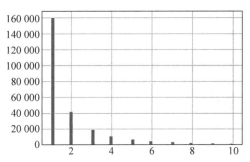

图 21-3 选定区域内用户评分次数分布直方图

```
# count 是对分组后的数据进行计数
# sort_values 则是按照某些字段的值进行排序,ascending = False 代表逆序
user_rating = ratings.groupby('user').mean().sort_values(by = 'rating', ascending = False)
```

查看评分值的统计数据。

```
user_rating.rating.describe()
# 以下为输出
count     273826.000000
mean           3.439616
std            1.081518
min            1.000000
25%            3.000000
50%            3.500000
75%            4.000000
max            5.000000
Name: rating, dtype: float64
```

从数据可以看出,所有用户的评分的均值是 3.439 616,而且大部分人(75%)的评分在 4 分左右,所以整体的评分还是比较高的,说明用户对电影的态度并不是很苛刻,或者收集的数据中影片的总体质量不错。

之后可以将评分次数和评分值进行结合,从二维的角度进行观察。

```
# 按照用户进行分组统计用户评分的平均值
# groupby 按参数指定的字段进行分组,可以是多个字段
# count 是对分组后的数据进行计数
# sort_values 则是按照某些字段的值进行排序,ascending = False 代表逆序
user_rating = ratings.groupby('user').mean().sort_values(by = 'rating', ascending = False)
# 修改字段名
ratings_gb_user = ratings_gb_user.rename(columns = {'movie_id_x':'movie_id','rating_y':'rating'})
# 画散点图,可以指定 x 轴和 y 轴
ratings_gb_user.plot(x = 'movie_id', y = 'rating', kind = 'scatter')
```

通过 DataFrame 的 plot()函数,可以得到散点图如图 21-4 所示。

从图 21-4 中可以看到,分布基本上呈">"形状,确实表示大部分用户都是评分较少,而且中间分数的偏多。

21.2.2 电影角度分析

接下来,可以用相似的办法,从电影的角度来看数据的分布情况,例如,每部电影被评分的次数。

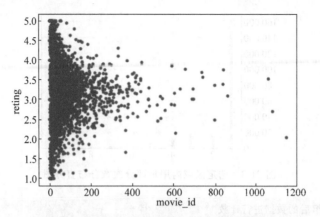

图 21-4 用户评分次数与评分值散点图

```
# 按照用户进行分组统计用户评分的次数
# groupby 按参数指定的字段进行分组,可以是多个字段
# count 是对分组后的数据进行计数
# sort_values 则是按照某些字段的值进行排序, ascending = False 代表逆序
ratings_gb_movie = ratings.groupby('movie_id').count().sort_values(by = 'user', ascending =
False)
```

要获取每部电影的评分次数就需要通过对影片的 ID 进行分组和计数,但是为了提高数据的可观性,可以通过关联操作将影片的名称显示出来:

```
# merge()函数是类似数据库的关联操作
# how 参数代表关联的方式,如 inner 是内关联,left 是左关联, right 代表有关联
# on 是关联时使用的键名,由于 ratings 和 movies 对应的电影的字段名是一样的,所以可以写
# 一个,如果不一样则需要使用 left_on 和 right_on 参数
ratings_gb_movie = pd.merge(ratings_gb_movie,movies, how = 'left', on = 'movie_id')
```

通过 Pandas 的 merge()函数,可以很容易做到数据的关联操作。可以看一下现在的数据结构:

```
ratings_gb_movie.head()
# 以下为输出
    movie_id   user  rating  movie_name
0   3077412    320   320     寻龙诀
1   1292052    318   318     肖申克的救赎 - 电影
2   25723907   317   317     捉妖记
3   1291561    317   317     千与千寻
4   2133323    316   316     白日梦想家 - 电影
```

可以看到,被评分次数最多的电影就是《寻龙诀》,共被评分 320 次。同样, user 和 rating 的数据是一致的,属于冗余数据。然后来看一下详细的统计数据:

```
ratings_gb_movie.user.describe()
# 以下为输出
count    22847.000000
mean        45.895522
std         61.683860
min          1.000000
25%          4.000000
50%         17.000000
75%         71.000000
max        320.000000
```

可以看到,共有 22 847 部电影被用户评分,平均被评分次数为接近 46,大部分影片(75%)被评分 71 次左右。下面来看一下直方图。

```
# range 代表需要显示
ratings_gb_user.movie_id.hist(bins = 50)
```

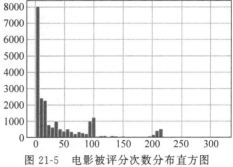

图 21-5　电影被评分次数分布直方图

直方图输出如图 21-5 所示。

从图 21-5 中可以看到,大约被评分 80 次之前的数据基本上是随着次数增加而评论次数在减少,但是在评论 100 次和 200 次左右的影片却有不太正常的增加,再加上从统计数据中可以看到分布的标准差也比较大,可以知道其实数据质量并不是太高,但整体上的趋势还是基本符合常识的。

接下来同样要对评分值进行观察:

```
# 按照用户进行分组统计用户评分的平均值
# groupby 按参数指定的字段进行分组,可以是多个字段
# count 是对分组后的数据进行计数
# sort_values 则是按照某些字段的值进行排序,ascending = False 代表逆序
movie_rating = ratings.groupby('movie_id').mean().sort_values(by = 'rating', ascending = False)
movie_rating.describe()
# 以下为输出
count  22847.000000
mean       3.225343
std        0.786019
min        1.000000
25%        2.800000
50%        3.333333
75%        3.764022
max        5.000000
```

从统计数据中可以看出,所有电影的平均分数和中位数很接近,而且在 3 附近,说明整体的分布比较均匀。然后可以将评分次数和评分值结合进行观察。

```
# merge()函数是类似数据库的关联操作
# how 参数代表关联的方式,如 inner 是内关联,left 是左关联,right 代表右关联
# on 是关联时使用的键名
ratings_gb_movie = pd.merge(ratings_gb_movie, movie_rating, how = 'left', on = 'movie_id')
ratings_gb_movie.head()
# 以下是输出
   movie_id  user  rating_x  movie_name        rating_y
0  3077412   320   320       寻龙诀              3.506250
1  1292052   318   318       肖申克的救赎 - 电影      4.672956
2  25723907  317   317       捉妖记              3.192429
3  1291561   317   317       千与千寻             4.542587
4  2133323   316   316       白日梦想家 - 电影       3.990506
```

从输出的数据可以看出,有些电影,如《寻龙诀》本身被评分的次数很多,但是综合评分并不高,这也符合实际的情况。使用 plot()方法输出的散点图如图 21-6 所示。

可以看到,总体上数据还是呈">"分布,但是评分次数在 100～200 出现了比较分散的情况,和之前的直方图是相对应的,这也许也是一种特殊现象,而是否是一种规律就需要更多的数据来分析和研究。

【提示】　当前的分析结果也可以有较多用途,例如,做一个观众评分量排行榜或者电影评

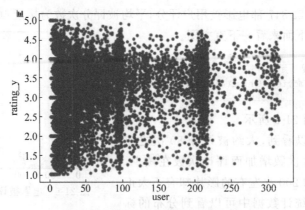

图 21-6　电影被评分次数分布散点图

分排行榜等,结合电影标签就可以做用户的兴趣分析。

21.3　用推荐算法实现电影推荐

在对数据有足够的认知之后,需要继续完成的目标,也就是根据当前数据给用户推荐其没有看过的但是很有可能会喜欢的影片。推荐算法大致可以分为三类：协同过滤推荐算法、基于内容的推荐算法和基于知识的推荐算法。其中协同过滤算法是诞生较早且较为著名的算法,其通过对用户历史行为数据的挖掘发现用户的偏好,基于不同的偏好对用户进行群组划分并推荐品味相似的商品。

协同过滤推荐算法分为两类,分别是基于用户的协同过滤(User-Based Collaborative Filtering)算法和基于物品的协同过滤(Item-Based Collaborative Filtering)算法。基于用户的协同过滤算法是通过用户的历史行为数据发现用户对商品或内容的喜欢(如商品购买、收藏、内容评论或分享),并对这些喜好进行度量和打分。根据不同用户对相同商品或内容的态度和偏好程度计算用户之间的关系,然后在有相同喜好的用户间进行商品推荐。其中比较重要的就是距离的计算,可以使用余弦相似性、Jaccard 来实现。整体的实现思路就是：使用余弦相似性构建邻近性矩阵,然后使用 KNN 算法从邻近性矩阵中找到某用户临近的用户,并将这些临近用户点评过的影片作为备选,然后将邻近性的值当作权重,作为推荐的得分,相同的分数可以累加,最后排除该用户已经评价后的影片。具体的代码如下：

```
# 根据余弦相似性建立邻近性矩阵
ratings_pivot = ratings.pivot('user','movie_id','rating')
ratings_pivot.fillna(value = 0)
m,n = ratings_pivot.shape
userdist = np.zeros([m,m])
for i in range(m):
    for j in range(m):
        userdist[i,j] = np.dot(ratings_pivot.iloc[i,],ratings_pivot.iloc[j,]) \
        /np.sqrt(np.dot(ratings_pivot.iloc[i,],ratings_pivot.iloc[i,])\
        * np.dot(ratings_pivot.iloc[j,],ratings_pivot.iloc[j,]))
proximity_matrix = pd.DataFrame(userdist, index = list(ratings_pivot.index), columns = list(ratings_pivot.index))

# 找到临近的 k 个值
def find_user_knn(user, proximity_matrix = proximity_matrix, k = 10):
    nhbrs = userdistdf.sort(user,ascending = False)[user][1:k + 1]
    # 在一列中降序排序,除去第一个(自己)后为近邻
```

```python
        return nhbrs

# 获取推荐电影的列表
def recommend_movie(user, ratings_pivot = ratings_pivot, proximity_matrix = proximity_matrix):
    nhbrs = find_user_knn(user, proximity_matrix = proximity_matrix, k = 10)
    recommendlist = {}
    for nhbrid in nhbrs.index:
        ratings_nhbr = ratings[ratings['user'] == nhbrid]
        for movie_id in ratings_nhbr['movie_id']:
            if movie_id not in recommendlist:
                recommendlist[movie_id] = nhbrs[nhbrid]
            else:
                recommendlist[movie_id] = recommendlist[movie_id] + nhbrs[nhbrid]
    # 去除用户已经评分过的电影
    ratings_user = ratings[ratings['user'] == user]
    for movie_id in ratings_user['movie_id']:
        if movie_id in recommendlist:
            recommendlist.pop(movie_id)
    output = pd.Series(recommendlist)
    recommendlistdf = pd.DataFrame(output, columns = ['score'])
    recommendlistdf.index.names = ['movie_id']
    return recommendlistdf.sort('score', ascending = False)
```

【提示】 建立邻近性矩阵是很消耗内存的操作,如果执行过程中出现内存错误,则需要换用内存更大的机器来运行,或者对数据进行采样处理,从而减少计算量。

【试一试】 代码中给出的是基于用户的协同过滤算法,读者可以写出基于影片的协同过滤算法来试下电影推荐,然后对比算法的优良。

21.4 本章小结

本章通过一个影评数据分析以及电影推荐的小案例,介绍了数据分析的一般流程。数据分析其实是一个比较综合性的内容,其中很多步骤都可以单独出来作为一个研究方向,如特征工程。而数据分析的过程又是一个循环递进的,需要在不断的尝试中进行改进。本章的实践中所涉及的工具和算法只是极少的一部分,想要更好地对数据进行挖掘,就需要更好地掌握更多的方法和工具,然后借助这些工具进行不同角度、不同方式的探索。这也是这个小案例希望带给读者的启示。

参 考 文 献

[1] 范传辉.Python 爬虫开发与项目实战[M].北京：机械工业出版社,2017.
[2] 崔庆才.Python 3 网络爬虫开发实战[M].北京：人民邮电出版社,2018.
[3] 李庆扬,王能超,易大义.数值分析[M].北京：清华大学出版社,2008.
[4] 李航.统计学习方法[M].北京：清华大学出版社,2019.
[5] 周志华.机器学习[M].北京：清华大学出版社,2016.
[6] 李宁.Python 爬虫技术——深入理解原理、技术与开发[M].北京：清华大学出版社,2020.
[7] 夏敏捷.Python 爬虫超详细实战攻略——微课视频版[M].北京：清华大学出版社,2021.

图书资源支持

感谢您一直以来对清华版图书的支持和爱护。为了配合本书的使用,本书提供配套的资源,有需求的读者请扫描下方的"书圈"微信公众号二维码,在图书专区下载,也可以拨打电话或发送电子邮件咨询。

如果您在使用本书的过程中遇到了什么问题,或者有相关图书出版计划,也请您发邮件告诉我们,以便我们更好地为您服务。

我们的联系方式:

地　　址:北京市海淀区双清路学研大厦 A 座 714

邮　　编:100084

电　　话:010-83470236　010-83470237

客服邮箱:2301891038@qq.com

QQ:2301891038(请写明您的单位和姓名)

资源下载: 关注公众号"书圈"下载配套资源。

书圈（资源下载、样书申请）

清华计算机学堂（图书案例）

观看课程直播